中国轻工业"十三五"规划教材

绿色包装印刷

邢洁芳　黄蓓青　胡桂春　朱　洁　编著
魏先福　主审

U0228466

科学出版社

北　京

内 容 简 介

本书以"绿色"为主线，从绿色包装印刷材料、绿色制版、绿色印制工艺、废弃物回收处理及绿色包装印刷标准等方面，对绿色包装重点领域的食品包装、药品包装、卷烟包装及化妆品包装的印制加工做了详细的阐述。重点介绍了绿色包装印刷材料、包装印刷生产加工过程的绿色化、包装废弃物回收处理方法等方面的知识，吸纳了该领域近年发展起来的新技术、新工艺、新材料、新设备及质量控制方法，对绿色包装印刷典型案例进行了深入浅出的剖析。

本书可以为实施绿色包装印刷的企业提供科学依据、理论支撑和决策参考，适用于包装、印刷、环境保护等领域的行政管理、工程技术人员学习和参考，也可作为高等院校包装和印刷专业的教材，供教师教学、学生阅读和参考。

图书在版编目（CIP）数据

绿色包装印刷/邢洁芳等编著. —北京：科学出版社，2019.2
ISBN 978-7-03-060479-8

Ⅰ.①绿… Ⅱ.①邢… Ⅲ.①装潢包装印刷-无污染技术 Ⅳ.①TS851

中国版本图书馆 CIP 数据核字（2019）第 017588 号

责任编辑：李涪汁 曾佳佳/责任校对：樊雅琼
责任印制：赵 博/封面设计：许 瑞

科学出版社 出版
北京东黄城根北街 16 号
邮政编码：100717
http://www.sciencep.com
三河市骏杰印刷有限公司印刷
科学出版社发行 各地新华书店经销
*
2019 年 2 月第 一 版 开本：787×1092 1/16
2025 年 1 月第六次印刷 印张：14 1/4
字数：333 000
定价：69.00 元
（如有印装质量问题，我社负责调换）

前　言

　　包装印刷产业是我国国民经济的重要组成部分，多年来，国内包装印刷工业一直在快速发展。随着国家绿色印刷战略的实施，包装印刷企业在发展经济效益的同时还须兼顾环保等社会问题。由于对环保技术的储备缺乏，包装印刷企业在由传统生产模式向绿色、数字化印刷转变过程中，遇到了前所未有的挑战。为了适应新的形势，由南京林业大学牵头组织部分包装、印刷院校及院所的专业教师和专业技术人员共同编写了本书，以满足包装印刷工程专业师生、包装印刷企事业工程技术人员及环保管理人员的需要。本书已列为"中国轻工业'十三五'规划立项教材"。

　　本书以绿色为主线，对包装印刷的各个环节进行了较为全面的阐述。共分为9章，内容包括：绿色包装印刷材料、绿色制版、绿色印制工艺、废弃物回收处理及绿色包装印刷标准等，以绿色包装重点领域为案例，对食品、药品、卷烟及化妆品的典型包装印制加工过程、绿色清洁生产做了详细的介绍。内容深入浅出，通俗易懂，理论上可学习，实践上可借鉴，可操作性强，对包装印刷企业绿色化快速转型具有一定的指导意义。

　　本书由邢洁芳主编。其中，胡桂春参与编写第2、9章，黄蓓青参与编写第6章，朱洁参与编写印刷标准部分。全书由邢洁芳统稿，由魏先福主审。

　　本书在编写过程中得到了孙志武、王芳、倪晓宇、汪剑、裴亭、胡健安、白卫国等的大力帮助；季韩森在文字图片采编及修改等方面做了大量细致的工作；彭辰晨、刘玉娇在前期资料收集方面做了很多工作；王彬、周婷、甘露瑶、尹路明、陈娟等做了很多辅助性工作，在此表示衷心的感谢！

　　由于编者水平有限，时间仓促，书中难免存在疏漏，希望各位读者批评和指正。

邢洁芳

2018 年 12 月

目　　录

第1章 绪 论

1.1 概 述

1.1.1 包装印刷概述

包装（packaging）是为在流通过程中保护产品、方便储运、促进销售，按一定技术方法而采用的容器、材料及辅助物等的总体名称；也指为了达到上述目的而采用容器、材料和辅助物的过程中施加一定技术方法等的操作活动。一般具有两重含义：关于盛装商品的容器、材料及辅助物品，即包装物；关于实施盛装和封缄、包扎等的技术活动。

绿色包装（green package）又可以称为无公害包装和环境友好包装（environmental friendly package），指对生态环境和人类健康无害，能重复使用和再生，符合可持续发展理念的包装。

包装印刷是指以包装材料、包装制品及标签等为承印物，印刷装饰性花纹、图案或者文字，以美化、介绍、宣传商品为主要目的而采用的印刷方式和印后加工处理技术。包装印刷广泛采用了一般印刷技术的成果，并在其基础之上不断发展，逐步形成了一个新的印刷产业体系。十多年来，国内包装印刷业均以高于国内生产总值（gross domestic product，GDP）增长的速度在增长。但是，由于包装制品产量大、工序多、加工过程复杂等特性，目前绝大部分包装仍然需要通过平版印刷、柔版印刷、凹版印刷、丝网印刷及若干印后加工等传统方式来完成，其加工的形式和过程决定了包装印刷业必须要同时考虑经济性和环保性等问题，绿色包装印刷成为必然。

1.1.2 包装印刷的分类

包装印刷按照有无印版分为传统印刷和数字印刷。传统印刷方式，如凹版印刷、柔版印刷、平版印刷、丝网印刷及其他印刷方式等；数字印刷，如喷墨印刷、静电印刷等。

包装印刷按照承印物分为纸与纸板印刷、塑料薄膜印刷、塑料板材印刷、金属印刷、玻璃印刷、陶瓷印刷、织物印刷及其他印刷方式等。纸包装制品印刷包括纸盒、纸箱、纸袋、纸罐、纸杯、纸筒印刷等；塑料包装制品印刷包括以塑料薄膜和复合薄膜为主的软包装袋印刷，以及硬质塑料容器印刷等；金属印刷包括金属罐、金属盒、金属筒、金属箱印刷等；还有各种玻璃包装制品印刷加工、陶瓷容器印刷加工、包装制品上的标签印刷等。

1.2 典型绿色包装的形式

1.2.1 食品包装

自古以来,人类捕获动物,食其肉而充饥,或用熏制、干燥等方法储藏食物。最初,人们常将食物装入用树叶或常春藤做的篮子里,或者装入瓦罐储藏。为使这些食物可以长期保存,人类开始研制包装容器,发明了很多食品包装方法,如图 1-1 所示。

图 1-1 食品包装

下面介绍几种典型的食品包装形式。

1. 利乐包

利乐包是瑞典利乐公司(Tetra Pak)开发出的一系列用于液体食品的包装产品,由纸、铝、塑组成的六层复合纸包装,能够有效阻隔空气和光线,让牛奶和饮料的消费更加方便和安全,而且保质期更长,实现了较高的包装效率。早在 20 世纪 50 年代,利乐是最先为液态牛奶提供包装的公司之一,自此以后,它就成为世界上牛奶、果汁、饮料和许多其他产品包装系统的大型供货商之一。该产品在中国的饮料包装市场占有领先地位。

利乐的"砖型包"和"枕型包"是常见的牛奶和饮料纸包装,它们设计朴素、造型简易,还节省空间,是适度包装的经典之作。2004 年 9 月,在纽约现代艺术馆的"朴素经典之作"展览上,利乐包被誉为"充满设计灵感的,让生活变得更简单、更方便、更安全"的适度包装的杰作。与塑料瓶、玻璃瓶相比,利乐包容积率相对较大,而且这种包装形状更易于装箱、运输和存储。从技术角度来看,利乐包的多层复合结构,有效地阻隔了空气和光线,使内容物不易变质。

利乐包本身也一直在随着消费者和环保的需求进行不断改良。在保持包装性能不变的前提下,经过长期的努力,利乐包中纸板的使用量已经减少了 18%,铝箔的厚度也减小了 30%;目前,所有利乐包都可以回收再利用,做成文具、桌椅、建筑材料等,使它们在完成包装功能后,能够"废而不弃"。

2. 易拉罐

1959 年，美国人发明了易拉盖，即用罐盖本身的材料经加工形成一个铆钉，外套上一拉环再铆紧，配以相适应的刻痕而成为一个完整的罐盖。这一发明为制罐和饮料工业发展奠定了坚实的基础。易拉罐即带有易拉盖的密封罐。

为了保持易拉罐在饮料、啤酒包装方面的主导地位，罐业不断进行技术改造，主要是降低成本和改进外观。美国皇冠集团为更大幅度降低成本，已研究出被称为"超级盖"的铝质易开盖，并推向市场。此外，该公司还开发使用环保型制冷材料的自冷罐，这种自冷罐在拉环拉启后不到 3min，就可实现饮料温度下降 15℃。在降低材料使用厚度方面，使用的铝质材料厚度已降到 0.259mm，钢质材料为 0.22mm。对罐形外观改进所实施的浮雕及异形罐工艺成本方面也得到有效控制。

国际较大型的一些罐业集团，以及易拉罐设备模具制造商都在进行资产重组，以更有效地控制成本，而国内易拉罐业仍在困境中。这一方面是受国民消费习惯及消费水平的影响，玻璃瓶仍主导着啤酒包装，另一方面是易拉罐已不再被视为高消费品或成为时尚消费，但又由于具有一定经济水平的消费价位，而难以成为大众消费从而替代玻璃瓶，像德国的易拉罐已逐步取代啤酒玻璃瓶包装。再者，由于罐业受相关行业影响困难重重，投入大笔资金进行技术改造从而使总体价位下降来促进消费有难度。总之，易拉罐业的发展与该地区经济发展水平息息相关，经济发展可促进环保意识的加强，消费水平的提高，资源循环的有效利用。

3. 陶瓷瓶

人们早在约 8000 年前的新石器时代就发明了陶器。陶瓷是陶器和瓷器的总称，它包括由黏土或含有黏土的混合物经混炼、成型、煅烧而制成的各种制品。它的主要原料是取自自然界的硅酸盐矿物（如黏土、石英等），因此与玻璃、水泥、搪瓷、耐火材料等工业同属于"硅酸盐工业"的范畴。

陶瓷材料一般硬度较高，但可塑性较差。除了用于食器、装饰外，陶瓷在科学、技术的发展中也扮演着重要角色。其原料一般具有韧性，常温遇水可塑，微干可雕，全干可磨；烧至 700℃可成陶器，能装水；烧至 1230℃则瓷化，几乎完全不吸水且耐高温耐腐蚀。

陶瓷包装是指作为包装容器用于包装物品和作为被包装容器被其他材料所包装两个部分，以及进行包装的过程与形式。一般来说，陶瓷包装容器是指以黏土为主要原料，经配料、制坯、干燥、上釉、焙烧而制得的具有一定容积的可盛装、包裹及储藏、运输物品的外包装容器，一般的陈设观赏之用陶瓷品、盛装器皿不包括在内。因此，并非所有的陶瓷容器都可以算作陶瓷包装容器。严格地讲，只有用于商品流通和与商品一起进入消费终端的陶瓷包装器物才能称为陶瓷包装容器。

1.2.2 药品包装

药品包装是指选用适宜的材料和容器，利用一定技术对药物制剂的成品进行分罐、封、装、贴签等加工过程的总称。对药品或药物制剂进行包装，起到对药品在运输、储存、管理过程和使用中提供保护、分类和说明的作用。广义药品包装工程包括对药品包装材料的研究、生产和利用包装材料实施包装过程需要进行的一系列工作。

药品包装主要分为单剂量包装、内包装和外包装三类。而以上三种形式的包装，时常会通过不干胶标签对药品进行说明，如图 1-2 所示。

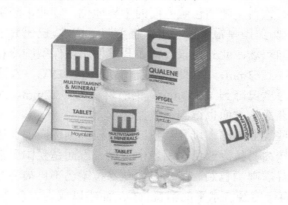

图 1-2　药品包装及不干胶标签

1. 单剂量包装

指对药物制剂按照用途和给药方法对药物成品进行分剂量包装的过程。如将颗粒剂装入小包装袋，注射剂的玻璃安瓿包装，将片剂、胶囊剂装入泡罩式铝塑材中的分装过程等，此类包装也称分剂量包装，较为典型的是冲剂包。

2. 内包装

将数个或数十个药品装于一个容器或材料内的过程称为内包装。例如，将数粒成品片剂或胶囊包装入泡罩式的铝塑包装材料中，然后装入纸盒、塑料袋、金属容器等，以防止潮气、光、微生物、外力撞击等因素对药品造成破坏性影响。

3. 外包装

将已完成内包装的药品装入箱中或其他袋、桶和罐等容器中的过程称为外包装。进行外包装的目的是将小包装的药品进一步集中。

1.2.3　卷烟内外包装

1. 卷烟包装

卷烟包装包括小盒（烟盒）包装、条盒包装及箱装。小盒包装作为烟草产品的广告载体和烟草视觉传播的基本方式，能给消费者以明确的产品质量、档次和特色的印象，直接吸引消费者的视线，激发消费者的购买欲，具有明显的促销作用。如"云烟""万宝路""红塔山"，人们一看到其包装就能认出、识别其卷烟种类。卷烟消费者认牌购买，首先要看卷烟的包装和商标名称。同时，好的卷烟包装设计新颖独特，更能引起人们的关注，以至欣赏、收藏。由烟盒组成的中包装即条盒包装和一般的纸盒包装类似，设计风格同小盒包装。而由条盒组成的大包装即箱装和其他诸多外包装类似，一般采用简洁的瓦楞纸箱包装，以方便运输。

中国是世界上最大的烟草生产国，年产量达3400多万大箱。烟盒采用的纸张类型主要有白卡纸、白板纸、铜版纸和铝箔纸。如果全国按软、硬盒包装各50%计算，上述四个品种纸张的年销量为：白卡纸49万t、白板纸30万t、铜版纸6.8万t、铝箔纸10.5万t。近几年，硬盒包装发展势头强劲，因此，白卡纸的用量不断增长。而铝箔纸的广泛采用则是表现了强烈的中国特色，不管是硬包还是软包，不管是一类、二类烟，还是低档次烟，都采用华丽、高成本的铝箔纸，这极大地促进了铝箔纸生产的发展。其结果虽然在一定程度上造成了烟盒的"过度包装"现象，但也使得中式卷烟厚重而高雅，精致又耐看。

卷烟包装与其他包装产品拥有共同之处，也具有自己的个性和特点。如包装形式，卷烟包装受包装机械的限制，基本上是长方形小盒和长方形条盒的包装形式，全球统一，比较单一。怎样避免雷同，能在这方寸之间设计出与众不同的新颖卷烟包装，给设计者提出了更高的要求。卷烟包装设计要根据香烟级别、内在质量及它的消费层次、对象、市场、区域等，来选择包装装潢的色彩图案，使得产品内秀外美给人以好感，从而扩大产品知名度和市场的占有率。具体的卷烟包装见图1-3。

图1-3　卷烟包装

2. 瓦楞纸箱

瓦楞纸板始于18世纪末，其质量轻、价格便宜、用途广泛、制作简易，且能回收重复利用，80%以上的瓦楞纸板均可通过回收再生，使它的应用有了显著的增长。到20世纪初，瓦楞纸板由于为各种各样的商品制作包装而得到了全面的普及、推广和应用。由于使用瓦楞纸板制成的包装容器对美化和保护内装商品有其独特的性能和优点，因此，其在与多种包装材料的竞争中获得了极大的成功。瓦楞纸板不仅大量用于卷烟的大包装，而且在其他许多领域成为长用不衰并呈现迅猛发展的制作包装容器的主要材料之一。

商品经济的繁荣、市场竞争的激烈，促进了产品外包装质量的提高，美化包装已成为营销与宣传商品的重要手段。瓦楞纸箱的印刷质量，也已越来越被商品生产商与消费者所重视。

1.2.4　化妆品包装

化妆品包装分为两类：一类是液体、乳液状化妆品和膏状化妆品通用盒包装；另一类是化妆品的喷雾包装。通用盒包装主要有：各种造型和规格的玻璃瓶、塑料瓶（一般要经过精美的印刷）、复合薄膜袋，对于这些包装形式，有时还采用与彩印纸盒相配合共同组成化妆品的销售包装，以提高化妆品的档次。喷雾包装具有准确、有效、简便、卫生、按需定量取用等优点，常用于较高档化妆品和要求定向、定量取用的化妆品的包装，主要适用于发用摩丝、喷发胶等化妆品。常用的喷雾包装容器主要有金属喷雾罐、玻璃喷雾罐和塑料喷雾罐等。可见，化妆品包装已经涵盖了纸盒、塑料、玻璃、金属包装等，其加工形式和其他包装基本一致，值得一提的是其中的玻璃瓶和塑料瓶容器。具体的化妆品包装见图1-4。

图 1-4　化妆品包装

1. 玻璃瓶

玻璃瓶应该算是最早应用于化妆品包装的包装容器，目前在高档化妆品的包装领域中仍然应用较广，它的透明度与质感是普通塑料瓶所不能比的，曾一度是化妆品包装的首选材质。但玻璃材质比较笨重、易碎、运输成本高，导致现在大部分中低档的化妆品包装市场已被塑料瓶、塑料袋或塑料软管所取代，所以化妆品的包装中玻璃瓶的应用比例已低于8%。

2. 塑料瓶

塑料瓶包装是化妆品包装中最常见的，以量轻、坚固、容易加工为主要特点，优势一直较突出，所以是长期以来化妆品包装最常用的形式。与此同时，塑料瓶包装又可以拥有玻璃瓶包装才有的透明性。透明的特性将成为化妆品包装的一个大的趋势，它可更好地供消费者观察、选择，通过察看颜色、形态来判断瓶内物的品质，并且起到监督商家产品的作用，所以一直保持着良好的增长势头。

1.3 包装印刷的绿色化发展

1.3.1 包装材料的绿色化

绿色包装材料不是一个绝对的概念，在包装材料的形成过程中，不同的材料其原料来源不同、配方不同、加工制作方法不同，诸多因素产生或多或少的不环保可能性。在回收处理的时候也有各种方法与其对应，同样存在着一定的环保问题。无论是纸、塑料、金属、玻璃，还是一些新型材料，都是品种繁多、性能各异，使用时应根据产品要求、客户要求、技术和环保要求进行合理的选择。

目前纸制品包装中，有包装纸、纸浆模塑制品、可食性纸制品、瓦楞纸箱、蜂窝纸板等种类。纸包装的环保性包括无毒、无味、透气，既不污染内包装，又能保持内包装商品的呼吸作用，达到较好的储存条件；易于回收再利用，自然分解，不污染环境；生产原料来自可再生的木材及植物茎秆。纸包装在生产和回收中存在如下问题：耗能高、耗水高，排黑色废液和臭气，造成空气污染；纸箱、盒生产中选用溶剂型黏合剂，甚至有的采用有毒有害的泡花碱；废弃的纸包装回收率低，资源再生利用差。为此，应加快技术改造，逐步实现大型造纸企业用材基地化，建立纸回收和供应的市场体系，加强废纸的回收利用；推广使用绿色黏合剂，目前的绿色黏合剂技术有水分散型黏合剂、改进淀粉黏合剂、无溶剂型黏合剂、聚乙酸乙烯酯（PVAc）黏合剂及热溶胶等；积极研发新型环保纸包装产品，近年来，利用天然的植物原料，如芦苇、稻草、玉米秆、甘蔗渣、淀粉、糠壳、竹子等开发了一系列绿色包装制品，其中以淀粉和植物纤维为原料制成的"生态泡沫"可替代泡沫塑料。

塑料包装对环保产生的不良影响包括：塑料及其助剂、添加剂均属高分子材料，化学性质稳定，一般不能自行降解，也不易被细菌侵蚀，因此塑料废弃后难腐烂、不易分解，形成永久性的垃圾。塑料包装具有的环保性包括：节能、消耗资源较少，像聚乙烯和聚丙烯等包装废弃物还可以焚烧发电，由于它们都是碳氢组成的大分子，焚烧后产生的气体对环境的影响不大。解决塑料包装的环境问题应从技术和政府力量两方面入手。技术方面可按"3R1D"原则：①减量化（reduce），改进包装结构设计，选用高强度轻量材料，节约材料资源消耗，减少废弃物数量；②回收再利用（reuse），回收再利用饮料包装容器、洗涤剂、乳胶液涂料等瓶装容器；③回收再生（recycle）；④研发降解及新型环保材料（degradable）。政府方面则应制定出详尽且明确的废弃与回收处理法规、政策，鼓励改善产品和开发新产品的政策，重在治理和教育，尽到监管责任。

包装承印材料作为主材固然重要，但是印刷油墨（printing ink）作为图文信息的传播体所起的作用更加不可忽视。油墨由颜料、连接料、溶剂和辅助剂组成，在凹印和柔印溶剂型油墨中，有机溶剂的含量高达 40%～60%，其干燥形式是挥发干燥，所以溶剂中的挥发性有机化合物（volatile organic compounds, VOCs）含量较多。大量有机溶剂的挥发，造成了空气污染，被吸进人体内可能会引起慢性中毒。为此，绿色油墨及新型油墨体系得到大力发展。目前，国内使用最为广泛的环保油墨主要有三大类，即水性油墨、醇溶性油墨和紫外线固化（ultra violet, UV）油墨。水性油墨是以水性树脂为连接料，高级颜料或染料为着色剂，水为主要溶剂，少量乙醇为助溶剂，配以多种助剂经精细研磨调配而成的油墨。它与传统溶剂型油墨的最大区别就在于水性油墨中使用的溶剂是水和乙醇，VOCs含量极低，对环境污染小。醇溶性油墨具有低气味、不含苯等特点，能够有效地减少甲苯类油墨对健康的伤害，并有效地解决残留溶剂对包装食品质量的影响。醇溶性油墨的使用成本比普通溶剂型油墨高20%，所以，对醇溶性油墨最大的要求就是能降低成本，其次还要求不黏脏，柔韧性好，耐油脂性、耐摩擦性、耐热性好，选择的颜料还要有一定的耐晒性。醇溶性油墨广泛用于凹版印刷及柔版印刷中。UV油墨是指能用不同波长和能量的紫外线使其成膜和干燥的油墨,色膜具有良好的机械和化学性能。UV油墨的主要优点有：无溶剂、干燥速度快、耗能少，光泽好、色彩鲜艳，耐水、耐溶剂、耐磨性能好。UV油墨中的光引发剂是一种易受光激发的化合物，在吸收光照后被激发成自由基，能量转移给感光性分子或光交联剂，使UV油墨发生光固化反应。目前UV油墨技术已较成熟，其污染物排放几乎为零。除了不含溶剂，UV油墨还有如不易糊版、网点清晰、墨色鲜艳光亮、耐化学性能优异、用量省等优点。其他环保性油墨如植物油墨、电子束（electron beam, EB）固化油墨等也获得了很好的发展。

　　包装印刷需要一定的表面整饰，如上光、覆膜、复合等工序，涉及材料种类较多，如果使用不当同样会出现环保问题。目前的水性上光油有三类：传统水性上光油、现代新型水性上光油和催化型水性上光油。其中，现代新型水性上光油的性能和环保均符合要求，是绿色材料首选，用途广泛。上光油除了水性的，还有UV的，其原理同UV油墨，是纸包装尤其是烟包比较常用的一种加工方式。覆膜、复合所使用的黏合剂要适应非溶剂化的环境要求，采用以水替代有机溶剂的水分散型黏合剂和无溶剂型单、双组分的反应型黏合剂。而低毒醇溶型黏合剂是对传统溶剂型胶水的改进，适合目前大多数软包装的设备状况。

1.3.2　包装印刷工艺的绿色化

　　绿色包装印制过程主要包括绿色制版、绿色印刷和绿色印后加工三个环节。当前的绿色制版泛指计算机直接制版，是一种去掉银盐胶片的直接制版方法，在各大印刷方式中获得了大量的应用。胶印直接制版机目前使用的最多的是外鼓和内鼓式，对应的制版技术有热敏成像技术和光敏成像技术。一般而言，商业包装印刷等高品质要求的企业应选用热敏CTP（computer-to-plate，计算机直接制版），热敏版材价格相对便宜、性能稳定、运用最广；光敏CTP速度快，适合报社等对色彩品质要求不很高的生产单位。柔印直接制版有激光成像直接制版、激光烧蚀印版套筒和激光直接雕刻制版三种方式，其中激光直接雕刻制版不用显影冲洗和干燥，只需要用温水清洗掉灰尘即可上机印刷，制版方便快捷又环保，质量好且稳定，是柔版制版的发展方向。凹印直接制版有电子雕刻制版、激光腐蚀制版和激光直接雕刻等，其中电子雕刻制版应用比较普遍，而激光直接雕刻凹版质量高、速度快，网穴释墨传墨效果好，获得了行业的首肯，正在快速发展中。丝网直接制版有喷墨成像制版、红外线制版、激光直接制版和激光烧蚀制版，目前大多数采用的是喷墨成像技术。

包装印刷绝大部分采用了传统的四大印刷方式，各大印刷方式各有特色，各有自身的发展方向。随着先进技术的应用和结构的优化设计，单张纸平版胶印机正向着高速度、高精度、高自动化程度，多色组、多功能，缩短转换时间、准备时间和停机时间等方向发展。它可根据用户需求进行多色印刷、联机上光、打号码、干燥及冷却，扩大了机器的使用范围，大大缩短了辅助和开印准备时间，减少了纸张的浪费。而卷筒纸胶印机以纸带形式连续供纸，能够一次完成印刷、折页、裁切等工艺，适合报纸、杂志、商业印刷，具有生产效率高、经济效益好等特点。在卷筒纸胶印领域，无缝和窄缝滚筒技术、独立驱动技术发展迅速。同时应该注意到油墨、乙醇、喷粉、紫外线、噪声等对操作者身心健康和环境的影响。随着绿色环保与节能减排的压力不断增大，油墨预置、集中供墨、无醇印刷、无水胶印等技术受到了国内外印刷行业的重视。

柔印以环保著称，20 世纪 80 年代初，国内开始引进简易的层叠式柔印机和制版机，采用杜邦 Cyrel 版材印刷塑料薄膜、纸张和纸板等，由此推动了国内的制袋和软包装柔印技术的发展。目前，国内柔印产业链已经形成，无论是设备还是耗材都实现了国产化。大部分柔印机生产线分布在上海、北京、浙江、广东、陕西、云南等地，其中，上海紫光窄幅机组式柔印机在国内享有盛名，青州意高发包装机械有限公司和山东潍坊东航印刷科技股份有限公司主要生产宽幅机组式柔印机，西安航天华阳机电装备有限公司、陕西北人印刷机械有限公司主要致力于宽幅卫星式柔印机的研发。国内的柔印市场完全能满足烟草包装、医药包装、食品包装、标签等印刷品的要求，且能联机印后加工完成涂胶、模切、烫印等多种工序，降低成本，提高生产效率。在国内，柔印机用于烟草包装印刷的占 30%，用于标签印刷的占 15%，用于不干胶印刷的占 35%，其他印刷的占 20%。在国产餐具、纸杯、饮料包装中，80%采用的是柔版印刷。其先进环保的水墨技术、套筒技术、供墨技术的使用，使得柔印在包装印刷行业中越来越具优越性，有着广阔的应用前景。

凹印具有墨层厚、层次丰富、印刷质量好、废纸率低、印版耐印、能长久存放等优点，尤其在玻璃纸、塑料膜、金属箔上印刷效果好。但凹版制版时间长、费用高，所以只有质量要求高的彩色图片、商标、包装装潢、有价证券、建筑装饰材料等适合采用凹印，且需印刷数量大，用凹印才较为经济。凹印油墨的选择、使用和开发是其环保的重中之重，曾经凹印溶剂型油墨的使用给环保带来了非常恶劣的影响，醇（酯）溶油墨的使用大大减轻了环保的压力，但是仍然不容乐观。目前，水性油墨、水性 UV 油墨、EB 油墨成为凹印油墨的发展方向。国产的凹印设备总体制造水平较低，进口设备基本上垄断了凹印机的高端市场。近几年，国产凹印设备的制造水平和印刷速度都有了明显提高，中山松德包装机械股份有限公司和陕西北人印刷机械有限公司都已经推出了最高速度为 300m/min 的卷筒纸凹印机，并且该设备还具有无轴传动等先进技术。其中，国产凹印设备中的软包装凹印机、复合机、涂布机等有一部分产品档次已接近日本水平，配套性也明显增强。

丝印以灵活多样著称，丝印设备参差不齐，手动、半自动、全自动皆有，上手容易，上档次不易。随着丝印设备的装置改进，丝印工艺也得到了改善，例如，新的输纸、胶刮、套准定位装置使走纸顺畅、上墨均匀、套印准确，大大提高了丝印质量。丝网材料、网框的合理选择同样会影响印刷质感及网版耐印力。丝网印刷面临的最强劲对手是数字印刷,数字印刷技术的出现直接占有了丝网印刷相当一部分市场。但是,丝网印刷油墨尤其是功能油墨的开发利用,如冰花、水晶、膨胀、皱纹、珊瑚等油墨,使印品具有独特的装饰效果,是四色数字印刷机所不能及的。尽管如此,丝网印刷在传统四大印刷方式中算是小众类,但是在包装印刷里是不可或缺的。所以,现在的发展趋势是丝网印刷和各类印刷方式相互组合,以实现同一张印品同时具有几种不同的印刷效果。

组合印刷是集合胶印、柔印、凹印、网印等不同印刷方式和上光、烫金、模切、覆膜、切单张等印后加工方式,一次连线生产完成印刷产品加工的技术,是传统印刷的发展趋势。组合印刷最广泛的应用领域是不干胶标签印刷,在标签印刷中,目前最具代表性的是窄幅卷筒纸柔印→丝网印刷→胶印→凹印→热(冷)烫印的组合,效果比较理想。它充分利用丝网印刷可以堆积出厚实的油墨层、具有优异的遮盖力等特点;也利用柔性版印刷可做大面积的专色,其饱和度、一致性突出的优势;还有胶印对图像细微层次完美再现的能力,尤其是渐变色过渡的柔和、平滑;以及凹印在印刷金属墨时可展现良好的光泽效果,使印刷品质量得到了较大的提高。

1.3.3　包装印制过程废弃物处理

绿色包装印刷要求在生产、流通、消费和废旧物资源再生的全流程中,坚持资源节约、环境友好、循环利用、可持续发展的理念,走发展低碳经济和循环经济的路子。包装废弃物占城市垃圾的一半以上,如何使之实现减量化、再利用,是印刷包装行业不可推卸的责任和使命。企业一边要严抓印刷材料的源头,一边要管控好包装印制过程的清洁生产,同时对末端排放进行有效分类分流处理,全方位地提高环保意识。包装印刷企业面临的环保问题有 VOCs 废气、废液和废固三类。VOCs 主要来源于油墨、稀释剂、胶黏剂及清洗剂等,由溶剂挥发、烘干、复合及清洗过程等造成,印刷业常用吸附法对此进行治理。制版过程由于使用感光材料需要显影和冲洗,产生废液、废水污染。而印刷过程主要是油墨废水含有各种染料、颜料、有机溶剂、表面活性剂等,其色度高、组分复杂多变、难以处理。包装印刷废水还掺杂一些黏合剂,情况更为复杂。这些废液在储存过程中挥发,会严重污染环境,影响人体健康。包装印刷废液、废水的处理方法主要有物化法、化学法及生化法,但是对高浓度的废水处理效果并不太理想,应交由专门机构处理。除了 VOCs 废气、废水污染外,包装印刷企业还有大量固体废弃物需要处理,如废纸及边角料、废版、废塑料、废金属玻璃等,对于这些废料首先需要进行分类封装,然后交由指定专业站点处理。

1.3.4　绿色包装印刷标准

随着人们对环境和社会问题的重视,近几年,"绿色"已经成为包装印刷企业关注的热点,企业在追逐利益的同时,还必须更多地考虑一些与气候变化、空气污染、节能减排相关的问题,创建绿色、美丽环境,以实现企业和社会的协调发展。

目前,在包装印刷的绿色化进程中还存在一些问题,如包装印刷企业规模不一,技术水平高低不一,环保意识和监管部门不一,想要做好绿色化工作任重而道远。作为政府部门应优先制定相应的环保标准和优惠政策，将标准细化到每道环节，一一落实。对于达标企业，应给予更多的优惠政策，包括资金倾斜、业务支持、税费减免等，让企业的技术改造和环保工作做得更加彻底，更加完善。作为包装印刷企业，可以用多种形式来实现绿色化，除了改善厂房、设备、工艺和材料等方面，还可以采用废物利用、清洁生产、信息化办公等措施为企业节省成本、降低排放，从而实现绿色目标。

绿色包装印刷认证、实施绿色环保包装印刷体系建设不是形式，应以与绿色包装密切相关行业如食品包装、药品包装、烟包装及化妆品包装为突破口，从原材料、工艺技术和环保多方面分门别类建立企业标准、行业标准以至国家标准，形成三级标准体系，积极协调环境保护、行业有关部门开展多层次多方位合作，共同推进绿色包装印刷的高效实施。

第 2 章　绿色包装印刷材料

绿色包装材料是指以天然植物和有关矿物质为原料研制成的对生态环境和人类健康无害、有利于回收利用、易于降解、可持续发展的一种环保型包装材料。也就是说，其包装产品从原料选择、产品的制造到使用和废弃的整个生命周期，均应符合生态环境保护的要求。其特点是材料天然（纤维或矿物质）、材料可重复再用或可再生、材料本身具有可食性或可降解性。

2.1　包装承印材料

包装承印材料主要包括纸、塑料、金属、玻璃、陶瓷及复合材料等，如表 2-1 所示。

表 2-1　包装承印材料及容器分类

包装承印材料	包装容器类型
纸与纸板	纸盒、纸箱、纸袋、纸杯、托盘、纸浆模塑制品
塑料	薄膜袋、编织袋、热收缩膜等
金属	马口铁等制成的罐桶等；铝、铝箔制成的软包装等
玻璃、陶瓷	瓶、罐、坛、缸等
复合材料	纸、塑料薄膜、铝箔等组成的复合软包装材料
木材	木箱、木板等
其他	麻袋、布袋、草或竹制包装容器

2.1.1　常用包装承印材料

1. 纸与纸板

纸和纸板是一种古老的包装材料，应用最为广泛。在现代的工业产品包装中占有非常重要的地位，某些发达国家其比例占所有包装材料的 40% 以上，例如，美国的纸制品约占所有包装材料的 42% 以上，日本约占 49%；我国约占 40%。纸张是由极为纤细的植物纤维相互牢牢交织而形成的纤维薄层，大部分纸张还包含一定量的填料、胶料和色料等。用于造纸的基本原料是植物纤维，包括木材、草类植物、再生纤维（废纸）等，纸张具有良好印刷适性的同时，废弃物易回收处理且不易污染环境。

一般纸张均可用于包装，但为了使包装制品达到所要求的强度指标，保证被包装的货物或产品完好无损，包装所用纸张应强度大、含水率低、透气性小，不含对包装产品有腐蚀性的物质，有良好的印刷性能，具有这些性能的纸张才能用于各类产品的包装。为了满足不同包装产品的需求，往往需要对原纸进行加工，制成各种特殊性能的包装纸，如玻璃纸、植物羊皮纸、铜版纸、油纸、蜡纸、瓦楞芯纸、瓦楞纸板、白板纸等。

1）瓦楞纸板

瓦楞芯纸的原纸通常采用半化学木浆、草浆和废纸浆混合制成，纸薄、均匀、质量轻、具有纤维组织的均匀性，纸张坚韧、抗张、耐压、耐折、耐戳等，一般为 $120\sim200g/m^2$，厚度为 $0.2\sim0.25mm$，然后通过机器将瓦楞原纸滚压成具有瓦楞形状的瓦楞芯纸。

瓦楞芯纸与箱板纸结合组成瓦楞纸板，面层纸板通常强度较高，使瓦楞纸板具有一定的抗张强度，瓦楞芯纸的作用是依靠它的瓦楞厚度，使瓦楞纸板具有一定的抗压、抗冲击强度。瓦楞纸板印刷性能主要受面层的影响。

2）牛皮纸

牛皮纸是用硫酸盐木浆抄造的高级包装用纸，其定量规格有如下多种：$32g/m^2$、$38g/m^2$、$40g/m^2$、$50g/m^2$、$60g/m^2$、$70g/m^2$、$80g/m^2$、$120g/m^2$，具有高施胶度，因其坚韧结实且似牛皮而得名，特征是具有较高的强度、弹性、耐磨性、结实、柔韧、防潮、抗水，它是包装纸中最结实的一种纸张，多用于包装工业产品，如水泥、化肥、化工原料等。其优点、质量是其他纸产品所不能代替的。

3）白板纸

白板纸为一面灰一面白，也称灰底涂布白。白板纸的性质一般指其适合印刷用的印刷适性，包含其在运输、仓储过程中的一些表现特性。而其印刷适性是指在必要的条件下，复制一定质量的印刷品应具备的物理、化学性的综合反映。白板纸的性质必须体现出最佳的印刷质量和色彩效果。纸张在滚筒运转过程中，能使印版上吸附的油墨顺利地转移到其表面上，获得完整、饱满、层次清晰丰富的图文印迹。

4）羊皮纸

羊皮纸又称植物羊皮纸或硫酸纸，它使用未施胶的高质量化学浆纸表面纤维胶化，即羊皮化后，经洗涤中和残酸，再用甘油浸渍塑化形成质地坚韧的透明乳白色双面平滑纸张，由于采用硫酸处理而羊皮化，因此也称硫酸纸。羊皮纸具有良好的防潮性、气密性、耐油性和机械性能。适于油性食品、冷冻食品、防氧化食品的防护要求，可以用于乳制品、油脂、鱼肉、糖果点心、茶叶等食品的包装。食品包装用羊皮纸定量为 $45g/m^2$、$60g/m^2$，工业品包装的标准定量为 $45g/m^2$、$60g/m^2$、$75g/m^2$，但应注意羊皮纸的酸性对金属制品的腐蚀作用。

5）玻璃纸

玻璃纸是以天然纤维素为原料，用黏胶法制成的透明薄膜。1892 年发明于英国，当时的名称为"cellophane"。由于玻璃纸价格较高，主要用于食品、烟草、糖果、药品和高档商品的包装。

玻璃纸种类大致分为普通型和防潮型两种。普通玻璃纸也称赛璐玢，光滑透明，光泽美观，光线透过率达 92%左右；印刷性能好，特别是对高速度、多色印刷具有良好的适性，可得到美丽的印刷品；抗拉强度较大，拉伸度小，有刚性，机械加工适应性良好，适于高速度的自动制袋、自动包装；缺点：干后易脆裂，吸湿、透湿性强，耐水抗潮性差，尺寸也不稳定，随湿度的变化而变化。

2. 塑料

塑料包装是现代商品包装的重要标志。它的出现大大地改变和调整了整个包装材料的结构和布局，令整个商品包装业呈现出崭新的面貌，使包装水平上了一个台阶。

由于塑料原材料来源丰富，价格低廉，合成工艺也较成熟，所以塑料的产品种类很多，价格也较便宜，更重要的是它兼具多种优良的性能。随着高分子合成科学的发展及加工技术的提高，通过共聚、共混或者改性，赋予了材料更多的特色或特殊功能。在中国，塑料包装材料的使用占整个塑料产量的26%左右。其中主要的品种为：聚丙烯、聚乙烯、聚苯乙烯、乙烯-乙酸乙烯共聚物、聚酯树脂等。

1）聚丙烯

其结构导致材料柔软、透明，所以易制成薄膜。经拉伸后强度提高，非常适宜包装食品，或与其他材料复合形成复合材料进行包装，多用于食品、医药。聚丙烯除了薄膜还可制成各种盒、杯、盘、瓶等容器，用于盛装、包装食品及各种商品，它还可以制成打包带、编织袋等。

2）聚乙烯

聚乙烯分为高密度聚乙烯（high density polyethylene, HDPE）和低密度聚乙烯（low density polyethylene, LDPE）。低密度聚乙烯可以制成薄膜或与其他材料复合用于食品包装及各种商品包装，而高密度聚乙烯可以制成各种形状的容器，如盒、盘、瓶、杯、筒类或做成重包装袋。聚乙烯塑料还可以制成软管，如牙膏皮、化妆品盒等。

3）聚苯乙烯

基于聚苯乙烯侧基为苯环，加之大体积侧基为苯环的无规排列，决定了其物理化学性质，如透明度高、刚度大等，所以其常为硬质塑料，很脆，可以制成各种形状的容器，用于食品包装、盛装。聚苯乙烯也可以经化学改性来提高抗冲击性能，或经拉伸来提高力学性能，并可制成泡沫缓冲材料。

4）乙烯-乙酸乙烯共聚物

乙烯-乙酸乙烯共聚物是一种较新的材料，多用于与其他材料共挤出制成复合薄膜材料，或与其他材料共同进行密封。其多用于食品的包装。

5）聚酯树脂

多元醇与多元酸的缩聚产物称为聚酯树脂。线形聚酯树脂可以制成纤维状或薄膜材料，特别是其薄膜材料，如聚酯（聚对苯二甲酸乙二酯）及聚碳酸酯，由于其耐热性、耐湿性好，机械强度大，耐油、耐酸、耐药品性好，气密性及透明度极佳等特点，这类薄膜被广泛地应用于食品包装上。

3. 金属

金属也是较常见的包装材料，由于其自身的优良性质，如强度高、阻隔性好、表面易镀层与印刷、防腐蚀性好等，加之其易于加工成型与回收处理，主要被用于食品、饮料、油剂和一些化妆品中喷雾剂的包装。其种类主要有钢材、铝材，成型材料是薄板和金属箔。前者属刚性材料，一般是直接制桶、制罐；后者为柔性材料，一般采取真空蒸镀的方法在其他材料上镀上一层金属膜，以提高包装的保护功能。

1）马口铁

为增强钢板的耐腐蚀性，往往还要在钢板的表面施以镀层，马口铁就是其中之一，多用于各种食物、饮料、药品的包装。它是镀锡薄钢板，镀锡后钢板耐腐蚀性增加，延展性、加工性也进一步得到改善。因高温处理导致钢板表面铁与锡发生了反应，形成了较薄的锡铁合金层，内层为钢层，外层为锡层。中间的锡铁合金层密度很高，抗腐性能很好。另外在锡层的表面还有一层较薄的氧化膜，具有较好的耐腐蚀性。作为食品包装容器时，往往还要在所制成容器的内侧，即与食物接触的那一面涂上涂层，经烘干后再填装食品及其他内装物。涂层多为环氧树脂、酚醛树脂及酞醛树脂等，对食物无污染，对人体无害，具有良好的抗腐蚀能力，能有效地防止食品中油剂、介质的变质，保护食品的质量。

2）铝箔

铝箔是现代包装中最常用的材料，它质轻柔软，延展性好，易于加工，具有极高的防潮性、阻气性及全方位的阻隔功能，所以作为包装材料是任何其他高分子材料和蒸镀薄膜无法比拟和替代的。

但其使用最多的还是与其他材料如纸、塑料等材料复合在一起构成现代的复合包装材料。其实质就是在纸基或塑料膜基上镀铝层，这样镀层薄而均匀，柔韧而阻隔性好，再加上材料自身的可回收降解性，所以此种镀铝膜在铝包装制品中脱颖而出，成为最经济、最有竞争力的包装材料。在真空镀铝纸生产过程中，原纸的性能很关键，它将会影响真空镀铝纸的质量。

4. 玻璃

在包装工业中，玻璃主要用于制成玻璃瓶罐。玻璃的组成是决定玻璃物理化学性质和生产工艺的主要因素，所以经常借助调整玻璃的组成，来改变玻璃的性质，使之适应生产工艺条件并满足制品的使用要求。

其原料分为主要原料和辅助原料两大类。主要原料是引入各种组成氧化物的原料，如石英砂、长石、石灰石、白云石、纯碱等；辅助原料是使玻璃获得某些必要性质并加速焙制过程的原料，它们的用量较少，但作用是重要的，如砒霜、三氧化锑、硝酸钠、芒硝、萤石、炭粉、食盐、着色剂、脱色剂等。

玻璃的主要特性如下。

（1）有较高的化学稳定性，除氢氟酸外，其他酸都不能使玻璃发生腐蚀，但玻璃抗碱性差。

（2）对于所有气体或溶液，玻璃是完全不渗透的。因此，玻璃经常被作为气体的理想包装材料。

（3）热稳定性决定玻璃在温度急剧变化时抵抗破裂的能力。热稳定性与导热系数的平方根成正比，与热膨胀系数成反比。玻璃制品越厚，体积越大，热稳定性也越差。

（4）玻璃对光线的吸收能力随着化学组成和颜色而异。无色玻璃可透过各种颜色的光线，各种颜色的玻璃能透过同色光线而吸收其他颜色的光线。

2.1.2 可降解材料

绿色包装材料是绿色包装的灵魂。其中最重要的一个特征就是可降解,可降解材料很多,其中已取得良好进展和应用价值的有光降解塑料、生物降解塑料、光/生物双降解塑料等。本节主要介绍业内常见的可降解包装材料。

1. 光降解塑料

光降解塑料即材料在光的作用下会发生降解。由于光解塑料是在普通或改性的塑料中加入了特定的光敏剂,这类光敏剂在自然光照下能有效地吸收阳光中的紫外线,获得能量后呈激发状态,然后又将能量传递或转移给易激发的基团或化学键,进行光化学反应,由此导致大分子的降解,不断形成易被微生物吞食的小分子碎片,以达到降解的目的。

有些材料内同时加入自氧化剂,它将会与土壤中的金属盐反应生成过氧化物,这些过氧化物再作用于碳链骨架,使其分子链断链而降解成易被微生物吞食的小分子化合物。此种材料的降解速度与其分子的化学链强弱及结构成分、基团性质有关,与加入光敏剂的种类、用量及其他配合剂有关。

2. 光/生物双降解塑料

光/生物双降解塑料即在光和生物双重作用下具有协同降解效果的塑料。这种塑料之所以能够双降解,是因为它的整体材料中加有两种诱发剂,即在材料中掺混有生物降解剂淀粉,能诱发光化学反应的可控光降解的光敏剂,或被人称为"定时器"的复配光敏剂及自动氧化剂等助降解剂。其中可控光降解的光敏剂在规定的诱导期之前,不使塑料降解,具有理想的可控光分解曲线,在诱导期内力学性能保持在80%以上,达到使用期后,力学性能迅速下降。而且它还可以通过调整其间的浓度比,使塑料定时分解成碎片,接着在自动氧化剂和微生物对淀粉的共同作用下,此种材料将很快地被分解。例如,过氧化二异丙苯(DCP)能够促使低相对分子质量组分所生成的极性基团分解而加速劣化,DCP与土壤有机金属盐作用,对生物降解塑料会产生强烈的劣化作用。

3. 天然高分子型材料

1)淀粉基绿色包装材料

近年来,改性淀粉的生物降解或可溶性的降解塑料,已成为淀粉基材料研究开发的热点。淀粉基材料可用作油炸快餐食品的包装、一次性食品用袋和纸包装的外层膜等。淀粉基聚乙烯醇塑料是其典型代表。它在制膜前对淀粉进行处理,也就是在挤压机中进行"无序和塑化"或进行化学改性,加入一定量的增塑剂淀粉,再与聚乙烯醇或聚乙酸内酯共混可得到透明的膜。膜中的淀粉部分会生物降解,剩余部分在堆积过程中降解。淀粉-聚乙烯醇膜有中等的阻气性能,机械性能比合成多聚物的膜差一些,可在食品一次性用袋方面代替低密度聚乙烯包装。

　　2）纤维素合成材料

　　纤维素是地球上最丰富的可再生资源，每年通过光合作用可合成约 $1000 \times 10^6 t$，而且具有价廉、可降解和不污染环境等优点。用纤维素可以合成各种生物降解材料。由于其大分子链上有许多羟基，具有较强的反应性能和相互作用性能，因此，这类材料加工工艺比较简单，成本低，加工过程无污染，能够被微生物完全降解。纤维素分子间有强氢键，取向度、结晶度高，不溶于一般溶剂，因此不能直接用来制作生物降解材料，必须对其改性。纤维素改性的方法主要有酯化、醚化及氧化成醛、酮、酸等。例如，日本四国技术试验所以天然聚合物多糖（如纤维素和纤维素衍生物）为原料制成半透明的塑料切片，其拉伸强度和弯曲性能与常用塑料相似；以交联淀粉、活性碳酸钙和纤维素为主要原料制成的生物降解片材，力学强度和耐热水性能好，可代替聚苯乙烯做快餐盒或其他包装材料，可降低环保成本、消除"白色污染"，具有十分重要的使用价值。纤维素还可制成各种高吸附性纤维素材料，如高吸水性纤维材料、高吸附重金属材料、高吸附油脂材料等，可用于相应的新鲜食品和植物的包装及废水的处理等方面。

　　3）蛋白质膜材料

　　用植物蛋白制得的膜尽管不是完全疏水的，但有较好的阻湿性能和阻氧性能，并可挤压成型；玉米醇溶蛋白已在商业上用于可食性包装及涂层，有较好的阻隔性、良好的保湿性及抗氧化性，也作为药物的缓释剂使用。大豆分离蛋白膜可以减少葡萄干和干豌豆中的水分迁移。动物来源的蛋白用于制膜的主要有胶原蛋白、乳清蛋白和酪蛋白。胶原蛋白膜是应用较多的可食性蛋白膜，低湿度下阻氧性好，已作为香肠的肠衣广泛使用；乳清蛋白膜可减少氧气的透过，与乙酰单甘油酯复合涂布于冷冻大马哈鱼与焙烤花生上可明显降低其氧化速度，也可以减少谷类早餐食品中的水分迁移；酪蛋白与脂质的复合膜可应用于新鲜蔬菜、干果、冻鱼的保藏，能够减少水分迁移和油脂氧化。

　　4）微生物多聚物

　　微生物聚酯聚-β-羟基链烷酸（PHAs）有极好的成膜和涂层性能，以此为原料制成的产品可与聚乙烯、聚丙烯、聚酯相媲美。这些产品熔点低、结晶度低、抗水性高，可在土壤中生物降解，可用普通的塑料加工工艺加工成型，其中以生物聚合物为典型代表。通过改变微生物菌种、碳源及碳源组成比例来调节羟基丁酸酯（HB）和羟基戊酸酯（HV）比例即可获得不同结构与性能的产品，聚羟基戊酸酯（PHV）赋予材料强度与刚性，聚羟基丁酸酯（PHB）使材料有弹性、韧性。这种材料与淀粉基材料相比，有较强的耐水性，但阻气性差一些，可用于瓶装饮料、牛奶纸包装涂层材料、快餐包装、餐用杯及一次性食品用袋中。目前因为从微生物体中提取多聚物成本很高而不能广泛使用，如果能通过扩大生产规模、改变工艺来降低成本，这将是一种很具潜力的多聚物。

　　5）聚乳酸类材料

　　聚乳酸（PLA）是最重要的乳酸衍生品。聚乳酸类高分子材料具有无毒、无刺激性、强度高、生物相容性好、可塑性强、膜弹性好等优点。聚乳酸类高分子材料易被自然界中的多种微生物或动植物体内的酶分解代替，最终形成水和二氧化碳，不污染环境，因而被认为是最有前途的可生物降解高分子材料。用聚乳酸制成的生物降解塑料常用来生产透明食品包装、拉伸薄膜、发泡容器和塑料容器等，可广泛应用于食品包装业、农林牧渔业和卫生用品等方面。

4. 水降解塑料

水降解塑料通常是由聚乙烯醇与淀粉或聚乙烯醇与聚乙烯吡咯烷酮助剂等混合而成，是目前重点开发的一类项目。废弃物的处理降解成本低，如水降解的包装薄膜、水溶性的发泡塑料、聚氯乙烯（polyvinylchloride，PVC）湿法冷凝胶无纺布等。

降解过程中该种塑料首先溶于水形成胶液渗入土壤中，增加土壤的凝结性、保水性、透气性，在土壤中聚乙烯醇（polyvinylalcohol，PVA）可被土壤中分离的细菌-单细胞属的菌株分解，还可以被其活性菌和产生活性菌所需物质的菌的共生体系所降解。所产生的氧化反应酶催化聚乙烯醇，然后由水解酶切断被氧化的 PVA 主链，形成自由基链锁式降解，最终可降解为 CO_2 和 H_2O。

水溶性包装膜具有一定的强度、热封性，表现状态类似一般塑料薄膜，多用于食品包装和水中使用的产品的包装，如农药、化肥、杀虫剂、水处理剂、种子等。其含水量会随环境温湿度的变化而变化直至平衡，而膜的溶解性则与厚度、温度有关，温度越高溶解速度越快。此膜可允许氨气与水透过，对氧气、氮气、氢气、二氧化碳有良好的阻隔性，常用于食品包装，可以保质、保鲜、保味，可以进行包装印刷等。

5. 可食性包装材料

可食性材料的原料都是天然的有机小分子及高分子物质，所以它可以由人体自然吸收，也可以由自然风化和微生物分解。近些年来由于包装技术的飞速发展，以及绿色包装的要求，可食性包装代替塑料已成为当前包装业的一大热点和全球性的研究课题。它的特点是质轻、透明、卫生、无毒无味，可直接贴紧食物而包装，保质、保鲜效果好。目前常见的有谷物质基薄膜、纤维素薄膜、骨胶原薄膜等材料。

1）淀粉薄膜

美国的德尔玛（Delmer）化学公司首创将高淀粉含量的玉米淀粉薄膜用于商品包装。用于制作淀粉薄膜的淀粉分子结构为直链式，这种直链淀粉并不是热熔性物质，而需加入水和增塑剂（如甘油）混合后，加温加压才可形成塑性流动，可用挤出成型方法加工成挤出薄膜。直链淀粉薄膜的柔软性和折叠性都很好，伸长率可达 10%。直链淀粉薄膜性能稳定，防油脂性能好，氧气、二氧化碳和氮气的透过率低。

直链淀粉薄膜可进行印刷、热封合，也可以在高速包装机械上包装商品。当与其他材料复合时，特别要注意选用水溶性黏合剂，因为直链淀粉薄膜怕水。为了提高直链淀粉薄膜的水蒸气不透过性，一般采用聚偏二氯乙烯涂布，涂布时采用溶剂型工艺。

2）纤维素薄膜

纤维素薄膜是采用 α-纤维素进行化学改性加工，生产羧甲基纤维素，用水基性悬浮物经流延成型而制成的。其溶解温度范围为 0～55℃，伸长率很高，为 65%，柔软性、折叠性和热封性都好，防油脂性极好。

3）骨胶原类薄膜

骨胶原类薄膜是用新鲜动物皮中的真皮层为原料制成的。制造过程中，采用解朊酶

（如木瓜酶）来处理骨胶原，并且在骨胶原中加入固体物含量为 30%的增塑剂（如甘油）；在加工过程中还需加入乳化剂、抗氧剂和调味剂等。为了降低成本，还可以在物料中加入适量淀粉，以提高原材料的固体物含量。骨胶原薄膜可食，但不能溶解于水中，其气密性和不透水性很好，低温柔曲性、热封性都很好。骨胶原薄膜主要用于制作香肠的肠衣等。

6. 新型纸包装材料

1）纳米石科纸

纳米石科纸不是由木纤维制造，而是由纳米级石粉浆涂布到基材上，节约了木材资源。纳米石科纸的制作不是用浆去抄纸，整个生产工艺过程不用一滴水，因此在生产过程中没有废水、废气的排放；纳米石科纸暴晒 3 个月后会风化成石粉，有利于环保，容易回收。与传统彩色喷墨打印纸用墨量相比，纳米石科纸更省墨。一般纳米石科纸 720 dpi*精度与传统 1440dpi 精度清晰度相同，而精度越高墨越多，因此在同等清晰度要求下，纳米石科纸能省墨一半左右。目前，纳米石科纸主要应用于喷墨印刷、月历印刷、广告印刷等领域，石科纸的亮面及雾面都有非常好的效果。

2）环保雪铜纸

环保雪铜纸采用无机矿粉（石头粉）为主要原材料，添加少量无毒树脂，即采用低比例合成树脂、高比例无机矿粉。环保雪铜纸用无机矿粉作为主要原材料，不用木纤维制造，节约了木材资源。制造过程中完全不使用强酸、强碱、漂白剂和清水洗涤，更无废水、废气的排放，达到造纸工业环保的革命。环保雪铜纸使用后可在大自然环境中裂化分解，也可经燃烧重新萃取矿粉循环使用，避免了造成二次污染的问题。环保雪铜纸应用高科技专利涂布技术，可适于普通印刷机和油墨印刷，解析度高，干燥速度快，能取得优质的印刷效果。

环保雪铜纸适合胶印、丝网印刷、轮转印刷等多种印刷形式，其性价比高，适用于高档印刷、标签、包装、特殊纸行业。例如，在不干胶标签印刷中，由于雪铜纸具有防水、防油、防霉、防蛀、耐折、耐撕等特性，明显优于传统的纸张。而在环保方面，环保雪铜纸易于降解，降解性明显优于塑料薄膜。此外，雪铜纸还兼具了木浆纸与合成纸的优异特性，因此，在不干胶标签市场日益增长的今天，它必将成为纸品市场又一亮丽的明珠，市场前景非常广阔。

3）PP 合成纸

合成纸是一种新型纸张，PP 合成纸以石油副产品聚丙烯和天然石粉（碳酸钙）为主要原料，经压延加工而成。PP 合成纸在儿童写字垫板及标签、手提袋、海报、月历、名片、书籍、样本、一次性饭盒等餐饮包装容器领域得到应用。

PP 合成纸的制造不需要木浆及纸浆，制造过程中采用高温熔解，不需要作漂白处理，没有污水排出，利于环保。PP 合成纸具有耐折性、防水性及韧性，且强度高，燃烧产生的气体和残留物完全无毒，稳定性好，防虫咬，具有耐腐蚀性、耐油性。

---

* dpi，全称为 dot per inch，每英寸点数，指光标每移动 1 英寸，指针在屏幕上移动的点数。数值越高，表示打印精度越高。

7. 绿色纳米包装材料

现阶段，纳米材料用于包装多是以纳米涂层、纳米镀层、纳米复合的形式出现，具体种类有纳米抗静电膜、纳米杀菌膜、纳米高阻隔涂层、纳米复合板材、纳米复合陶瓷等，这些材料主要用于食品包装、医药包装、医疗器械包装、防静电包装、隐身包装、防雷达包装等，大多为功能性包装。

1）纳米涂层材料

纳米涂层材料通常是在以高聚物做基质的材料表面涂敷上一层纳米涂层而制得。如聚乙烯醇、聚乙烯、聚丙烯等包装膜，在它单独使用作为食品的包装时，对光、热、水分、气体的阻隔性很差，不能在确定的时间内对内装物起到保鲜、保质的作用，只有几层共挤出，或几层压延的复合膜才能实现所期望的高阻隔性。研究表明，经纳米涂层涂布后的包装膜，无论是强度、理化性能，还是阻隔性都得到提高，而且在价位上仅为几层共挤出膜或压延复合材料的 1/2。这充分说明此种方法对于提高普通包装膜的阻隔性是可行的。同时这有助于打开市场大门，因为它既节约了资源，又创造和提升了利润，相信在不久的将来，此种纳米涂布的高阻隔性膜将在食品包装的市场上占有更大的份额。

2）纳米镀层

纳米镀层与纳米涂层有类似的性质和作用，但其加工方法不同。如 HDPE 膜上镀 TiO_2 纳米材料，就需要采用等离子真空溅射-沉积法来完成。此方法制备的包装膜强度高，阻隔性好，并且具有抗菌性、自洁性。

3）纳米复合材料

纳米复合材料是采用晶粒尺寸为 1～100nm 的晶体材料与其他包装基质材料复合制成的。因为纳米颗粒自身具有特殊的原子结构和理化特性，所以制成的纳米复合材料也具有此种特性。纳米复合材料大多用溶液-凝胶法制备，其制备加工工艺通常是先将金属无机盐或有机金属化合物在低温液相合成为溶液后，采用提拉法使溶液吸附在基底上，经凝胶化过程成为凝胶，凝胶经一定温度处理后即可得纳米复合薄膜。这种方法可用来改良韧性包装材料。将纳米颗粒如氧化铝和二氧化锆混合加入玻璃、陶瓷中，就可得到富有弹性的玻璃与陶瓷材料。

2.2　包装印刷油墨

2.2.1　印刷油墨概述

油墨是用于印刷的重要材料，它通过印刷或喷绘将图案、文字表现在承印物上。油墨中包括主要成分和辅助成分，它们均匀地混合并经反复轧制而形成一种黏性胶状流体。印刷油墨由颜料、连接料和辅助剂三大成分组成。用于书刊、包装装潢、建筑装饰及电子线路板材等各种承印物上的印刷油墨应该具有一定的流动性，并且满足各种印刷过程所要求的性质，能够在印品上迅速干燥，干燥后的墨膜应该具有相应的各种耐水、耐酸、耐碱、耐光、耐擦、耐磨等耐抗性。油墨成分中的液体成分称为连接料；固体成分为色料（颜料或染料）及各种辅助剂。

对油墨来说，颜色、身骨（通常将稀稠度、流动性等油墨的流变性质称为油墨的身骨）和干燥性能是三个最重要的性质。

1. 颜料

油墨的色相主要取决于颜料，颜料以微粒状态均匀地分布在连接料中，颜料颗粒能够对光线产生吸收、反射，有色材料通常都是由于颜料的折射和透射作用，因此能够呈现出一定的色彩。印刷油墨中使用的有色材料通常都是颜料，也有一些用染料的。颜料和染料都是颗粒状极细的有色物质。颜料一般不溶于水，也不溶于连接料，颜料的种类和制造过程不同，其表面性质如极性、酸性、碱性也不同。油墨的相对密度、透明度、耐光性、对化学药品的耐抗性等都与颜料有关。

2. 连接料

连接料起分散色料和辅助料的媒介作用，是由少量天然树脂、合成树脂、纤维素、橡胶衍生物等溶于干性油或溶剂中制得。连接料有一定的流动性，使油墨在印刷后形成均匀的薄层，干燥后形成有一定强度的膜层，并对颜料起保护作用，使其难以脱落。

连接料对油墨的传递性、亮度、固着速度等印刷适性和印刷效果有很大影响，因此，选择合适的连接料是保证印刷良好的关键之一，要能根据包装材料、印刷要求等的不同，随时调整连接料的组成与配比。

3. 辅助剂

辅助剂主要包括填充剂、油墨稀释剂、油墨防结皮剂、油墨增滑剂、油墨防反印剂、分散剂、湿润剂、干燥剂、稳定剂等。

2.2.2　绿色印刷油墨

绿色包装印刷油墨，是指由纯天然材料组成，流动性好、干燥性适宜、附着力好、色泽鲜艳、透明度良好的油墨。选择无毒、低毒或不直接产生污染物质的材料作为油墨的组分是制造"绿色"油墨的关键。在油墨用的树脂方面，可以选择合成的，也可以选择天然的，但必须是不直接参与产生污染环境的化合物，油墨连接料应向醇溶、水性聚合物体系方向发展；在溶剂方面，由于挥发性有机化合物对环境产生危害，国外对包装方面用的油墨较普遍地采用水为基本组分的油墨溶剂，在绿色环保的印刷时代，用水性油墨取代溶剂型油墨已成为必然，溶剂体系应向无苯、醇溶、水性方向发展。另外，塑料包装印刷油墨的颜料体系应向不含重金属颜料方向发展。

1. 水性油墨

水性油墨主要是以水和乙醇为溶剂，作为一种新型绿色包装印刷材料，与其他印刷油墨相比，其最大的优点是不含挥发性有机溶剂，没有溶剂型油墨中某些有毒、有害物质在印刷品中残留，不会对包装商品造成污染。同时，不仅可以降低由于静电和易燃溶剂引起的火灾危险和毒性，而且具有不易燃烧、色彩鲜艳、不腐蚀版材、附着力好、抗水性强等特点，并且印刷设备清洗也很方便。可广泛地应用于卫生条件要求严格的包装印刷产品，特别适用于食品、饮料、药品等产品包装的印刷。

水性油墨是由高级颜料、水溶性树脂（如水基型丙烯酸树脂、水基马来酸松香树脂、聚乙烯醇、乳胶、羟甲基纤维素等）、水（作用是分散连接料），并添加助溶剂（乙醇、丙醇、异丙醇、乙二醇等），经物理化学过程混合研磨而制备的均匀浆状物质。水性油墨简称水墨（柔性版水性油墨也称液体油墨）。

a）颜料

由于水性油墨大多使用碱溶性树脂作为连接料，因此水性油墨大部分是碱性的，应选择耐碱性的颜料；同时，包装材料需要色彩鲜艳、着色力强的颜料，如在高水平的柔性版印刷中，使用高网线的网纹辊传输油墨，因而转移的油墨量较少，印刷品的墨层薄，因此更需要色彩鲜艳的颜料；另外，还应考虑颜料的易分散性问题，水性油墨的颜料要在已选定的树脂中易被分散，颜料分散的好坏决定着油墨的细度、黏度、稳定性和抗水性能等。影响颜料分散好坏的因素有很多，其中颜料的相对密度和颜料的组合特别重要。如果颜料的相对密度比较悬殊，相对密度小的颜料容易漂浮在上，例如，墨绿色水性油墨常以炭黑、酞菁蓝等颜料配合调色，容易产生浮色、发花、沉淀等现象；颜料的相对密度太大时，则因其容易沉淀结块而破坏水性油墨的稳定性。不同颜料的化学性质，如相对密度、酸碱性、极性及结晶状况等均不相同，若采用多重颜料、填料常因其物化性质差异较大，会出现颜料沉淀、浮色等现象，因此在制作水墨时选用的颜料、填料的种类应尽量少一些。总之，为获得色彩艳丽的印迹，水性油墨必须选用化学稳定性良好、具有高强度着色力、在水中分散性较好的颜料。

通常选用色泽鲜艳的有机颜料作为水性油墨的颜料，如金光红、酞菁蓝、联苯胺黄、永固黄等。另外，白色选用钛白粉，黑色选择高色素炭黑。需要指出的是，不同的印刷方式、不同的承印材料对油墨性能的要求是不同的，因此在颜料的选择上也不尽相同。表 2-2 是常用水性油墨颜料的主要商品牌号及特性。

表 2-2　常用水性油墨颜料的商品牌号及特性

牌号	名称/结构类型	颜料含量/%
Yellow H4G-PVP 2087	黄 151/苯并咪唑酮类	90
Yellow HR-PVP 2011	黄 83/联苯胺系双偶氮	80
Pink E-PVP 2088	红 202/喹吖啶酮	85
Carime HF4C-PVP2040	红 158/苯并咪唑酮类	80
Red HF2B-PVP 2012	红 208/苯并咪唑酮类	80
Violet-PVP 2089	紫 25/二嗪类	80
Blue B2G-D	蓝 15：3/Cupc	80

b）连接料

水性油墨的连接料由水性高分子树脂、水、胺类化合物及其他有机溶剂组成。

（1）水性树脂。树脂在油墨中主要起连接料的作用，使颜料颗粒均匀分散，使油墨具有一定的流动性，并提供与承印物的黏附力，使油墨能在印刷后形成均匀的膜层。水性树脂是水性油墨最重要的组成部分，是影响水墨特别是高档水墨性能的重要因素，是水性油墨配制的关键，它对水性油墨的黏度、附着力、光泽、干燥性及印刷适应性都有很大的影响。

水性树脂的种类很多，可根据不同的场合和用途进行选择。水性油墨的连接料中通常同时含有水溶性树脂、胶态分散体（水溶胶）、乳液聚合物三类水性树脂，将这几种树脂混合使用，可弥补各自的缺点。其中，水溶性树脂用于调节油墨的黏度和流动性，稳定分散效果，赋予油墨墨膜固着颜料的性能；胶态分散体的分子中具有极性基，通过调整 pH 及添加助溶剂，可使溶解性能和黏度改变；乳液聚合物可使墨膜富有弹性。三类水性树脂的性质见表 2-3。

表 2-3　三类水性树脂的性质

性质	水溶性树脂	胶状分散体（水溶胶）	乳液聚合物
外观及状态	透明、溶解型	半透明、分散型	半透明、分散型
粒径/μm	约 0.01	0.001~0.1	0.1 以上
相对分子量	1~2	1.5 万~10 万	10 万以上
黏度	高	中	低
颜料分散性	优	良	差
分散稳定性	良	良	差
黏度调整	相对分子质量	添加水溶解剂、助溶剂	添加增黏剂、溶剂
光泽	优	中	较差
墨膜强度	优	良	优
使用难易	良好	良好	良好~差
举例	天然树脂：淀粉、糊精、海藻酸；改性天然树脂：纤维素酯、纤维素乙醚；合成树脂：聚乙烯醇、聚乙烯甲酯、聚丙烯酰胺、聚氧化乙烯、聚丙烯酸	粒状虫胶、苯乙烯粒状虫胶、（α蛋白质）丙烯酸共聚体、三聚氰胺树脂、松香马来酸树脂、苯乙烯马来酸树脂、聚酯、聚氨酯、环氧树脂	丙烯酸乳液、聚乙酸乙烯乳液、合成橡胶浆

（2）溶剂。溶剂不仅可作为油墨的载体，而且可以调整油墨黏度，增加流动性，方便印刷。水性油墨用溶剂应具有以下特性：溶解树脂，给予墨性；调节黏度，给予印刷适应性；调节干燥速度。水性油墨的溶剂主要是纯净水和少量醇类，如水、丁醇、异丙醇等。纯净的水加入少量的醇可以提高油墨的稳定性、加快干燥速度、降低表面张力，异丙醇还起到减少发泡的作用。

c）辅助剂

辅助剂对水墨性能的影响很大，是水墨不可缺少的重要组成部分，其作用是提高油墨体系内的稳定性，增加附着力，提高光泽的亮丽程度，调节油墨的 pH、干燥性等，从而确保获得平滑、均匀、连续的墨膜。辅助剂虽然在油墨的配方中用量很少，但它的加入最能表现出油墨的性能。同样，通过加入各种助剂可以改善水性墨的缺点，可以降低水性墨的表面张力，增加对塑料的润湿性，还有助于溶解树脂，提高干燥速度。水性油墨中常用的助剂主要有：pH 稳定剂、慢干剂、消泡剂、冲淡剂、增稠剂、偶联剂、润湿分散剂等。

2. 植物油墨及醇溶性油墨

石油系溶剂油墨含有对人体有害的芳香族化合物成分，绿色环保的植物油墨及对环境污染小的醇溶性油墨是传统石油系溶剂油墨的理想替代产品。

1）植物油墨

植物油墨即植物油基油墨，它使用植物油脂作为连接料。目前研发和应用的植物油墨连接料主要有碱炼大豆油、菜籽油、棉籽油、葵花子油、红花籽油等。大豆油墨（soy ink 或 vegetable ink）是目前使用得最多的植物油墨，也是石油系溶剂油墨众多替代品中较为出色的一种新型环保油墨。

植物油墨的组成及特点：植物油墨主要是由纯天然植物色浆、天然植物油脂、水和一些助剂等原料配制而成，去除了普通油墨中的烃类树脂，降低了挥发性有机化合物的释放量，以菜籽油和葵花子油改性醇酸树脂合成的热固型和快干型胶印油墨，以植物油衍生的脂肪酸甲酯代替了矿物油，这类产品中植物油或改性作为树脂，或作为溶剂有效地降低了 VOCs 含量。大豆油墨作为使用最多的植物油墨，是使用大豆油来溶解树脂制作连接料，将一般油墨中的部分石油类溶剂换成大豆油，其他颜料、树脂部分和普通油墨相同。

2）醇溶性油墨

醇溶性油墨是以食用乙醇（酒精）为主要溶剂，以醇溶聚酰胺和硝化纤维素混合做连接料生产的塑料包装的表印油墨，完全可以取代以甲苯与异丙醇做溶剂的表印油墨。以聚酯及聚氨酯做主体连接料的表印油墨已是欧美等国家和地区高档软包装印刷的主导油墨，可用于食品、药品、饮料、烟酒及与人体接触的日用品包装。不过，醇溶性油墨由于还要采用部分脂类溶剂，所以仍然会导致一定的溶剂残留，不能完全符合食品、医药等包装安全的要求。

3. UV 油墨

紫外线固化油墨，简称 UV 油墨，其是在一定波长的紫外照射下，发生交联聚合反应，能够瞬间固化成膜的、无溶剂排放的光固化型油墨。与油性油墨相比，它用丙烯酸系预聚合物、单体、光引发剂取代了油性油墨用的树脂，它不含溶剂，也不发生蒸发和渗透，污染几乎为零，无论在吸收还是非吸收性材料上均能瞬间固化。

1）组成

UV 油墨的组成包括颜料、填料、光聚合性预聚物、感光性单体（相当于溶剂）、光引发剂及各种助剂。

a）颜料和填料

　　要成功地调配出一种品质优良的 UV 墨，需注意选择合适的颜料。

　　理想的 UV 油墨颜料应达到以下要求：选择对于紫外线光谱吸收率小的颜料，以保证油墨具有良好的固化速度；要有优良的分散性和足够的着色力；颜料拼混后不能在有效存放期内胶化；在紫外线下或固化反应时应不变色。

　　根据以上要求，大多数有机颜料可应用在 UV 油墨中。常用的 UV 油墨颜料有联苯胺黄、酞菁蓝、永久红、宝红、耐晒深红等；另外，黑色用炭黑，白色用钛白粉。

　　填料在 UV 油墨中可以改变油墨的流变性能，起到消光、增调和防止颜料沉降的作用。同时，其价格低，可用来降低油墨的成本，常用的有碳酸钙、硫酸钡、二氧化硅等。

　　b）连接料

　　连接料的性质对油墨的性能有着很大影响。油墨连接料应具有两个功能，一是给予油墨适当的流动性，使油墨顺利转移，具有印刷适性；二是干燥后能变成固体墨膜。

　　光固化型连接料主要是由光固树脂或预聚合物、交联剂（单体交联剂或预聚物交联）、光引发剂（光敏剂）组成。UV 固化油墨连接料的选择原则是色泽浅、透明性好、活性高、在紫外线照射下能瞬间干燥，成膜后光泽好，附着力牢，韧性和耐冲击性优良，pH 一般在 2.0 以下；与颜料的润湿性好。需要指出的是，UV 固化油墨的连接料大多采用两种或多种光固树脂或预聚物、交联剂拼合。

　　2）固化

　　UV 固化油墨是依靠紫外线的能量来干燥的。其固化过程可以概括为：①引发剂受紫外线照射被激发，形成自由基；②自由基与树脂连接料中的双键作用，形成长链自由基；③不断增长的长链进一步反应，形成聚合物固化。

　　UV 油墨与传统油墨的不同之处在于：传统油墨的成膜是物理作用，树脂已经是聚合体，溶剂将固体的聚合物溶解成液状的聚合物，使其便于印刷在承印物上，然后溶剂经挥发或被吸收，使液状的聚合物再恢复成原来的固态。UV 油墨的成膜是利用紫外线光波感光作用使油墨成膜和干燥，UV 油墨干燥和成膜的机理是一种化学变化，即从单体到聚合体，是化学作用。

　　4. EB 油墨

　　电子束固化油墨简称 EB 油墨，也是近年来发展起来的环保包装印刷油墨。EB 油墨安全、无有害挥发物，对环境、包装物没有污染，印刷品的气味比 UV 油墨小，能耗低，生产速度快，运行费用低，主要用于食品包装印刷。

　　1）组成

　　EB 油墨是一种在高能电子束的照射下，能够迅速从液态变为固态的油墨，它的组成与一般油墨相似，主要由颜料、连接料、辅助剂等物质组成。

　　a）颜料

　　目前 EB 油墨主要用于食品包装印刷，对颜料的无毒性要求较为严格。此外，其还应遵循以下一些原则：在电子束的照射下，颜料应不发生颜色的变化；要具有优良的分散性和足够的着色力；颜料拼混后油墨不能在有效存放期内胶化；颜料合用时，每种颜料在油墨中的用量要准确。

b）连接料

EB 油墨连接料的主要组分是丙烯酸类树脂及参与反应的活性单体，这类聚合物的通性是具有高度不饱和性。预聚物的性质决定了油墨固化后的物理特性，如耐磨性、附着力、弹性、硬度、耐化学性、耐溶剂性及颜料的色差等性质，由不同预聚物配成的油墨其表现的物理性质也不尽相同。EB 油墨中常用的预聚物有环氧丙烯酸树脂、聚酯丙烯酸树脂、丙烯酸聚氨酯、氧化聚酯丙烯酸树脂等。

EB 油墨连接料中使用了活性稀释剂单体，其作用是：调节高黏度的预聚物的黏度；调节油墨的黏着性；增强墨膜的强度；加快固化速度等，通常活性稀释剂可以分成单官能团、双官能团及多官能团活性稀释剂三类。在实际生产中，EB 油墨一般使用多种单体的结合，来获得满意的固化速度、黏度、附着力、弹性、硬度、抗冲击强度、耐溶剂性等性能。

2）固化机理

EB 也是一种辐射，它是一束经过加速的电子流，粒子能量远高于紫外线，可使空气电离，这种高能电子束又称为电辐射。电子束固化一般不需要光引发剂，可直接引发化学反应，物质的穿透力比紫外线大得多。

丙烯酸类的树脂具有高度的不饱和性，当它们受到高能电子束照射时，分子由基态变为激发态，不饱和双键被打开，产生游离基团或离子。通过游离基的引发，从而发生链增长的聚合反应，使低聚物与单体分子间发生交联聚合，生成网状的聚合物，油墨迅速固化结膜。

在整个干燥过程中，电子辐射的作用好比一种特殊的引发剂，它的主要作用在于链的引发阶段，聚合一旦开始，各步骤的反应就与辐射无关，反应按通常的聚合反应动力学规律进行。整个过程在电子束的照射下能够瞬间完成，通常 1/200s 就能完成固化。

2.3　表面整饰及辅助材料

2.3.1　上光材料

1. 水性上光油

一般来说，水性上光油主要分为三大类：传统水性上光油、适用于印后上光的现代新型水性上光油、催化型水性上光油。

1）传统水性上光油

传统水性上光油的主剂是溶解在水中或者是悬浮于水中的高分子聚合物，这种上光油作为主剂的高分子聚合物、用于调整性能的添加剂、修正体系 pH 使之呈碱性的胺、溶剂（水）四种基本成分组成。由于这种体系中的聚合物都是高分子，是高黏度物质，从而限制了体系中高分子的含量，导致水的含量高达 50%～70%，这样往往达不到产品对光泽度的要求，而且也使干燥变得十分困难。同时，溶剂全部是水，水的表面张力比较大，因而上光油不容易流平铺展，这使得传统的水性上光油上光效果不理想。此外，该体系为了得到水溶性需要加入酸或胺等附加成分，这些成分在干燥过程中会释放到空气中，成为一种附加的污染源。

2）现代新型水性上光油

在传统水性上光油中加入助剂（主要是表面活性剂），就形成了现代的新型水性上光油。新型水性上光油主要由以下三大部分组成。

a）成膜物质

成膜物质是上光油的主剂，通常为各类天然树脂或合成树脂。印刷品上光后膜层的品质及理化性能，如光泽度、耐折性、后加工适性等均与成膜物质的选择有关。用古巴树脂、松香树脂等天然树脂作为主剂的上光油，成膜的透明度差，时间久了易泛黄，若在高温、潮湿的气候条件下，还容易发生回黏现象。用合成树脂作为主剂的上光油，具有成膜性好、光泽度高、透明度高、耐磨、耐水、耐候、耐老化等一系列优良性能，而且适用性极强，挥发型、紫外固化型等不同类型的上光油均可用其作为主剂。目前水性上光油的成膜物质是合成树脂，常用的有丙烯酸树脂乳液类，丁苯胶乳类或松香及顺丁烯二酸树脂等。

b）溶剂

溶剂的主要作用是分散或溶解合成树脂及各类助剂，用来调整上光油的黏度和干燥性能。水性上光油的溶剂是水和少量辅助溶剂，与普通溶剂相比，水具有无色无味、无毒、来源广、价格低、挥发性几乎为零、流平性好等一系列优点。水是不燃的，这一优点有利于储存和运输，使用时接触也安全得多。

c）各类添加剂

添加剂的加入是为了改善水性上光油的理化性能和涂布工艺适性。

常用的添加剂有以下几种：

（1）助溶剂（共溶剂）。助溶剂的主要作用是使不相混溶的水与树脂变得能相互混溶，降低黏度。常用的共溶剂有醇类、乙二醇醚类、丙二醇醚类等有机物。

（2）成膜助剂。水性上光油干燥涉及较大颗粒之间的融合，需要加入成膜助剂。目前较好的成膜助剂为酯酮类，如乙二酸、苯二甲酸和苯甲酸丙二醇的酯和醚醇类如丙二醇醚、乙二醇丁醚等。

（3）杀菌剂和防霉剂。因水性上光油多应用于食品及药品的包装印刷，杀菌剂使制品具有内在抗菌性，目前多使用无机杀菌剂。另外，虽然水性上光油与环境的相容性较好，但也增大了其他微生物侵入的机会，所以应加入防霉剂。

（4）表面活性剂。为了降低水性溶剂的表面张力，提高流平性，常在水基涂料中添加表面活性剂。用于水性上光油的表面活性剂，一般是阴离子和水溶性非离子表面活性剂。

（5）流平剂。为了帮助膜层在干燥之前完成流平过程，可以在水性涂料中适当加入流平剂。

（6）浸润剂和分散剂。为了改善树脂分散性，防止黏脏和提高耐摩擦性，可以在水基涂料中加入浸润剂和分散剂。

（7）消泡剂。为了控制上光剂在涂布过程中出现的起泡现象，消除鱼眼、针孔等质量缺陷，可以使用消泡剂。

3）催化型水性上光油

催化型水性上光油属于热固性涂料，这种上光油中的固体含量一般较高，水的含量为20%～40%。同时，含有游离甲醛，而甲醛是一种致癌物质，对人体健康有害。

使用催化型水性上光油进行上光的印刷品不能回收利用。但是，催化型水性上光油的上光亮度很高，可达100亮度单位，可以与辐射固化型（UV固化）上光油相媲美，而且它的价格比辐射固化型上光油低很多。鉴于此，催化型水性上光油一般应用于对卫生要求不太高的印刷品上光，如扑克、挂历等印刷品。

从上述可知，现代水性上光油既符合卫生和环保的要求，也有较好的上光性能，因此它是印刷厂家首选的"绿色材料"，应用也越来越广泛。

2. UV上光油

UV上光近年来发展很快，是现在纸包装行业比较常用的一种印刷方式，尤其是在烟包装上。UV上光同UV油墨一样，是一种辐射固化的方式，当上光油被高能辐射固化时，上光油变硬成膜。UV上光油属于UV油墨的一种，且有UV油墨的特性。

UV上光的基本原理是利用紫外线照射，引发瞬间可光化学反应，使印刷品表面形成具有网状化学结构的亮光涂层。与UV油墨一样，UV上光所用的UV上光油是利用紫外线的能量使其固化的，UV上光油经过波长为200～400nm的紫外线照射后，其组分中的光引发剂吸收光能量，经激发产生游离基，引发导致聚合反应成膜。

1）UV上光油的组成及特点

UV上光油主要由辐射预聚物、稀释剂和光引发剂等化学成分组成。

（1）辐射预聚物。预聚物是含有不饱和性分子的化学体系。这种分子当处于某种条件时能与其他不饱和分子交联，由液态变成固态涂层。要求这些不饱和分子在交联之前必须稳定，互相不起反应。预聚物种类包括环氧丙烯酸酯、丙烯酸酯化的油、丙烯酸氨基甲酸酯不饱和聚酯、聚酯丙烯酸酯和聚醚丙烯酸酯等。

（2）稀释剂。稀释剂也是含有不饱和性分子的化学体系。它可调节黏度，同时又是成膜物质，具有增进和改善固化涂层的性能，含量为5%～10%。

（3）光引发剂。光引发剂的定义是吸引辐射能，经过化学变化产生具有引发聚合能力的活性中间体分子。

与UV油墨一样，UV上光油几乎不含溶剂，有机挥发物排放量少，且由于UV上光处理后的印刷品及裁切下来的纸边可以回收并重新造纸，提高了纸的利用率，解决了覆膜的纸基不便回收、造成环境污染的难题。所以，UV上光不愧为绿色环保印刷工艺，符合当今国际潮流。但UV上光油中的光引发剂、稀释剂对人的皮肤有一定的刺激作用。经UV上光工艺处理后的印刷品，色彩明显较其他方法鲜活，光泽丰满润湿，光泽度很高，涂层滑爽耐磨，更具有耐药品性和耐化学性，能够用水和乙醇擦洗，防水防潮性好。UV上光工艺是目前在国内标签印刷行业中轮转型、半轮转型标签机对纸张或薄膜材料上光通常采用的方法。UV上光工艺提高了印刷品表面的光亮程度，更为重要的是利用其强度和耐摩擦特性保护了油墨层、防止油墨划伤脱落。

另外，与纸塑复合相比UV上光不卷边、不打皱、不起泡、不粘连，产品脱机即能叠起堆放，节省场地和时间，有利于装订等后工序的作业。目前 UV 上光的主要缺点有：气味较重，对人体有刺激，不能与食品直接接触；对纸张和油墨的附着性较差，后加工适性差。

2）UV 上光油的应用问题

UV 上光固化干燥速度快，附着力强，防水雾，耐摩擦，光泽度高，柔韧性好，具有较强的耐溶剂性能，不含苯、酮、酚等有害溶剂，成本低。所以，UV 上光适合在纸制品和金属上印刷上光。但由于气味较浓，不适合食品包装类产品的印刷，同时上光后不利于烫印等后加工工序。常用的 UV 上光油有亮光和亚光两种，UV 亮光上光由于具有相当的光亮度，可以取代很多产品的覆膜工艺。UV 上光最大的特点是降低产品的光亮度，而不会影响产品的包装成型质量（无水雾），适用于胶印生产用的各类纸张。

2.3.2　覆膜材料（预涂膜）

覆膜是将透明塑料薄膜通过热压覆贴到印刷品表面，形成 $10\sim20\mu m$ 的薄膜，起到了提高印刷品质量和附加值的作用。覆膜产品表面更加平滑光亮，光泽度较高；图文颜色更鲜艳，有立体感；耐撕裂性能较好；耐磨性能和耐折性较好，有较好的防水、防污、耐化学腐蚀性能；便于运输，利于储存。现今覆膜市场及应用领域主要包括三个方面：出版物印刷品、各类包装产品、广告及数码快印等。

塑料薄膜的种类繁多，国内预涂膜常用的薄膜材料是双向拉伸聚丙烯（BOPP）、聚氯乙烯（PVC）和聚酯薄膜等，其中 BOPP 薄膜（$15\sim20\mu m$）柔韧、无毒性、透明度高，价格便宜，是覆膜工艺中较理想的复合材料，有亮光、亚光及消光三大品种。这些材料都有一个共同的特点，就是漂亮、透明、光泽度高，而且价格便宜。国内预涂膜黏合剂则由热熔胶或有机高分子低温树脂组成。热熔胶的主要成分是主黏树脂、增黏剂和调节剂，而有机高分子树脂则是单一高分子低温共聚物。

1. 聚丙烯薄膜

聚丙烯薄膜按制法、性能和用途可分为吹塑薄膜（isotactic polypropylene, IPP）、不拉伸的 T 形机头平膜（cast polypropylene, CPP）和双向拉伸聚丙烯薄膜（biaxially oriented polypropylene, BOPP）等。IPP 和 CPP 透明性和光泽接近玻璃纸，透氧率仅为高压聚乙烯薄膜的 1/2，水蒸气透过困难，拉伸强度和刚性优异。将 IPP 和 CPP 双向拉伸后得到 BOPP，与不拉伸薄膜相比，BOPP 在纵、横向产生拉伸预应力，薄膜表面增大、变薄。透明度大幅度提高，具有优异的光泽感和极好的光学性能。同时，还大大提高了薄膜的机械强度。

2. 聚氯乙烯薄膜

聚氯乙烯薄膜是一种无色、透明、有光泽的薄膜，特点是耐光性、耐老化性能良好，有较好的耐撕裂性能。薄膜的柔软性随着增塑剂含量的变化而变化，柔软的薄膜含增塑剂多，质硬的薄膜增塑剂含量少或不含增塑剂。还有一种经过处理不含增塑剂但具有内增塑性能的薄膜，它可与含有增塑剂的薄膜相媲美。此外，加入稳定剂可进一步提高薄膜的耐光、耐热性能，这种薄膜的缺点是抗冲击性差、抗寒性差、低温易发脆。

3. 聚乙烯薄膜

根据密度不同，聚乙烯薄膜有高密度、中密度和低密度 3 种。低密度聚乙烯薄膜密度为 $0.910\sim0.925g/cm^3$，机械强度、气体渗透性不如高密度聚乙烯，但其透明度、柔软性、弹性则比高密度聚乙烯好，防潮且价格适当。中密度聚乙烯薄膜密度为 $0.926\sim0.940g/cm^3$，用途与低密度聚乙烯相同，其特性是：吹胀比小，纵横向强度较难达到均匀，纵向易撕裂，横向强度大，防潮性比高密度聚乙烯好。高密度聚乙烯薄膜密度为 $0.941\sim0.965g/cm^3$，比低密度聚乙烯耐热性能好，硬度大，耐寒性好，透明度比低密度聚乙烯低，韧性及挺括性好。聚乙烯是惰性材料，很难进行黏合，所以必须经过表面处理才能用于覆膜。实际上，处理后的效果也不十分理想。

4. 聚酯薄膜

聚酯薄膜习惯上称为 PET 膜，用于覆膜的聚酯薄膜也是双向拉伸的 PET，其特点是无色、高透明、高光泽、高强度、柔软、韧性大（是 BOPP 的 $5\sim10$ 倍），不但在低温下收缩率很小，即使在高温下收缩率也很小，几何尺寸稳定，还具有耐湿、耐酸等特性。

2.3.3　胶黏剂

覆膜黏合剂以溶剂型聚氨酯覆膜胶应用较广，特别是在软包装工业中发展比较成熟，聚氨酯复合用黏合剂主要是乙酸乙酯溶剂型双组分型，它把助剂和树脂溶于有机溶剂里，制成黏度合适、均匀稳定的溶液。其由于涂胶方便、干燥迅速、有利于工业化连续高速生产等优点而得到广泛应用。但这种称黏合剂的缺点是要排放大量的溶剂。另外，在复合过程中总会有微量的残余溶剂残留在基材之间，严重时包装内会产生异味，在一定程度上影响包装产品的卫生性。为降低溶剂型聚氨酯胶的危害性，欧洲近年来提出了"绿色"溶剂的概念，即毒性不大，或可以生物分解的溶剂。

非有机溶剂化是通过开发以水代替有机溶剂的水分散型黏合剂和开发无溶剂型单、双组分的反应型黏合剂来实现，且这些产品的应用以食品和药物包装为主，符合环保要求。在不同国家、不同应用领域，这两类非有机溶剂化技术的发展有所不同。例如，在欧洲，聚氨酯水分散型和低毒溶剂型黏合剂发展较快，而用于干式复合薄膜制造的无溶剂双组分液体聚氨酯黏合剂在美国、日本发展较快。

1. 水性覆膜胶

水性聚氨酯胶黏剂是指聚氨酯溶于水或分散于水中而形成的胶黏剂，有人也称水性聚氨酯为水系聚氨酯或水基聚氨酯。水性覆膜胶是水性聚氨酯胶黏剂的一种，一般用于薄膜的贴合。

水性覆膜胶有如下特点：

（1）复合强度大。水性黏合剂的分子量大，是聚氨酯黏合剂的几十倍，它的黏结力主要是依靠范德瓦耳斯力，属于物理吸附，所以很小的上胶量就可以达到相当高的复合强度。例如，与双组分聚氨酯黏合剂相比，在镀铝膜的覆合过程中，涂布 $1.8g/m^2$ 的干胶量就可以达到双组分聚氨酯黏合剂 $2.6g/m^2$ 干胶量时的复合强度。

（2）柔软、更适合镀铝膜的复合。单组分水性黏合剂比双组分聚氨酯黏合剂柔软，当它们完全凝固后聚氨酯黏合剂非常刚硬，而水性黏合剂则非常柔软。所以，水性黏合剂的柔软特性和弹性更适合镀铝膜的复合，不容易导致镀铝膜转移。

（3）不需要熟化，下机后即可分切。单组分水性黏合剂复合不需要熟化，下机后就可以进行分切、制袋等后续工艺，这是因为水性黏合剂的初黏强度尤其是剪切强度高，保证了产品在复合和分切过程中不会产生"隧道"、褶皱等问题。而且，使用水性黏合剂复合的膜在放置 4h 后，强度能提高 50%。

（4）胶层薄，透明性好。由于水性黏合剂的上胶量小，且上胶时的浓度高于溶剂型黏合剂，所以需要烘干和排出的水分也远少于溶剂型黏合剂。水分完全烘干后，胶膜会变得非常透明，由于胶层较薄，因此复合的透明度也比溶剂型黏合剂好。

（5）环保。水性黏合剂干燥后没有溶剂残余。目前许多企业使用水性黏合剂来避免复合带来的溶剂残留。

（6）水基型覆膜胶的缺点是耐水性差，黏合力比溶剂型覆膜胶低。

2. 无溶剂覆膜胶

无溶剂胶黏剂同溶剂型胶黏剂都是聚氨酯系列，由于不含有有机溶剂，分子量低，通常在 1 万以下，在常温下由于分子间氢键作用表现为非常黏稠的液体，黏度通常为几万甚至十几万兆帕・秒，加热到 60～100℃时氢键断裂，黏度大幅度降低，具有涂布性能。近年来世界各国都对此进行了深入研究，目前已开发出多种实用的无溶剂干复胶黏剂，如单组分潮气固化型无溶剂胶黏剂和双组分聚氨酯无溶剂胶黏剂。

单组分潮气固化型无溶剂胶黏剂的化学结构是含有链长相对较短的异氰酸根端基的聚酯或聚醚，异氰酸根与基材或环境中的潮气发生化学反应，释放 CO_2，进行固化。其有着固化速度慢且涂布量不可过高等缺点，不能复合高性能的产品。

为了克服单组分胶黏剂的缺点，研究人员开发了双组分聚氨酯无溶剂胶黏剂，这类胶黏剂由聚氨酯预聚体组成，主剂一般为聚酯型聚氨酯预聚物（含有活泼基团—OHOH），固化剂为聚异氰酸酯预聚物（含有—NCO 基团），或"反向"体系，即主剂为聚异氰酸酯预聚物，固化剂为聚酯型聚氨酯预聚物。两者发生氨酯化反应，形成交联大分子以达到固化的目的，反应过程中无 CO 释放。虽然需要少量的水分催化氨酯化反应，但不像单组分胶黏剂那样需大量潮气存在，其本身主剂和适当过量的固化剂可反应固化，且由于其黏度比单组分的低，固化速度明显加快（40℃两天即可分切），且固化更为完全。双组分聚氨酯无溶剂胶黏剂根据初黏力及耐蒸煮性能，又可分为第二代和第三代双组分聚氨酯无溶剂胶黏剂，其中第三代聚氨酯无溶剂胶黏剂具有初黏力强、黏度低、耐蒸煮性能优良、对复合基材无限制的特点。目前为改善无溶剂胶黏剂固化时间长的不足，各国正在加紧开发新型无溶剂胶黏剂。

无溶剂复合的主要优点为 100%的黏合剂无溶剂残余，减少了对包装内物品尤其是食物、药品等的污染；不含有机溶剂，消除了复合基材易因溶剂和高温干燥而受破坏的影响，使复合膜结构尺寸稳定性更好；黏合剂消耗量少，用进口无溶剂双组分胶与国产溶剂型胶比较，无溶剂黏合剂的消耗成本可降低 30%；不需溶剂挥发干燥工序，设备运行能耗更低；运行速度更快，设备的速度可高达 480 m/min；减少了有机溶剂运输存放时的危险和硬件投资。

无溶剂复合可适用于所有的塑料薄膜、铝箔及纸张的复合，但不同厂家生产的薄膜、印刷油墨、界面水分均有一定的差别。

3. 低毒醇溶性覆膜胶

低毒和无毒溶剂的应用是对溶剂型聚氨酯覆膜胶的改进之一。醇溶型覆膜胶采用一般的干式复合机就可直接生产，适合目前国内大多数软包装厂的设备情况。目前国内普遍使用的酯溶性聚氨酯黏合剂其固化剂内含有较高的游离 TDI（甲苯二异氰酸酯），生产过程对工人的健康有损害，而且这种复合材料时间一长可能发生水解，释放出致癌物质；而醇溶型聚氨酯黏合剂对材料有很好的初黏性能，复合膜有良好的透明性，能够很好地反映所包装的内容。

第3章　计算机直接制版技术

计算机直接制版（computer-to-plate，CTP）是集光学技术、电子技术、彩色数字图像技术、计算机软硬件、精密仪器及版材技术、自动化技术、网络技术等新技术于一体的高科技产品。它的结构主要由机械系统、光路系统、电路系统三大部分组成。目前，直接制版技术已经渗透到胶印、柔印、凹印、丝印等各类印刷方式之中，通常所称 CTP 则指平版胶印直接制版，其技术已经非常成熟。

3.1　计算机直接制平版技术

CTP 是将数字页面经过光栅图像处理器（raster image processor, RIP）后的加网信息，通过制版机在版材上直接输出网点制作印版的工艺流程，是一种数字化印版成像过程。目前，CTF 胶片技术已经大量萎缩，CTP 成为胶印制版的主要生产方式。其中，热敏和紫激光 CTP 是当前两种主流的胶印制版技术，其他的一些如 UV-Setter、喷墨 CTP 之类的技术，市场占有率很小。

3.1.1　直接制版机

计算机直接制版系统的核心组件之一是制版机。按曝光系统划分，直接制版机一般分为外鼓式、内鼓式、平台式和曲线式四大类。在这四种类型中，商业包装类印刷使用最多的是外鼓式制版机，内鼓式、平板式主要用于报纸等大幅面版材上，曲线式使用得极少。

1. 外鼓式直接制版机

外鼓式结构是将印版安装在滚筒的外面，激光束的方向与滚筒的轴线垂直。成像时，滚筒带动印版旋转，带有多重激光束的激光头以平行于滚筒的轴向方向移动，以很短的光路完成对整个印版版面的成像。此种结构滚筒装上不同幅面印版后旋转时会出现动平衡问题，造成版滚筒震动，所以要安装震颤感应器，以保证在滚筒旋转时，从激光头到印版的距离保持严格一致。对热敏版材而言，其成像的速度受温度影响较大，要求激光在印版上停留的时间较长。

外鼓式成像一般采用多束激光技术来提高成像速度。由激光器产生的单束原始激光，经多路光学纤维或复杂的高速旋转光学裂束系统分裂成多束（通常是 200～500 束）极细的激光束，每束光分别经声光调制器按计算机中图像信息的亮暗等特征，对激光束的亮暗强弱变化加以调制，变成受控光束；经聚焦后，多束激光直接射到印版表面进行制版工作，形成图像潜影；显影后，图像信息则显现在印版上，可供胶印机上机印刷。图 3-1 所示为外鼓式结构示意图。

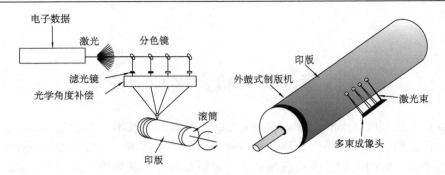

图 3-1　外鼓式结构示意图

外鼓式 CTP 机有以下特点：不需要任何偏转棱镜，允许成像激光头更加靠近成像滚筒，距离越近，激光损失越少，所提供的激光能量越高，非常适合热敏成像；同时，由于滚筒不能高速旋转，光路又短，成像精度高，多用于商业包装印刷；对于外鼓式技术，每束微激光束的直径及光束的光强分布特征，决定了在印版上形成图像的潜影的清晰度及分辨率，所以需要注意激光束的密度要均匀；外鼓式结构使用的是多束激光，激光束使用得越多，成像不均匀性程度越大，这对激光束的调节增加了难度。不足之处有：适用的版材规格少；需要特定的配重装置来维持印版滚筒的动平衡；制版速度相对较慢。

2. 内鼓式直接制版机

内鼓式直接制版机是指印版装载到滚筒的内表面，通过抽气装置形成真空将其卷曲地贴在成像鼓的内壁，精确地固定在成像位置，然后，使用单束激光在印版上曝光成像；激光首先被反射到一个高速自转的棱镜上，棱镜将投射来的激光偏转垂直照射在内鼓的印版上；激光发生器位于滚筒的中心轴上，并可以绕中心轴转动，其每旋转一周，激光就在印版上扫描记录一行，同时激光器在电机的驱动下沿轴向移动一行，最终完成在整块印版上曝光。在曝光过程中，成像滚筒始终保持不动，通过改变激光束的直径来改变印版上的图像分辨率，其光点大小和聚焦在成像版材的各部位相同，无须复杂的光学系统。内鼓式结构如图 3-2 所示。

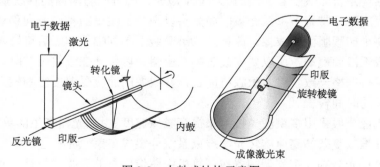

图 3-2　内鼓式结构示意图

内鼓式主要用于报纸等大幅面版材上，如爱克发的 GalileoVS 系统。内鼓式 CTP 机的优点主要有以下几点：①印版固定不动，不存在成像误差；②激光头在内鼓中心线上移动，记录激光到印版表面任何一点的距离保持相等，因此激光形状一般不会出现变形现象；③由于滚筒不动，靠棱镜的转动来偏转光束，棱镜很轻，转动惯量很小，因此转速可以达到很高，使得记录速度也很快；④上下版方便，可支持多种打孔规格。内鼓式CTP结构的不足：由于内鼓式CTP的激光多为单束激光，其成像速度主要取决于转镜马达的旋转速度和印版的感光速度；由于光路较长，激光有损耗；同时，内鼓式技术的应用，还受到印版感光速度的制约，棱镜的转动转速需与版材的感光速度匹配。

内鼓式技术是非常成熟的技术，之前的高档照排机大多数采用了内鼓式技术。在CTP设备出现的初期，虽然内鼓式技术受到了质疑，但技术的进步使内鼓式技术再现辉煌。紫激光的出现，更加助长了内鼓式技术流行的趋势。目前市场上的紫激光直接制版设备，大多数都采用了内鼓式技术。

3. 平台式直接制版机

平台式直接制版机是指将版材装在平台之上，通过曝光时平台板向前水平移动及激光头与平台保持垂直方向水平移动来完成曝光成像的设备。其载版机构结构简单，印版较容易准确地卡到相应位置。无论自动还是手动，其装版和卸版都非常容易，而且大多数打孔系统都可以在平台式的设备上轻而易举地使用。在大多数平台式制版机的曝光系统中，激光只有一束，激光通过一个不断旋转的棱镜而偏转，然后打到印版表面进行成像，如图3-3所示。

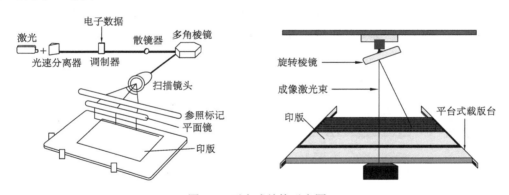

图 3-3　平台式结构示意图

平台式CTP的优点：机械结构简单，设备维护要求较低，上下版容易，稳定性好；扫描速度高，价格相对便宜；可同时支持多种打孔规格。平台式技术的缺点：占地面积较大；不适合于大幅面印版作业，多用于报纸制版。

3.1.2　CTP 版材

CTP版材是通过激光扫描的方式，以点曝光的扫描方式在印版上直接记录影像的预涂型印版，是直接制版技术的核心之一。CTP版材不仅要满足激光扫描记录信息要求，而且要具备传统 PS 版材的印刷适性。其按版基可以分为金属版材和聚酯版材，金属版材主要指铝基版材，其耐印力高，图文再现质量好，适于长版类、包装类印刷；聚酯版材则适合数字短版活件印刷。按制版成像原理分类，目前使用较多的主要有感热体系和感光体系两大类版材，还有一些小众类的其他体系版材。

1. 感热体系 CTP 版材

1）热交联型版材

该版材结构简单，基本与普通 PS 版相同，是使用感热固化技术的板材。它是在经过砂目处理的铝版基上涂布一层热聚合材料，然后在其上涂一层保护层。热聚合物一般由（碱）水溶性成膜树脂（如酚醛树脂）、热敏交联剂和红外染料构成；红外染料的作用是有效地吸收红外激光的光能，并将吸收的光能转换成热能，使热聚合物的温度能够达到热敏交联剂的反应温度；热敏交联剂的作用是在温度的作用下与成膜树脂反应形成空间网状结构，从而使热聚合物失去水溶性。热交联版材的图文区域由空间交联的高分子树脂构成，因此这类版材通常具有非常高的机械强度和耐印力，一般都可以印刷数十万份，非常适合长版印刷市场。

成像机理：曝光的图文部位，热聚合物利用红外线的热量发生交联聚合反应，形成潜像，再加热，形成不溶于显影液的高分子亲油化合物，显影处理后仍然留在版面成为亲油的图文部分；而未曝光部位，材料本身因没有发生聚合反应，可以溶于显影液，露出亲水的铝版基表面，形成亲水的非图文部分。有些版材为了进一步提高热交联的效果，曝光后还要对版材进行预热处理，从而进一步加深热交联效果（也是一种提高感光度的增幅机制）。这类版材称为需要预热的热交联版材。预热时空白部分也发生了部分反应，因此显影时要去除空白部分的影像。其版材结构及成像机理如图 3-4 所示。

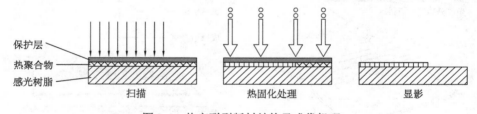

保护层
热聚合物
感光树脂
　　　扫描　　　　　　　　　热固化处理　　　　　　　显影

图 3-4　热交联型版材结构及成像机理

2）热烧蚀型版材

热烧蚀型版材是一种使用免处理热敏技术的版材。即版材在直接制版设备上曝光成像后，不需显影处理，即可上机印刷。由于免处理版材无显影工序，提高了生产效率，节省成本，有利于环保。这种技术还被应用于在机制版。热烧蚀板材一般为双层涂布，涂布的下层是亲墨层，上层是亲水层。曝光时，红外激光能量使涂层发生物理或化学变化从而将亲水层烧蚀去除，露出亲墨层，形成图文。未曝光部分仍然保持亲水性质，为版面空白处，如图 3-5 所示。

热烧蚀型版材的一个典型应用是用作无水胶印版，如 Presstek 公司的无水胶印版材，该版材采用三层结构，如图 3-6 所示。由上到下分别为亲水斥油的硅橡胶层、热烧蚀层、亲油层版基。制版时，用波长为 1064nm 的大功率红外激光曝光，曝光部分热烧蚀层燃

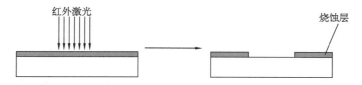

图 3-5 烧蚀型免处理版材结构及成像机理

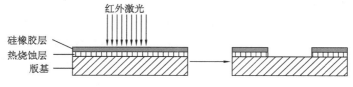

图 3-6 无水胶印热烧蚀版材结构及成像机理

烧，其上的硅橡胶层在热量的作用下被汽化从而一起被除去，露出亲油的版基；而未曝光部分的硅橡胶则是排斥油墨的。这种版材需要使用特殊油墨印刷，不使用润版液，不存在水墨平衡问题，故称为无水印版。热烧蚀层的作用是吸收扫描激光发出的光能，并将其转换成热能，使版面的温度升高达到汽化温度。版材的版基既可以是金属底基，也可以是聚酯片基，具有比较宽的适应性。因其在激光扫描成像后即可进行印刷，所以特别适合于在机直接制版。尽管这种版材也属于无须后处理的直接印刷版材，但在成像烧蚀过程中会产生气雾和碎屑，需要及时排污处理，否则将对成像光学器件和环境造成污染。

3）热转移型版材和热致相变化版材

热转移型版材和热致相变化版材都是免处理版材，属于成像后不再需要化学后处理就可以印刷的版材，而且在激光曝光成像过程中不会产生气雾和碎屑等废弃物，因此，该类版材既适合于脱机直接制版，也适合于在机直接制版。

热转移型版材由色带和受像基材构成。受像基材本身具有良好的亲水性（如传统 PS版的铝版基），主要作用是接受由色带转移来的热蜡层和构筑亲水的非印刷表面。色带由耐热的高分子片基和热敏层（热蜡层）构成，热蜡层由低熔点的高分子材料和红外染料构成。成像时，色带与受像基材处于紧密接触状态，激光光能被染料吸收后转换成为热能，使热敏层温度升高导致热蜡层的高分子融化，从而使"液态"的热蜡层转移到受像基材上，形成印刷的图文表面。尽管这种版材不需要显影后处理，但是，分离的色带与受像基材会给使用和控制带来不便，增加可变因素。

热致相变型版材则为单涂布层，由热敏涂层和支撑底基构成，其涂布层为亲油性（或亲水性）。曝光后，涂布层产生相变化，转变为亲水性（或亲油性），曝光部分为印版图文部分（或空白部分）。最后通过印刷机的润版等过程除去非图文部分的残留物。这种版材的底基仅是热敏涂层的支撑体，不参与最终的印刷，因此没有亲和性要求，根据不同的使用目的既可以是高分子片基，也可以是金属版基。

2. 感光体系 CTP 版材

1）银盐扩散型版材

银盐扩散型版材主要由支持体、感光乳剂层、物理显影层组成，采用了扩散转移成像技术，感光度适应于多种激光，如氩离子蓝激光、钇铝石榴石激光、红宝石激光等。银盐扩散转移版和卤化银胶片相似，技术成熟，在目前的直接制版版材中具有最高的灵敏度，感光度好（1～3μJ/cm^2），作为制版速度最快的版材一直受到报纸印刷的青睐。另外这种印版对网点的控制也非常精确，可再现 1%～99%的网点，加网线数可达 300 线/英寸[*]；版材价位低，耐印力至少 25 万印。缺点是不能明室操作，存放易跑光，易造成影像不均。

成像机理：扫描曝光时，图文部分的光点照射在卤化银乳剂层上，使银盐向物理显影层扩散，并在物理显影层的催化作用下还原成银，附着在氧化铝层表面构成银影像。未曝光部分经显影液显影后除掉乳剂层和物理显影层，露出具有亲水性能的氧化铝层。为提高银影像层的亲墨性能，还需用固版液进行感脂化处理。印版结构属于平凸版。

2）银盐/PS 版复合型版材

该复合型版材是常规 PS 版与银盐乳剂层复合而成，即在一般 PS 版上涂布银盐乳剂制成。银盐/PS 版复合型版材由砂目化的铝版、PS 感光层、黏附层、银盐乳剂层组成。这类版材将银盐乳剂层的高感光度、宽感色范围和 PS 版的优良印刷适性相结合，因此，其印刷适性和耐印力与传统的 PS 版完全相同。但是，这种版材结构复杂，而且需要多次曝光和显影（定影）等后处理，工艺烦琐，不能在明室操作，成本高，并且在制版后处理中会造成环境污染，因此未能实现大规模产业化应用。

3）光聚合型版材

光聚合型版材由经过砂目化的铝版基、感光层、保护层三部分组成，多为阴图型版材。感光层主要由聚合单体、引发剂、光谱增感剂和膜树脂构成。引发剂一般采用量子效率高的多元引发剂体系，光谱增感剂的作用是有效地将引发剂的感光范围延伸到激光的发光波长区域，目前已经可以延伸到 488nm（氩离子激光）和 532nm（倍频的 YAG 激光）。由于是利用光进行成像，所以要求在暗室条件下进行处理。保护层的作用主要是将大气中的氧分子隔开，避免其进入感光层，以提高感光层的链增长效率，从而获得高感光度。

成像机理：曝光时，感光剂吸收激光能量和引发剂一起产生聚合基团，使见光部分固化。显影之前，先将未见光部分的保护层洗掉，再用碱性显影液溶解高感光度的高分子层，显影完毕后，用毛刷彻底消除保护层，最后用合成树脂溶液冲洗版面，合成树脂不仅可提高空白部分的亲水性，而且增强了图文部分的亲油性，干燥后即可用于印刷，如图 3-7 所示。

---

[*] 1 英寸＝0.0254m。

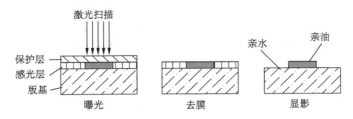

图 3-7　光聚合型版材结构及成像机理

由于采取了一些有效的措施，光聚合型直接版材的感光度得到大幅度提高，最低成像曝光量已经下降到 $10\mu J/cm^2$ 左右，仅次于银盐类型直接版材，而且这种版材结构简单，分辨力、耐印力及后处理与常规的 PS 版相似甚至更优秀，适合中长版的彩色商业印刷。由于多数高效引发剂体系的固有感光范围都在紫外区域，而且将感光范围延伸到 UV-LD 激光的发光波长范围也非常容易，因此，光聚合型直接版材将成为下一代紫外直接版材的首选体系，具有非常好的发展前景。

3. 紫激光 CTP 版材

紫激光 CTP 版材最显著的特征是曝光光源是紫激光（波长 390～455nm）。用于紫激光 CTP 的版材主要有两类：一类是在原蓝绿激光 CTP 版材的基础上改进的银盐扩散性版材；另一类是高感光度的光聚合型版材。两者均属于感光体系版材，银盐扩散型版材因需化学显影、不利于环保、消耗贵重金属银等不足，发展受到制约；紫激光光聚合型版材因使用碱性显影液，污染小、利于环保等特点而发展迅速。

与其他激光直接制版系统相比，紫激光系统的特点是：波长短，产生的激光点更细小，可以扫描出更为精细的 250lpi*下 1%～98%的网点；能量高，因此相对于其他常用的 CTP 光源具有更高的成像速度，生产效率高；对红光和绿光不敏感，可在黄色安全灯下操作，令操作更加方便；无须高温预热即能产生稳定激光，开机后即进入工作状态；只在需要曝光时激光器才被启动，其他时间均处在关闭状态，光源总体使用寿命长，超过 5000h。

4. 喷墨型 CTP 版材

喷墨版材有两种基本类型。一种是传统的 PS 版，通过在 PS 版的感光层上喷涂能够接收油墨的受像层，对喷墨后的印版进行全面的紫外曝光，使没有喷到油墨影像的 PS 版感光层曝光，然后经过 PS 版显影处理即可去掉这部分 PS 版上面的感光层，使下面的亲水版基裸露出来成为空白区域，即受像层表面的喷墨影像仅作为紫外曝光时的"蒙版"影像，保护下面的 PS 版感光层不受紫外线的照射。这种版材可以采用常规的水基喷墨技术，受像层具备适当的亲水性并能够在碱性水溶液中溶解，以满足接受喷墨油墨和 PS 版显影时能够被去掉的要求。

另一种是具有优良亲水和保水性能的基材（如未涂布感光涂层的 PS 版铝版基），通

---

* lpi，全称为 lines per inch。在商业印刷领域，分辨率以每英寸上等距离排列多少条网线（lpi）表示。

过在基材上喷涂特殊油墨形成最终的亲油的图文区域，没有接收到喷墨的区域是亲水的空白部分，如图 3-8 所示。对于该种版材，喷墨形成的油墨影像就是最终的亲油印刷区域，因此要求采用特殊油墨的喷墨成像技术。固体喷墨（solid inkjet）就是一种比较好的选择。这种喷墨技术采用不含任何溶剂的高分子固体油墨，依靠温度差异实现喷射成像，因此，喷射到亲水基材上的油墨具有足够的机械强度，满足了成为印刷的图文表面的要求。

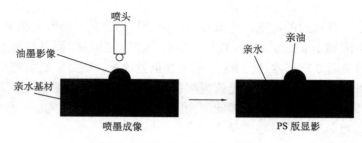

图 3-8 "裸版"的喷墨成像机理

喷墨型版材的优点是可以使用成熟的喷墨技术和传统 PS 版材，对环境无污染，是绿色环保产品。缺点是分辨力不高（主要受喷墨技术限制，一般在 1500dpi 以下），速度比较低（受喷头往复运动限制），适合于分辨力要求不高的印刷领域。

3.1.3　CTP 制版流程

CTP 制版将传统的胶片输出和晒版两道工序合二为一，流程简单，工序规范，数据标准，技术成熟。具体流程如下。

1. 文件读取与检查

对服务器能够接收的文件格式进行读取，对加入所需文件开始 Refine 检查，Refine后进行预览，以确认文件是否正确；检查无误后，对解释后的 PDF 文件作 VPS 屏幕软打样，准备输出。

2. 印版制作规范

输出印单文件应设置专用激光和版材参数，在正常情况下不宜修改这些参数；输出印版前，应先检查显影机的工作状态，有无足够的显影液和补充液，显影液的温度及显影速度是否正确；操作人员应戴白色手套进行操作，检查版面有无缺陷，对版材应轻拿轻放；显影后版面不能有划伤、脏点出现，版面套印线及角线齐全，如有缺失，及时采取补救措施；已检查完毕的印版应分别放置整齐，避免混淆和产生划伤；每套版应标记名称、编号等；作业人员对每次的输入文件、输出印版及数量等应有书面交接登记。

3. 设备线性化校准

CTP 直接制版机将接收的前端数据准确地传递到印版上，系统曝光量、显影时间、温度和药水补充量，都会直接影响到印版上的网点质量。因此，必须精心做好 CTP 制版机的线性化校准工作。在稳定显影的条件下，选择合适的激光头焦距、激光头的变焦距离、激光的发光功率及滚筒的转速，使之相互匹配，达到最佳的曝光效果，从而保证 CTP 印版上的网点精确还原。线性化校准中应注意：①保证显影条件的稳定，做到显影液浓度的一致性；②使用不同的 CTP 版材，由于光灵敏程度不一致，需要对 CTP 机的激光功率进行调整；③使用不同的输出分辨率时，激光功率也需要调整。

4. 曝光成像

检查不间断电源（uninterruptible power supply, UPS）和制版机气压，制版机自检及预热。选择正确的版材及尺寸，在校准曲线加网一栏的 Calibration（校准曲线）、Screen System（网点角度和类型）、Dot Shape（网点形状）、Device Resolution（输出分辨率）、Screen Ruling（网线数）中分别根据要求进行设定；设定完成后，根据屏幕提示在制版机内装入版材，进行曝光。版材曝光时其溶解性、黏着性、亲和性及颜色等性能发生变化，利用这种性能变化在版上形成图文信息，即可见或不可见的影像。

5. 显影冲洗

显影前确认显影机内有足够的显影液和补充液，根据不同设备和要求对显影液温度和冲版速度进行相应设置；将曝光完成的版材从显影机居中位置送至入口处，进行显影、冲洗、烘干；显影完成的版材应确认干燥后才能使用，存放或搬运时两张版材之间应使用衬纸隔开，防止擦伤。

6. 质量检查

所有版材显影完成后或使用前均应根据要求进行仔细检查，如有轻微脏点、污点或白点应加以修补处理。

3.2　计算机直接制柔性版技术

计算机直接制柔性版（computer to flexo plate，CTF/CTP）是指将计算机上创建的数字图像直接传送到光聚合物印版上，制成供柔性版印刷的印版的技术。其制版方式可以分为激光烧蚀成像制版和激光直接雕刻制版两种形式。版材形状有平面型和套筒型之分。

3.2.1　激光成像直接制版

1. 柔印制版设备及版材

激光成像制柔印版制版机的形式与胶印的基本一致，区别为在曝光方式上分为内滚筒曝光和外滚筒曝光两种方式。在内滚筒数字柔印直接制版机中，版材在曝光过程中一直保持在滚筒内侧；在外滚筒数字柔印直接制版机中，版材在曝光过程中一直保持在滚筒外侧。当滚筒高速旋转时，曝光头相对于滚筒做横向移动进行曝光。目前，柔印直接制版机多数是外滚筒式，只有小型或中型（762mm、1016mm）制版机采用内鼓式。

柔印版版材由片基、感光树脂层、感光层上的黑色激光吸收层和水溶性涂层组成。感光树脂层和普通感光树脂版一样，黑色激光吸收层能被激光烧蚀。用于计算机直接制版的柔性版版材也称为数字式柔性版材。现在使用的 CTP 版材一般有两种形式：光敏型和热敏型。光敏型版材又可分为银盐版材（包括复合型和扩散型）和非银盐版材（包括光聚合型和光分解型）；热敏型版材又可分为热溶解型、热交联型、热烧蚀型（去除型）和相变化型版材。从版材的外在形态上，柔性版版材有平面和无缝套筒两种形式。按版材的化学构成分为橡胶版和感光树脂版。橡胶版材可由原生橡胶或人造橡胶制成；感光树脂版材分液体和固体两种。在 CTP 制版中，固体型感光树脂版材较常用，适于制作加网线数较高的柔性版。

典型的柔版制版设备是 Esko 公司的 CDI（cyrel digital imager 赛丽版数字直接成像）系统，其使用杜邦公司的 Cyrel DPS/DPH 100 柔性版材。CDI 系统采用的版材是赛丽专用 DPS 或 DPH 型号的版材。这种版材是在普通的感光树脂柔性版表面复合了一层具有完整折光性能的黑色材料——水溶性涂层，以代替传统工艺中的阴图片，将成像载体直接合成到版材之中。通过激光将黑膜进行烧蚀成阴图之后，需要进行与传统制版工艺相同的曝光、冲洗、干燥、后曝光等加工步骤，制成柔性版。与传统柔性版材相比，其成像网点更细小，图像更清晰，印刷中的网点变形也小。

2. 激光成像原理

制版系统采用激光烧蚀掩膜系统（laser ablation mask system，LAMS）进行直接制版。在感光树脂层外面涂布一层黑色掩膜保护层，制版时，首先由直接制版机图像发生器发出的红外激光将图文部分的黑色吸收层烧蚀掉，裸露出下面的感光树脂层。光聚合型感光层对红外线不敏感，因此被激光烧蚀掉的地方的感光树脂层不受红外激光影响。激光烧蚀成像完成后，先用紫外线光源进行背面曝光，然后正面进行紫外线曝光，图文部分的光聚合物受到紫外线照射，发生聚合而不能溶解；而非图文部分由黑色涂层挡住光线受到保护，未发生交联反应。曝光后，一般数字柔印版均能采用普通方式进行显影处理，即溶剂冲洗、干燥和整理。但有些数字柔印版在用溶剂冲洗前，需要先把黑色涂层用水冲洗掉，清洗掉非图文部分的感光聚合物以后形成柔性版。

3. 工艺流程

CDI 数字制版工艺流程如下：装版→揭去保护膜→激光成像曝光→UV 背面曝光→UV 主曝光→冲洗→干燥→后曝光。

1）装版

曝光前，柔性版材被安装在可快速转动的滚筒上。整个滚筒由轻碳纤维材料制成，重 30kg，并可更换为无缝套筒，用于无缝套筒的制版。当真空吸气装置启动时，操作人员将版材安置在滚筒上，滚筒转动，吸气装置将版材吸附在滚筒上。版材的连接处用胶黏带密封以达到真空，然后将盖子盖上开始激光成像曝光。

2）揭去保护膜

　　在激光成像之前揭去保护膜。为了防止灰尘、异物等黏附在版材表面，揭去保护膜后应立即进行激光成像曝光。

　　3）激光成像曝光

　　由桌面系统输入的数字信号，通过计算机控制柔印直接制版机 CDI 内的 YAG 激光，滚筒旋转，激光头沿着滚筒轴向移动进行曝光。红外线在版材的黑色表层上进行曝光。将需要成像部位（图文部分）的黑色层消融，使图文部分的感光树脂外露，而非图部分不受影响，保持原状，此时的黑色表层看上去像阴图片，与感光树脂紧密结合。红外激光对感光树脂没有任何作用。激光烧灼形成的烟雾与微粒由真空净化装置进行净化，使合成膜消失后不留任何痕迹。CDI 激光成像示意图如图 3-9 所示。

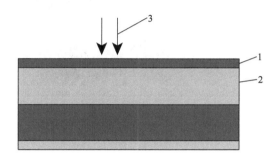

图 3-9　CDI 激光成像示意图

1. 黑色保护层；2. 光聚合型感光树脂层；3. 激光烧蚀

　　为了保证质量，曝光期间滚筒的转速不能太快。当对厚版材进行曝光时，转速高会产生较大的离心力作用，使版材脱离滚筒。较低分辨力曝光时，激光束聚焦形成的网点较大，且单位面积能量较低，适当的低速可使激光能量重新恢复到原有水平。

　　4）UV 背面曝光

　　激光成像后，将版材从 CDI 中取出，放入带有 UV-A 光源的传统曝光机中进行背面曝光。激光从版材的背部开始对单聚体进行逐渐曝光。单聚体见光聚合，曝光的时间决定了最终版材的厚度。这是一个非常关键的工序，因为在印刷中版材的厚度直接影响图像网点的扩大及网点增大补偿。背面曝光如图 3-10 所示。

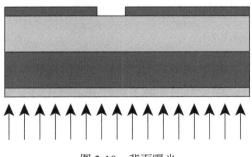

图 3-10　背面曝光

5）UV 主曝光

图文部分的黑色表层被灼烧洞穿后，就可以进行主曝光了，此时黑色表层遮光材料只是充当底片的作用。又因为黑色遮光材料与树脂层充分复合为一体，所以曝光时不需要抽真空，不会发生真空泄漏现象。主曝光和背曝光时分别使用上下两个光源，无须翻面，因而总曝光时间缩短，避免了不均匀性和烂点现象，构成高质量的感光聚合印版。主曝光如图 3-11 所示。

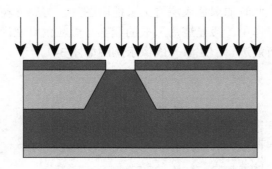

图 3-11　主曝光

6）冲洗、干燥

UV 曝光后，将印版送入传统洗版机中冲洗，黑色表层遮光材料与未曝光部分的树脂被溶解冲走，并通过干燥将印版上的溶剂残余物去除，得到图文部分凸起的印版。显影冲洗和干燥分别如图 3-12、图 3-13 所示。

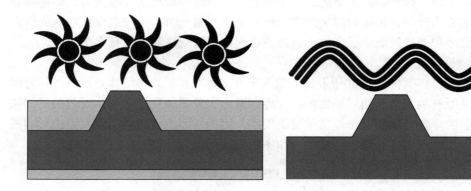

图 3-12　显影冲洗　　　　　　　　　　　图 3-13　干燥

7）后曝光

进行充分的 UV 曝光，使残余的光敏聚合物完全硬化，见光聚合，反应彻底，降低版材的黏度。最后蒸发溶剂残余物，保持版材的尺寸稳定之后，即可上机印刷。由此可见，CDI 激光成像曝光后的版材处理与传统的制版工艺是一致的。

4. 直接制柔版的优点

在 CDI 的工作流程中，阴图片的制作工序已经被直接在印版上成像工艺所取代。底片的取消使质量上的损失达到最小。生产实践中已经证明 CTP 有如下优势。

1）降低网点扩大率，补偿了网点扩大

将柔印 CTP 版材与传统印版的外观进行比较，前者的表面更加光滑，印版图文的各个部分（网点、实地、精细的高光区小网点）几乎在一个平面上。CDI 印版上的所有图像区域的尺寸在成像时都被缩小了一些，这表明每一条线条，每一块实地区域，尤其是网点都被缩小了几微米，有效地补偿了印刷过程中的网点扩大。印刷时能再现 5%的网点，这在传统柔印工艺中难以做到。

2）减少环境污染，提高制版速度

例如，杜邦公司开发出赛丽快速系统，用热显影替代溶剂显影，整个加工过程处于一种完全干燥状态，避免了溶剂洗版过程中因溶剂浸入版材而引起的版材轻微膨胀变形；减少了洗版、干燥因素对网点扩大的影响；同时提高了制版的速度。

3）没有空心网点，提高印刷品质量

与传统柔性版相比，数字感光树脂版在印刷时总是网点中心先接触到承印材料，没有空心网点问题。柔印 CTP 印版质量的改善，显著提高了印刷品的质量。

4）异地传输数据，印刷准备时间减少

采用柔印 CDI 后，可以将异地的数据无损地传输至附近的激光装置进行加工制版；制版数据标准化，使印刷机的印刷准备工作更快、更加容易。

3.2.2　激光烧蚀印版套筒

1. 有缝套筒印版

先从背面对印版进行预曝光，然后用胶带将涂黑色保护层的印版完好地粘贴在套筒滚筒上，操作中印版不能有折痕，中间不能留有气泡；安装套筒，将套筒滚筒装在可调式的刀具架上，利用气压装置和工夹部件使套筒滚筒保持在中心位置，再使用 YAG 激光器进行激光曝光，之后在独立的冲洗设备上进行显影冲洗和干燥，去黏和后曝光后制成能上机印刷的印版滚筒。

这种印版在整个加工过程中都装在套筒上，无须在上机印刷前进行装版，大大提高了印版质量和工作效率。如 HelioFlex F2000 激光柔版制版机，该机是一种外鼓式曝光机，既可以在平面版材上成像，也可以在套筒印版上成像。该机在成像启动之前就预知将要曝光的像素处于印版或套筒的哪个部位，无图像的部分则被越过去，由于越过不曝光的区域时可快速进给，所以平均能节省 20%的时间。

有缝套筒印版技术的优势：避免印版在印刷时翻起（尤其在印版滚筒直径较小时），使印刷品套印精度更高；印刷操作人员可以根据印版的类型和厚度，对柔性版下的底垫进行最佳的选配；可以继续使用人们熟悉的感光树脂柔性印版，并且省去了拼版，提高了生产效率；用户对版材仍有广泛的选择范围，例如，可根据版材对油墨的转移性能，或根据承印材料的不同，或根据 UV 油墨的抗蚀性等因素，对版材的种类进行选择和更换。

2. 无缝套筒印版

激光烧蚀无缝套筒印版需要使用特殊的制版机。首先对版材进行背面曝光，建立版基层；然后在镍制或其他金属辊表面涂布热熔型胶黏剂，为版材的粘贴做好准备；胶黏剂固化后，把经背面曝光的版材包附到金属辊上，注意将两端拼齐，开启金属辊内芯中的抽真空装置，使版材粘贴在辊体表面；将版材放入烘箱中加热，使版材与辊体表面的黏合剂层融合为一体；冷却后，在外圆磨床上对套筒版表面进行磨削加工；喷涂黑色胶层，擦干后，对套筒表面进行激光扫描，将套筒版上的黑色遮光层按成像要求进行烧蚀，露出图文部分的版基；按常规制版法进行正面曝光、显影、去黏处理和后曝光，完成印版的制作；制版后，应进行打样和检验，待合格无误后方可上机印刷。

3.2.3　激光雕刻直接制版

1. 激光直接雕刻原理

激光直接雕刻制版系统主要由桌面出版系统和激光雕刻系统两大部分组成。系统通过计算机输出信号，控制 CO_2 激光束在特制的印版材料上扫描，受激光扫描部分的材料分子汽化形成凹陷的非图文部分，而印版上未被激光扫描部分将形成印版的图文部分。某印版采用的 CO_2 激光输出功率 250W，滚筒以 2m/s 的速度高速旋转，在轴向上步进电机的精度为 20μm。当曝光解像力为 1270dpi 时，雕刻一套四色 A4 幅面印版要花费 70min。系统接口采用标准的数据文件格式，可接收桌面系统的数据文件，也具备编辑、校正、连晒和其他预处理功能，操作界面简单灵活。

2. 激光雕刻制版

激光直接雕刻柔性版材主要分为橡皮印版、无接缝橡皮印版和无接缝印版套筒三类。这些印版可以雕刻线条版也可雕刻层次版，主要用于纸张、塑料、不干胶的柔性版印刷及瓦楞纸预印和直接印刷等。

1) 激光雕刻橡皮印版

激光雕刻橡皮印版是激光雕刻制版的一个重要产品，也是目前激光雕刻柔性版的主要形式，既可以雕刻线条版也可雕刻层次版，主要用于纸箱印刷、宽幅和窄幅卷筒纸及塑料印刷等方面，可以满足一般包装印刷品的要求。激光雕刻橡皮层次印版的加网线数一般在 47 线/cm（120lpi）以下，其阶调再现范围在 10%～90%，最高可雕刻 79 线/cm（200lpi）的 1% 的网点。只要选择合适的雕刻分辨力，就可雕刻出线条挺直、棱角锐利、轮廓分明的印版。另外，国内研制的专门用于激光雕刻的橡皮材料也获得了成功，用它制成的印版，其耐印力均优于普通柔印版材。

2) 激光雕刻无接缝橡皮印版

平面型柔性版在制版后要将印版贴在印版滚筒上，然后才能印刷。装版时会产生柔性版扭曲和拉伸现象，虽然新型的感光树脂版有极好的保持形状的性能，并在印前工序可预先计算并得到补偿，但是印版还是很容易发生变形并改变尺寸。无接缝橡皮印版作为激光雕刻制版的特色产品之一，整个表面没有连接缝，能实现卷筒、无接缝连续印刷，这类连续印版广泛用于包装纸、糖果纸、墙纸、表格纸、装饰纸、票证底纹的印刷中。

　　3）激光雕刻无接缝印版套筒

　　无缝套筒印版制作技术，简称 CTS（computer-to-sleeve），是在包覆光聚合物的无缝印版套筒上进行激光直接雕刻，是无接缝橡皮版的一种特殊形式，需要使用特殊的直接制版机。随着计算机直接制版技术及激光雕刻技术的发展，无接缝印版套筒的应用也越来越普遍了，国内已经有不少柔性版印刷厂家在使用无接缝印版套筒。目前先进的套筒系统可允许印刷周长为 130～2000mm，印刷宽度为 100～4500mm，这就使得套筒系统能应用于几乎所有的柔版印刷，小到标签印刷，大到瓦楞纸箱大幅面印刷。其印刷特点在于：多联拼排方便，可以印出连续不断的纤细线条的印件，也可以完成连续花纹图案或相同底色产品的印刷，如包装纸、香烟过滤嘴水松纸、壁纸等。套筒印版的使用显著地减少了印刷停机时间，大大提高了印刷机的使用效率，这也是套筒版在国外迅速发展的根本原因。此外，如果此类无接缝印版套筒未经成像处理，则可以用于涂布、满版上光及实地区域的印刷。

3. 激光直接雕刻制版优点

　　激光直接雕刻柔性版的优点主要表现在：①经雕刻完成的印版不必对版材进行冲洗和干燥（通常普通柔版干燥时间长达 2～3h），只需用温水清洗掉灰尘马上就可以上机印刷，可显著缩短制版周期，符合环境保护要求；②全数字式工作流程，减少了错误的发生；③可保证印版质量稳定，印刷时套准更加准确；④不再需要制版系统所需要的一些常用设备，减少了投资；⑤大大简化了工艺步骤，节约了耗材，节省了大量劳动力，降低了生产成本，具有良好的发展前景。

3.3　计算机直接制凹版技术

　　计算机直接制凹版技术包括电子雕刻制版、激光腐蚀制版、激光直接雕刻制版和电子束雕刻制版四种。其中，电子雕刻凹版的应用最为普遍，激光直接雕刻凹版作为凹印制版最新技术正在被推广应用，电子束雕刻制版由于使用条件苛刻而发展受限。

3.3.1　电子雕刻制版

　　1. 电子雕刻机

　　凹印制版由传统的普通照相凹版、照相加网凹版发展到电子雕刻凹版经历了漫长的过程。而早期电子雕刻凹版需要以图像处理后的胶片为原稿，再利用电子雕刻机在铜版滚筒表面进行雕刻，由于工序复杂而逐渐退出了市场。20 世纪 90 年代，计算机加网技术和光栅图像处理器（raster image processor，RIP）应用于凹印领域，用 0～255 间的任一数值表示图像灰度值，由 RIP 转化成不同形状、尺寸、位置的网点，实现了无胶片技术。无胶片电子雕刻凹版工艺简单，与原稿图像灰度值对应的数值可直接传给电子雕刻机，控制金刚雕刻针在铜层表面雕刻，雕刻网穴面积和深度都可改变，通过对阶调曲线进行简单调整可获得适合印刷条件（包括印刷机、油墨、纸张等）的高质量凹版滚筒。目前市面上广泛使用的电子雕刻凹版技术采取的是无胶片电雕工艺，也称计算机直接电子雕刻或数字直接雕刻凹版，是一种印前图像处理技术与电子雕刻相结合的技术，如图 3-14 所示。

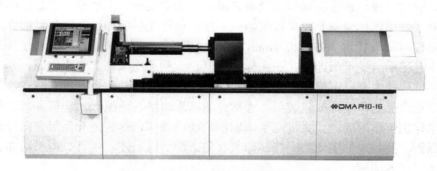

图 3-14　凹印计算机直接电子雕刻机

与传统的凹印制版工艺相比，无胶片电子雕刻系统具有如下优点：①计算机可实现无缝拼版，突破了手工制作和修版的局限性，操作准确、精细，画面细腻、层次丰富，提高了产品质量；②雕刻速度快、工作效率得到很大提高，制版工艺大为简化，制版周期大大缩短；③由于无须分色胶片，胶片、显影、冲洗、照相等材料与设备已不再需要，既降低了生产成本，又避免了化学污染；④具有网点大小和深度同时发生变化、共同反映层次深浅的特点，在包装、印染行业中广泛使用。

2. 凹版 CTP 制版工艺流程

无胶片电子雕刻系统一般由组版工作站、电子雕刻机、版式打样系统三大部分组成。其中，电子雕刻机由机械和电气两部分组成。机械部分包括床身、版辊夹紧装置、雕刻小车等。电气部分由数据接口、频率发生器、版辊转动控制器、步进驱动控制器、雕刻部分和中央控制器及接口电脑组成。其工艺流程如图 3-15 所示。

1）前端输入

无胶片电子雕刻系统的前端输入可直接从图像处理系统、计算机排版系统、电分机、扫描仪等系统中输入图文信息，因此电子雕刻机可以直接利用上述系统的成熟技术。

2）印版拼组工作站

印版拼组工作站是无胶片雕刻系统的核心，其作用是将前端输入的各种信号源，如计算机排版系统、整页拼版系统等组合在一起，形成能够控制电子雕刻机雕刻动作的信号。这个工作站本身是一台计算机，拼组过程均在显示屏上显示，不仅有放大缩小功能，还有许多供测量的功能协助工作。

3）打样

为了校正印版拼组工作站的组版效果，印版拼组工作站可连接绘图机，由绘图输出版式图供检查校对、修改，也可连接数字彩色打样系统，如喷墨打样、热敏打样系统等进行彩色打样，供检查、校对、修改和用户签样。计算机屏幕上显示的软打样形式简单、成本低廉，这种数字式整页打样可替代印版滚筒实体打样。

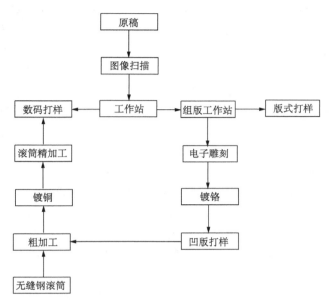

图 3-15　电子雕刻工艺流程图

3.3.2　激光腐蚀制版

1995 年开发的激光腐蚀制版是一种采用激光技术在感光性抗蚀膜上成像，再利用传统的化学腐蚀方法来制造凹版滚筒的方法。激光腐蚀制版将图像数字文件、激光技术和化学腐蚀组合起来，利用 YAG 激光技术对涂布在凹版滚筒表面的感光性抗蚀剂成像，然后将滚筒进行化学腐蚀，得到优质的印刷网穴。这一技术还可用于凹凸压滚的制作。

以德国的西巴斯·俄亥俄 SCHEPERS 激光机为例，它使用掺钕钇铝石榴石（Nd^{3+}：YAG）固体激光器，激光功率不高于 50W，经透镜聚焦成 20μm 的光斑。激光击碎滚筒表面的黑胶，残渣由吸气管排入收集袋，保留下来的黑胶在滚筒表面形成抗腐蚀保护层，最后在腐蚀槽中控制 $FeCl_3$ 液的浓度和喷淋时间，在铜层或铁辊表面生成深度一致而大小不同的网点。凹印的激光刻膜及后腐蚀数字制版工艺是继电雕之后又一种先进的数字制版方式，它和电雕一样通过接口接收分色处理过的图像文件，将加网后的图文信号送至激光调制器，激光作用于滚筒表面预涂的保护层而使铜或铁底露出，再经过不同时间的腐蚀在滚筒上形成大小不同的网点凹坑。

激光刻膜工艺克服了电雕版文字及细线条发毛、发虚的弱点，突出了含墨量高、颜色厚实、字迹清晰、经久耐用的特点，同传统的照相凹版制版相比又具有加网精度高、任意编辑网形、无接缝等优点。适用于烟版、防伪印刷等文字特别细小但要求清晰度高的印版，被广泛用于货币、证券、票务等高精度防伪印刷及高档烟酒包装，在精细压纹辊和涂胶辊制作工艺中更具优势。

3.3.3　激光直接雕刻制版

激光直接雕刻系统（direct-laser-system，DLS）是 1996 年由瑞士戴特威勒公司（Max Daetwyler Corporation）开发研制的，在国外已成为凹版雕刻制版的主导雕刻技术。其雕刻原理是使用波长非常短的激光脉冲直接轰击凹版滚筒表面的镀层，使镀层熔化并部分汽化以形成下凹的网穴。一个网穴由一个或者两个脉冲形成，脉冲正好对准网穴的中心。由于镀铜层对光线有较强的反射能力，要达到让镀铜层吸收能量熔化汽化，需要高强度激光的支持，因此，在目前的激光雕刻凹版系统中，大多采用锌作为凹版滚筒的表面镀层，以便激光直接雕刻。选择锌是因为它的物理特性（熔点、沸点、硬度）和反射特性比铜更适合激光烧蚀。目前市场应用的 DLS 系统采用大功率的 YAG 脉冲激光以无接触的照射方式将镀锌辊的表面锌层汽化而形成网点。这种激光雕刻机可以通过调节激光束大小和能量实现网穴开口大小和深度同时变化，也可以制作调频网点。

激光直接雕刻系统在凹版广泛应用会随着激光技术的发展而迅速普及，其主要优点有：①根据版面特征可以将雕刻分步进行或同步进行，无须机械调整，细纹和文字较清晰，比腐蚀更容易控制层次；②网穴质量高且重复性好；③雕刻速度快（雕刻速度比目前的电子雕刻设备快几十倍）；④U 形网穴体积大，网穴深度可以做浅，释墨性好，提高了油墨转移率，降低了油墨消耗；⑤可以动态地控制激光束的直径和能量，每个网穴的开口和深度都可独立形成；⑥激光雕刻的网线范围可扩展到 5~250lpc，加网角度范围为 0~360°，能够更好地防止因网线角度错不开而造成的龟纹现象；⑦网穴深度可达 250μm 以上，适用于烟包和防伪等包装大面积实地和专色印刷。

3.3.4　电子束雕刻制版

电子束雕刻制版是采用高能电子束对镀铜的凹版滚筒表面进行直接雕刻的一种技术。其工作原理是：电子束雕刻凹版使用的电子束由热阴极产生，在 25~50kV 电场加速下，将电子束直接射向滚筒表面，电子束在电磁场装置下会受到会聚作用，在 1.0 s 的时间内使电子束汇聚为所需要的直径，电磁场的会聚作用又受到图文信息的控制，从而达到控制网穴直径大小的作用。电子束按所需网穴深度的大小在镀铜层上作用一定的时间，也即由电子束作用在铜滚筒表面的时间长短控制网穴的深浅。电子束雕刻凹版的每一个网穴的时间不长于 6μs，因此，电子束雕刻凹版的速度可达 15 万/s 的高频率。

在滚筒表面上，电子束的动能转化为热能，将滚筒表面的铜熔化和汽化，残留在网穴边缘的熔化物，可以用刮刀刮去，电子束雕刻凹版的网穴既有开口变化，又有深度变化。

由于空气中的粒子对电子束的能量会有影响，电子束雕刻凹版技术必须在真空装置中完成。使用电子束生产装置和真空仓，造成电子束雕刻凹版系统成本过高，致使这种凹版制版技术难以产业化。

3.4　计算机直接制丝网版技术

随着胶印 CTP 技术的广泛应用，计算机直接制版将逐渐普及并成为主流的制版方式。同样，丝网印刷也一直开发计算机直接制版技术，即丝印直接制版（computer to screen，CTS）。计算机直接制丝网版技术是丝网印刷中图像载体的数字化生产，直接通过计算机控制，在模板或丝网上输出。大多数计算机直接制丝网系统使用喷墨技术，在丝网上喷涂热蜡或油墨。

3.4.1　CTS 系统基本组成

CTS 系统中最重要的设备就是网版成像输出设备，所以一般系统名称都是根据输出设备的名称来确定的。CTS 系统的组成基本上和 CTP 系统组成差不多，但输出设备却有很大的不同。

网版输出设备是 CTS 的重点也是难点，国内 CTS 应用较少的一个主要原因就是网版输出设备的价格太高，而又没有相应的生产技术。输出设备按照工作原理基本上分为两大类。一类是喷墨类输出设备，通过输出设备对涂覆感光胶的网版喷上高阻光能力的油墨，然后整版曝光，被油墨覆盖的感光胶因未见光而被冲洗掉，露出网孔，形成图像，其输出分辨力相对较低，在 300～600dpi。另一类是激光曝光设备，通过激光光点对涂覆感光胶的网版进行曝光硬化，然后显影，让未见光部分的网孔穿透，这种输出设备的输出分辨力较高。

3.4.2　CTS 系统制版方法

1. 喷墨成像制版法

喷墨丝网版直接制版必须先在丝网上涂布感光胶做衬底，印前系统计算机控制喷墨系统可以直接对原稿进行图文信息处理，印刷图像通过喷墨的油墨（成膜物质）加在衬底感光胶上，然后用紫外线全面曝光，图文部分的感光胶由于油墨覆盖而未感光硬化被冲洗掉，成为网孔部分，空白部分则被感光硬化，形成图文印版。

喷墨成像制版法可用普通感光胶，不损失图像细节部分，又可通过感光制版法制作丝网版，而且无须使用银盐感光胶片，原稿图文信息经计算机处理后直接记录到网版上，省去了一道图文信息传递环节，可提高印刷的图文复制精度和制版速度。

2. 激光直接制版法

激光直接制版法先在丝网上涂感光胶，印前系统计算机控制激光器在网版上成像，制成丝网版。这种制版方法使用专用感光胶，激光曝光系统价格高。图 3-16 为富花 CDI 网印直接制版机。

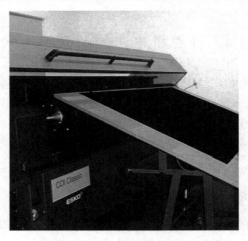

图 3-16　富花 CDI 网印直接制版机

　　丝网版激光直接制版装置是丝网电子制版设备的一种，它是机、光、电有机结合的一种现代化的丝网制版设备，可直接将原稿图像制成印版，制版速度快、质量好，深受用户欢迎。该装置的原理示意图如图 3-17 所示，主要由激光器、声光调制器、反射镜、光束扩展器、透镜、转筒、移动导轨、图形发生器、控制器等部分组成。

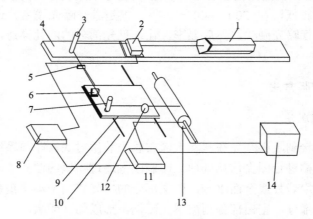

图 3-17　丝网版激光直接制版装置示意图

1. 激光器；2. 声光调制器；3. 反射镜；4. 支架；5. 灰色滤色片；6. 光束扩展器；7. 反射镜；8. 图形发生器；9. 移动台；
10. 移动导轨；11. 示波器；12. 透镜；13. 转筒；14. 控制器

　　该装置的制版过程是在计算机的控制下自动进行的。工作时，计算机将制版原稿的图像信息输入图形发生器，根据输入信息，图形发生器发出信号（超声波）控制声光调制器工作。激光器发出的激光束通过声光调制器后产生工作激光束，经反射镜转向，由灰色滤色片调节激光强度，光束扩展器调制光束的大小，经透镜聚焦，照射到滚筒表面的感光材料上进行曝光。在控制器的控制下滚筒等速转动，在感光材料表面上形成一圈曝光线，当曝光完一圈后，移动台带动透镜移动一条曝光线的距离，重新进行第二圈的曝光，依次重复，直到整幅图像全部曝光。曝光完后，转筒上的感光材料经过显影、冲洗、干燥，即为所需的丝网印版。

3.4.3　CTS 系统制版优势

（1）工序少，制作方便。从原稿创建到印刷作业准备就绪的过程中，传统的使用胶片的工作流程需要十多个步骤，而 CTS 工作流程只需几个步骤即可完成。

（2）无须真空环境，曝光效率高。在胶片工作流程里，如果真空应用得不恰当，胶片没有被妥帖地固定在模板上，那么翘起、扭曲和变形等问题就会接踵而来，除了需要增加更长的抽真空时间来对每一个丝印模板进行曝光以外，还有可能使套准精度不高或产生破坏性的莫尔条纹。CTS 工作流程不需要在真空的环境下进行，系统能够使图像激光信息直接和乳剂层表面接触曝光，能够使曝光速度提高 40%。

（3）版面整洁，无针孔瑕疵。丝网印刷厂在用胶片制版的过程中，通常通过增加曝光时间来消除乳剂层表面的瑕疵，但这样做会使印版产生针孔。即便这种针孔没有很快地显现出来，也会在印刷过程中对生产造成更重大的影响。而 CTS 带来的图像与乳剂层的接触方式能够使这一过程进行得更加迅速，做出的网点更加干净，细节更加清晰。

（4）冲洗简单，修复快捷。在冲洗方面，如果使用胶片，要想冲洗出理想的细节效果，就要花很长的时间，这主要是由胶片上图像密度过低或真空接触效果不良造成的；修复模板上的针孔等缺陷也非常消耗时间。而 CTS 生成的模板在卷好后马上就能够拿去印刷，如果不需要修版，每块印版所需要的制作时间就可以减少 15min 以上，所能节省的实际时间主要取决于模板和印刷文件的大小。

第4章 绿色包装平版印刷

4.1 包装平版印刷概述

现代社会经济的高速发展、人们生活水平的日益提高，特别是互联网商务模式的快速推进，使得包装的需求量越来越大，对包装的技术、环保要求也越来越高。包装材料品种较多，在各大印刷方式中均有涉猎，而平版印刷主要适合纸包装印刷加工。针对平版印刷的局限性及包装的新技术和新要求，胶印领域也在适时应变。目前的单张纸胶印机、卷筒纸胶印机在技术上均有许多创新、突破和延伸，如油墨预置、集中供墨、无醇印刷、无水印刷、UV 印刷、瓦楞纸胶印、冷烫印、连线加工等新技术、新工艺，为绿色包装印刷提供了极大的方便。平版印刷以其技术规范、质量精良在印刷领域有较好口碑，在精品包装方面占有先天优势。

4.1.1 胶印原理与特点

1. 胶印原理

现代平版印刷机基本上都实现了以圆压圆方式进行印刷，印刷装置的核心机构由印版滚筒、橡皮滚筒和压印滚筒组成，其中橡皮滚筒作为中间载体起到承上启下的作用。区别于其他印刷方式，胶印时除了供墨以外还必须供水，因此同时装有给墨装置和润湿装置。印刷前先由着水辊对印版表面涂布润版液，使版面空白部分润水，然后由着墨辊对印版表面供墨，使版面图文部分上墨，利用油水相斥原理，空白部分和图文部分的水、墨互不干扰，能够确保图像网点、线条、文字等内容的清晰。印刷时，印版滚筒将印版图文上的油墨转印到橡皮滚筒的橡皮布上，承印物经过橡皮滚筒和压印滚筒之间时，通过压印方式获得图文信息。因此，胶印的整个过程涉及以下三个原理。

1）相似相溶原理

化学上所谓的相似相溶原则决定了有轻度极性的水分子与非极性的油分子间因分子极性不同，会导致水油之间不能相互吸引并溶解，这个规则的存在使胶印为区分图文和空白部分而使用水的构想成为可能。

2）吸附的选择性原理

物体表面张力不同，所能吸附的物质也不同，这为胶印的图文分离提供了可能。印刷过程中，先在印版表面均匀地涂布薄薄的一层水层，实际上由于印版表面的选择性吸附，图文部分是不会沾水的，然后在印版上涂布油墨，这样就能有效地保护空白部分。

3）网点构像原理

由于胶印印版表面基本上是平面结构，所以无法依赖油墨的厚薄来表现印刷品的图文层次，但通过将不同的层次拆分成很微小的肉眼察觉不到的网点单元，就能有效地表现出丰富的图像层次。

2. 胶印的特点

（1）胶印产品套准精度高，层次丰满、阶调丰富、图像清晰、色彩柔和，印刷品质量高。相比而言，胶印产品墨层较薄，一般在 $2\sim3\mu m$，立体感较差，颜色密度不够高，通过四色叠加并追加专色可增添色彩鲜艳夺目的效果，非常适合商业印刷。

（2）胶印机结构复杂，不仅墨路长，而且有润湿装置，调节复杂频繁，对印刷操作者要求较高。单张纸印刷品多是半成品，需要印后再加工，影响了生产效率。卷筒纸胶印机的印刷速度很快，主要用来印刷杂志、报纸等印刷品。特殊的窄幅卷筒纸胶印机用于印刷连续的商业表格。

（3）胶印工艺和设备已经发展得比较完善，配套的原辅材料也已经成熟，制版费用低廉。目前的单张纸胶印机可以在纸、纸板、塑料片材、金属等材料上印刷出高质量的彩色图像。受油墨所限对批量大的要求无公害的包装印刷来说，胶印明显不及柔印和凹印。

4.1.2　胶印机主要机型

胶印机分单张纸胶印机和卷筒纸胶印机两大类，其规格一般按印刷幅面大小划分，所承印的材料有纸张、纸板、金属薄板等。单张纸胶印分单面和双面印刷，卷筒纸胶印大多采用双面印刷。

1. 单张纸胶印机

单张纸胶印机分类方法主要有：按印刷面数分类、按印刷色数分类、按纸张幅面大小分类、按印刷装置分类等。

1）按印刷面数分类

单面印刷胶印机（通常简称胶印机）和双面印刷胶印机（通常简称双面胶印机）。

2）按印刷色数分类

单面印刷胶印机：单色胶印机，双色胶印机，多色胶印机。双面印刷胶印机：双面单色胶印机，双面双色胶印机，双面多色或一面多色胶印机；按纸张在印刷过程中是否翻转又可分为带翻转机构双面胶印机和无翻转机构双面胶印机。

3）按纸张幅面大小分类

按纸张尺寸类型和纸张尺寸大小分类，是常用的分类方法之一。不同国家有不同的纸张标准。我国《印刷技术　单张纸印刷机　尺寸系列》（GB/T 15467—1995）规定等同采用 ISO3872：1976（1992）国际标准，但习惯上按照超全张、全张、对开、四开和小胶印来分类。

4）按印刷装置分类

按印刷装置可分为机组型和卫星型胶印机两大类。

2. 卷筒纸胶印机

卷筒纸胶印机分类方法主要有：按用途、按印刷部分的结构形式、按纸带的宽度、按裁切长度等。

1）按用途分类

包括新闻卷筒纸胶印机、商业卷筒纸胶印机、书刊卷筒纸胶印机、书报两用机、包装卷筒纸胶印机等。

2）按印刷装置结构分类

包括 B-B 型机组单元与卫星型（或称有压印滚筒）机组单元。

4.2　胶印工艺作业流程

4.2.1　印前准备

正式印刷前，根据客户要求结合产品性能及胶印工艺特征设计印刷工艺，必须充分做好各项印刷前的准备工作。其包括阅读产品工艺单、准备各项生产及辅助材料、按所印产品的特点对机器各部件进行调节试印。

1. 印刷工艺单

根据印品原稿的特点，结合印刷工艺，将产品及原材料的规格和技术要求及客户的意见制成的表格称为印刷工艺施工单。工艺单的内容有：产品设计的规格和技术要求，原材料加工成产品的工艺方法，原材料性质、质量及规格型号规定，对加工产品质量的要求等。

2. 印版的准备

包括版材的规格尺寸检查、印版版面清洁度和平整度检查、印版色标、色别、规矩线等检查、版面网点与色调层次检查与版面文字和线条检查。

安装印版时，将印版连同印版下的衬垫材料，按照印版的定位要求，安装并固定在印版滚筒上。同时，要校对印版的位置是否正确，不能歪斜。

3. 纸张的准备

纸张是最常用的印刷承印物。按照工艺单要求，准备印刷所需纸张，要按照纸张品种、规格尺寸进行裁切，然后进行必要的调湿处理，使之具有良好的印刷适性，以保证印刷的顺利进行。

4. 润版液的准备

胶印过程中，润版液的作用是在印版表面的空白部分形成水膜，阻止油墨的黏附和扩散，防止空白部分上墨起脏。胶印中印版空白部分的水膜要始终保持一定的厚度，既不可过薄也不可太厚，而且要十分均匀。水分过大，印品出现花白现象，实地部分产生所谓的"水迹"，使印迹发虚，墨色深浅不匀；水分过小，易引起脏版、糊版等故障。润版液使用是否得当对网点的扩大、墨色深浅及产品质量都有直接的影响。除此之外，润版液可以降低墨辊之间、墨辊和印版辊之间高速运转所产生的高温；可以清洁印刷过程中产生的纸粉、纸毛；可以在印版空白部分发生磨损后与铝版反应生成新的亲水盐层，保持空白部分良好的润湿性。传统的润版液主要有普通润版液和酒精润版液两种，前者是在水中加入润湿粉剂及少量封版胶配制而成的；后者则是在水中加酒精、润版原液配制而成的。润版液中常用的亲水性胶体为阿拉伯胶与羧甲基纤维素（CMC）。目前，随着绿色印刷认证的推进，无酒精润版液得到了很好的应用，使无醇印刷成为现实。

5. 油墨的准备

生产前领取油墨并与施工单和付印样张核对，了解油墨中添加的辅助材料，避免重复添加。一般情况下，应在印刷前通过添加相应助剂调节油墨印刷适性，如需调节油墨黏度，可选择调墨油或者去黏剂；如需调节油墨干燥性，可选择红燥油或白燥油，红燥油对油墨表面的催干效果较好，白燥油对油墨内部的催干效果较好；如需调节油墨黏性，可选择去黏剂。

6. 印刷色序的安排

印刷色序是指多色印刷中油墨叠印的次序。胶印的色序是个复杂的问题，应根据印刷机、油墨、纸张的性能及印刷工艺的要求综合考虑。一般遵循以下原则：根据三原色油墨的明度排列色序，根据三原色油墨的透明度和遮盖力排列色序，根据网点面积占有率排列色序，根据原稿特点排列色序，根据机型排列色序，根据油墨干燥性质排列色序。此外，印刷色序还应考虑墨层的厚度、油墨的黏度与黏性。

4.2.2　印刷作业

1. 试印

由于油墨和润版液在试印阶段还没有完全处于平衡状态，输纸部分也尚未完全正常，印刷品的质量存在较大的问题，因此，这个阶段必须频繁地抽取印张进行认真的检验。对印张应该做几项检查，包括印张颜色、规格尺寸及图文印迹的检查。

2. 正式印刷

正式印刷过程中，需要控制的参数很多，其中较为重要的是输墨量的控制和水墨平衡的控制。

1）输墨量的控制

输墨量的控制通过输墨装置完成。输墨装置的作用就是将墨斗中的出墨辊输出的条状油墨从周向和轴向两个方向迅速打匀，使传到印版上的油墨是全面均匀和适量的。在调试或开机过程中，输墨装置达到稳定所需的时间最短。

墨量调节分为局部调节和整体调节，调节的方法包括手工调节和自动控制。局部调节是通过改变分段式墨斗片与墨斗间隙大小来控制；整体调节则通过改变墨斗辊转角或转速来控制。现在多色机中大多装有油墨自动控制系统，可实现油墨的初始化快速预调及印刷过程中的自动控制。技术的进步使电机能通过计算机控制，实现远距离遥控操作，取代手工调节。

2）水墨平衡的控制

胶印生产中，水墨平衡控制不好会产生一系列的印刷故障。正常印刷条件下，印版图文部分的墨层厚度为 2～3μm 时，空白部分水膜厚度为 0.5～1μm，油墨中所含润版液的体积分数为 15%～26%（最好为 21%，最大不超过 30%），即可基本实现水墨平衡。但在实际印刷中，由于操作人员没有足够的时间用仪器去进行测定，而且影响水墨平衡的因素复杂并不断变化，所以在实际工作中，操作人员主要是凭经验进行水墨平衡的判断和控制。

4.2.3　印后清理

1. 印张的保管

针对不同的印刷机，保管主要包括成品的保管和半成品的保管。

2. 清洗工作

印刷机的各装置必须进行很好的清洁工作，对附有油墨的墨斗、墨辊、印版滚筒、橡皮布滚筒、压印滚筒及水辊等部件应进行良好的清洗维护和保养。

4.2.4　印后加工

纸包装的印后加工主要包括表面整饰与成型，即在印刷之后的纸或纸板表面再次进行的各种加工，主要包括覆膜、上光、烫印、压凹凸、模切压痕及成型等加工工序。

4.3　绿色胶印工艺

4.3.1　油墨预置技术

油墨预置的过程中包括"预"和"置"两个过程。所谓"预"就是根据版面上的信息（图像密度）对印刷机的墨键进行设置，这需要收集印刷前的数据、进行墨量运算等，为在开机之前做较多的准备，是油墨预置过程中非常关键的一步，能够预先为印刷机提供信息。"置"则是指根据预算出来的信息对墨键进行手动或者自动的调整，即印刷机通过数据接口将墨量的预置信息导入调墨台，进行自动的油墨预置过程。

1. 油墨预置技术的发展

1）人工调节

最初的油墨设定是印刷操作技术人员根据个人经验和印版上图文分布情况，手动调节印刷机上各个墨区的油墨量，开机印刷后再通过与标准样品进行对比，进一步对墨区墨量进行调节来实现的。这种方法受操作人员的个人经验和生产环境等主客观因素影响较大，导致不同批的印品甚至同一批不同时间印刷的印品质量前后不一致，印刷质量稳定性不够，且印刷开机准备时间长。

2）印刷控制台墨区预置

通过印刷机控制台遥控控制印刷机各墨区的油墨量，它不需要操作人员手动调节墨槽中各墨区的墨量，只需要在印刷控制台上设置好各墨区的墨量便可以完成油墨的设定，在一定程度上提高了印刷生产的效率。但是，这种方法仍然需要操作人员的实际操作经验，依旧无法实现墨区墨量的精确设定，同时受印刷操作人员主观因素影响的事实仍没有得到改变。

3）印版图文扫描预设

主要对晒版后的黄、品红、青、黑色印版进行扫描，分析印版上的图文信息，将扫描后的图文信息转化成印版各墨区墨量的分布数据，生成油墨预置数据信息，再将油墨预置数据传递到印刷控制中心，实现墨量阈值。在实际印刷时，还可以根据油墨特性对墨量预置数据信息进行适当的调节。这种方法能够使印品与原稿的色差控制在较小的范围内，在提高印刷生产效率的同时节省纸张、油墨等印刷材料。

但是，在印版图文扫描预置时，仍然有一个不能忽视的问题，那就是网点扩大。因为在印刷过程中存在网点扩大现象，印版的墨量要少于印刷品上实际所需要的墨量，从而产生墨量预置误差。同时，印版图文扫描仪器昂贵，且需要大量的样张来检测和校正墨量信息，因此在使用上存在一定的局限性。

4）CIP3/CIP4 标准的油墨预置技术

在 CIP3/CIP4 对印刷机的墨键进行预置时，首先读取 RIP 后的图文数据，根据印版大小及墨键数量得出机台控制信息，并在 PPF 档案中记录或者打印到纸张上，然后用于印刷机各个墨区的墨键预置。对于有 CIP3/CIP4 信息接口的印刷设备，可生成 PPF 文件，系统将 RIP 后的版面色彩信息转化成标准的 PPF 数据，并将该数据传送至相应的印刷机控制系统实现自动调整墨量。对于没有 CIP3/CIP4 信息接口的印刷设备，可通过 Windows 打印机将墨量信息打印出来，操作人员再根据打印的标准信息来调整墨键。

油墨预置的具体流程如下：电子拼大版，生成完整的版面信息→大版信息经过 RIP 光栅化处理→光栅化处理后的文件经过软件的转化生成低分辨率的版面信息→根据印刷机的结构和色版顺序，将版面图文信息进行分区，计算生成各区域所需要的油墨量，即 CIP4 的油墨 JDF 文件→该 JDF 文件经过网络或其他存储媒介传送至印刷机的控制台→控制台接收数据并自动控制相应的墨键进行供墨。

2. 油墨预置技术的应用

1）油墨预置应用现状

目前，国内印刷企业中具有油墨预置接口的胶印机数量较少，在一部分符合 CIP3/CIP4 标准的印刷机中安装油墨预置软件的还不普遍，而在安装有油墨预置软件的用户中能够真正将油墨预置技术发挥应用很好的更少。究其原因，首先是油墨预置软件价格昂贵，印前软件接口售价近 20 万元人民币，使得一部分符合 CIP3/CIP4 标准的印刷机使用者望而却步；其次是油墨预置软件是一款纯粹的软件产品，此软件的作用仅局限于印刷环节，与印刷机其他后道加工控制系统的关联性并不强，系统具有封闭性；最后是机器状态一直处于动态变化中，油墨预置曲线需要进行周期性的更新，使用起来并不一劳永逸。

要想让油墨预置技术发挥最大效用，必须注意以下几点工作：

（1）印刷机的维护、保养、测试频率需要进一步提高，以保持印刷机的稳定性。

（2）必须记录机器每次印刷时的墨键开度，并将墨键开度值进行前后对比，及时发现异常信息。

（3）在印前环节需要记录每个墨区网点面积的数据，并与印刷机台的墨键开度进行匹配。

2）油墨预置技术的作用

a）能够提高印刷质量

改变了传统的由印刷机操作人员根据工作经验对印品色彩进行油墨预调整的工作方式，减少了人为因素对印刷质量的干扰，满足了广大客户对印刷色彩的严格要求，为由于色彩问题而引发的质量纠纷提供了解决问题的途径。

b）能够提高印刷效率

经 RIP 生成后的数据文件，由 CIP4 解释器解释生成油墨预置数据，经过油墨预置软件修正后由数据交换机输送到印刷机的控制系统，自动控制每一个墨区的墨量数值。这种情况下，印刷调整时间大大缩短，开机准备时间也平均缩短了 3min。

c）能够降低材料成本

印刷走版纸放印量大大减少，以商业彩色印刷为例，平均每单印品在开印阶段的放印量由 200 张减少至不到 20 张。

3）应用案例分析

某印刷公司由供应商定期对胶印机油墨预置曲线进行跟踪校正，使用的仪器设备及材料分别为：海德堡 SM74 四开四色胶印机、爱色丽 530 密度计；软件为 Prinergy 数字化流程、EconoInk 墨控软件；材料为 157g/m² 的铜版纸、阪田四色油墨；印刷色序为 KCMY，印刷速度 10000r/min，车间温/湿度为 25℃/45%。测试版由四色实地色块及简易测控条组成，分成 5 个测试区域，供周期性的检测使用，如图 4-1 所示。

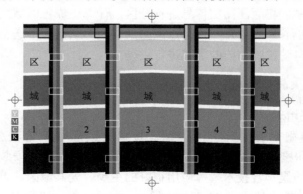

图 4-1　测试版

校正调试周期通常为 3 个月一次，每次校正前通过印刷该测试版，抽检测试样张，分析评判样张的印刷质量，综合考虑各项因素后，测量样张各区域实地密度值，表 4-1 为某一次校正时所用测试版的实地密度值。

表 4-1　实地密度测试值

	区域 1	区域 2	区域 3	区域 4	区域 5
黄（Y）	1.02	1.06	1.05	1.03	1.01
品（M）	1.22	1.28	1.28	1.26	1.23
青（C）	1.35	1.38	1.38	1.38	1.31
黑（K）	1.54	1.62	1.58	1.56	1.53

根据经验，海德堡四色实地密度基准值为 D_Y =1.3，D_C、D_M =1.5，D_K=1.85。说明机器经过长时间运行，其状况发生了变化，之前储存的油墨开度曲线与印刷机实际状态已经不相匹配，需要对机器进行维护和调试，同时校正曲线。由于影响油墨预置量的因素非常多，表 4-1 的数据并不能完全反映墨键开度值所带来的影响，每个机组的状况也有所不同。针对具体情况，通过对四色机组的检查、维护和调试，包括墨斗辊转角值的设定，油墨量得到了较为适当的调整，最终得到新基准的开度曲线，存储于墨控系统中，供调用。

油墨开度曲线即版面网点面积率和墨键开度之间的关系曲线，如图 4-2 所示。当然，墨键开度和墨斗辊转角值之间有一定的关系，转角越大墨斗辊一次提供的墨量越大，图 4-2 中的 CMYK 四色墨斗辊转角值 Z 分别为 37°、36°、39° 及 38°。

开度曲线设置后，在实际生产过程中，印刷机长都会以该曲线为基础，根据走版情况进行微调后正式印刷。调研中发现，有些企业虽然购置安装过油墨预置系统，但是操作工使用不习惯、不更新，油墨预置技术没有得到很好的发挥；有些供应商宁可指派工程师前去企业进行曲线的校正和调试，也不会将系统操作方法完全教给操作工，忌讳的是操作工频繁更改系统数据，将更多的不准确因素带入系统，反而影响使用效果。实际上，机器的调试维护应由供应商和用户共同完成，在确保机器稳定常态化条件下，用户应做到独立操作此软件。在此过程中，根据微调量的变化，操作工还会及时发现机器存在的问题和隐患，给设备维护保养提供有效信息，起到防微杜渐的作用。

4.3.2　自动供墨技术

随着国民经济的发展，印刷企业生产规模不断扩大，油墨使用量均有很大程度的增加，自动集中供墨成为其提高生产效率的手段之一。

1. 自动供墨技术的发展

1）双管循环式低压集中供墨系统

20 世纪 80 年代后期，国内部分油墨制造企业首先为一些大型报社安装了双管循环式低压集中供墨系统。该系统主要用于油墨用量较大的黑墨，一般采用 20t 的方形罐为

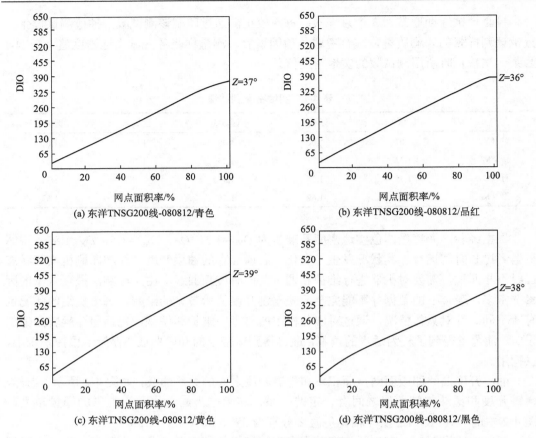

图 4-2　　CMYK 墨键开度曲线

墨槽，使用机械齿轮泵为动力源，开机后泵始终处于运转状态，使油墨在形成回路的主管路中始终处于流动状态。此方案存在着只能采用大型罐存墨、压力低、流量小、管路粗且结构复杂等不足，特别是当运转压力过低时，管壁残留量会随着运转时间的延长而增加，从而长时间运转后流量降低很快。20 世纪 90 年代中期，国内一些印刷辅助设备制造商还开发了用以解决人工提墨上机影响生产效率问题的流动供墨车，现在看来这种方案仍存在很多不足，主要适用于小型印刷机。

2）高压供墨系统

20 世纪 90 年代末以来，以德国泰创公司（Technotrans）等为代表的一些国际标准的高压供墨系统随着印刷设备的引进逐步进入国内，此类系统的动力源为高压的气动柱塞泵（也有部分为液压泵），具有压力自动平衡功能，由于压力提高（最高达 17MPa）而可以采用很细的单管式供墨管路，油墨包装采用国际标准的各种规格标准桶。此类系统无论在适用范围还是在原理、使用性、标准化、美观性等方面的设计都十分周到，受到了印刷业的一致欢迎。该系统很快在国内用户中得到了大范围推广，一大批报社、商业印刷厂都已安装了该系统，还有一些企业正在考虑安装。目前生产此类高压供墨系统的厂家主要有德国泰创公司、普拉那托公司（Planatol），美国的固瑞特（Graco）公司（兴信喷涂机电设备（北京）有限公司、上海惠尚实业有限公司等代理）、英格索兰、林肯等公司。沈阳北方通用印刷机械设备厂也已经研制生产出了引进技术的气动柱塞泵高压供墨系统，并在一些报社印刷企业投入使用，主要性能与进口产品相当，特别是在使用国产墨桶方面有很好的适应性。上述厂家还可以提供 25kg 或 30kg 小桶用移动式气动柱塞泵供墨系统，该产品用于小型设备的移动式加墨。而在用墨量较小且换色频繁的单张纸印刷机上，还有一种 2kg 小桶加墨方案可供选择。

2. 自动供墨技术的应用

1）自动供墨技术的应用现状

目前，人们普遍看好高压气动柱塞泵式管路集中供墨系统。该系统主要有以下几个方面的特点。

a）普遍采用气动柱塞泵作为供墨系统的动力源

气动柱塞泵以印刷厂最常用的压缩空气作为动力，方便洁净。其利用油墨的液体性质，通过简单的液压增压原理进行工作。该泵具有压力平衡功能，当管路末端用墨使管路压力低于泵墨压力时，系统自动启动运行，不用墨时自动停机，系统压力始终保持一定的大小。气动柱塞泵具有机械结构简单、维护工作量小、输出压力调整范围大与压力传送比例可选范围大（0.5：1～22：1）的优点。例如，输入气动压力为 0.7MPa 时，不同比例的泵输出压力达到 0.35～15MPa（理论值，实际值依泵的效率和油墨黏度等而不同），空气的输入压力还可以在 0.2～0.7MPa 进行调整，从而不仅在安装时可以自由选择不同的压力传送比，还可在运行中很方便地调整气路压力而改变输出压力以适应系统运行要求。

b）运行的压力高

根据管路长度、加墨点数量和流量的要求，一般系统运行压力在 3～10MPa，这样管路就可以做得更细，输送距离限制很小，这对于油墨这种特殊的黏塑性、触变性流体的流动十分有益，同时也可以适应不同用户的厂房、设备的需求。

c）油墨包装标准化

系统可以选用 200kg 圆桶式、300kg 方桶式、1t 标准运墨箱式、2000～25000L 固定罐式等不同形式的墨桶，而采用各种标准化的油墨包装，有利于存储和运输。目前国内企业除 300kg 方桶、25kg 或 30kg 小桶以外，其他类型的包装油墨生产企业均有销售。

d）结构简单、成本低廉

由于系统可以以单管方式延伸到 200m 甚至更远的距离，管路系统数量少而细，且泵的结构简单、外形美观大方，所以整套系统美观性较好。同时油墨包装比较大，也省去了 15kg 小桶管理和存储的不便。相对于 15kg 小桶，大包装具有包装可回收、包装残留量小、计量准确等优点。仅包装一项，其成本节约就在 5% 以上。

2）自动供墨系统的基本配置

自动供墨系统主要由标准墨桶或固定式墨罐（墨箱）、高性能气动柱塞泵、管路系统、加墨点系统及自动控制系统等构成。

a）油墨包装

印刷厂目前使用较多的是 15kg 小桶油墨包装,采用自动供墨系统后,则主要是 200kg 以上的大包装。而在移动式小型供墨泵上则使用 25kg 或 30kg 小桶式。25kg 或 30kg 标准小桶、200kg 圆桶、300kg 方桶均采用与单臂或双臂泵配合的吸盘式吸墨结构,1t 以上的系统则采用管式吸墨结构。

b）墨泵

气动柱塞泵是整个系统的关键,目前有吸管式、随墨刮盘式两种主要形式。吸盘式供墨泵由钢架基座、升降柱、随墨吸盘、泵体、泵压管等部分组成,而吸管式结构要简化一些,仅由泵体和入墨管、出墨管等组成,在 1t 标准运墨箱式结构中还需有一个 1500kg 左右的储墨箱承接运墨箱的墨再进入泵中。随墨刮盘式供墨泵的吸墨管直接抽取桶内油墨,随墨刮盘则使油墨与空气隔绝,其边缘采用高分子材料的刮板刮净墨桶桶壁的残墨。如墨桶的规则度低,特别是国产墨桶,盘边存在着一定量的漏墨,在接近桶底时,位于墨桶中心位的吸管口无论如何都无法将桶底的墨全部吸净,这就需有一定的机构保证桶底残留量降至最低。供墨泵的主要参数有压力传送比例和泵墨量,压力传送比例取决于系统的管路长度、加墨点流速、油墨品种及黏度等,一般需要在 3.0～12MPa,传送比例在 10∶1～20∶1。泵墨量的选择主要根据加墨点数量、流速等,可选用不同规格的柱塞泵,泵的重要规格之一就是活塞直径,它决定了活塞一次往返行程的泵墨量。

c）管路

管路系统主要由过滤器、高压管路、阀门等组成。油墨的性质要求管路变径少、弯头少,管壁光滑度高、管路材料结构致密、与油墨间分子力小（附着性低）、与油墨无不良物化反应、管路连接密闭性优良等。油墨是一种污染性液体,它不像气、水等一样易于处理,防止其泄漏是十分重要的,应做到无任何泄漏,系统的安全性是第一位的问题。

其加墨点一般有几种选择:一是单点固定式加墨,此方案最为简单,但出墨集中,相对于很长的墨斗则十分不均匀,需人工进行即时搅动以防止溢出墨斗;二是多点固定式加墨,该方案在墨斗长度方向上安装了多个出墨点,每个出墨点都带有一个阀门用以平衡各个加墨点的流速,这样就可以避免单点式加墨的不足,为大多数系统特别是自动系统所采用;三是移动枪式加墨,一般用于换色用,需人工进行加墨,开关采用不锈钢防滴漏球阀,防止关墨后滴墨。

自动供墨管路承压一般较高,属中高压系统。目前国际普遍采用冷拔无缝钢管卡套式方案,系统耐压可达 30MPa 左右。而国内却由于钢管精度低而无法采用此方案,采用进口管造价又较高,所以出现了以下几种代用的管路。

（1）高分子油墨专用管路。

其耐压可控制在 4.0MPa 以内,成本低,施工方便,对于中短程油墨的输送很有吸引力,此管路为沈阳北方通用印刷机械设备厂最新采用。

（2）精密冷拔无缝钢管焊接式管路。

卡套式方案是进口系统广泛采用的方案,但价格较高,且国产此类钢管精度较低,所以国内采用成熟的焊接工艺作为代替。焊接工艺存在影响内壁光滑度、对焊接工艺要求较高的问题。目前,有的公司采用一种变通方案,先加工卡套接头,再进行焊接,然后上机接卡套。

（3）精密冷拔无缝不锈钢管路。

通过采用定制加工来提高精度，满足卡套连接的需要，辅以专用的不锈钢卡套。这种方式施工快，外形美观大方，产品可以国产化，但造价稍高。兴信喷涂机电设备（北京）有限公司就采用了此种方案。

管路的连接一般采用卡套式连接以保证管路的通径度，不锈钢管一般不采用弯头而直接用机器在施工现场对管路进行煨弯。为了防止油墨中混入的杂物进入管路及墨斗，一般系统中安装了过滤器（200μm）。管路系统的管径和耐压主要由设备用墨总量、输送距离等因素决定，一般系统的耐压在 3～10MPa 以上，这种高压力比较少用，因此需注意施工质量。

d）自动控制系统

自动供墨系统中的自动控制系统主要有油墨消耗量测量监控系统、墨斗墨位自动控制系统及容器监控系统等，一些进口系统中还有可以将用墨量、容器、墨斗等运行数据进行计算机全面控制的全自动化方案可供选择。

3）应用案例分析

某印刷企业 Magnum 4Ⅱ型高斯卷筒纸轮转胶印机选择采用集中供墨系统，最高印刷速度 45000 份/h，气泵压力值为 12MPa，管道油墨流量为 15L/min。

通常在满足印刷质量的前提下，集中供墨所用油墨黏度比传统加墨形式的油墨黏度低，用以增加油墨的流动性，更加方便油墨在管道中远距离传输。不同色的油墨黏度之间也存在着一定的差异。现场采用的油墨黏度值如表 4-2 所示。

表 4-2　油墨黏度　　　　　　　　（单位：Pa·s）

	桃红黏度	天蓝黏度	中黄黏度	黑黏度
集中供墨	4.8±0.2	5.3±0.2	6.0±0.5	7.5±0.5
非集中供墨	7.4	7.6	6.6	7.6

由于集中供墨系统一般采用圆形管道进行输墨，可以将其作为圆形管道运输的基本物理模型来研究。由此可推，流体在圆形管道运输中流量 Q 和管道口径 d、运输距离 l 及管道压力 p 之间的关系式为

$$Q = \frac{\pi \Delta p R^4}{8\mu l} = \frac{\pi \Delta p d^4}{128\mu l} \tag{4-1}$$

式中，μ 为流体的动力黏度；l 为管道长度；Δp 为压强降；R 为管道半径。

可见，对于某一种油墨来说，管道直径和长度之间有某种固定的关系，但是对于不同颜色的油墨黏度这个固定值是不一样的。理论上，管道的口径越大，管道可以铺设的长度就越长，反之越短。根据现场经验及市场供给情况选择管道直径，计算求得相应的管道长度 l。

实际施工中，四根管道并排排列，主干长短一致，为保证油墨在管道内能够正常输出，实际长度应小于设计长度，保证每根管道正常出墨。使用时要保证系统供气气源的

洁净度和空压机容量，防止异物进入泵体和管路，供墨系统应安装于空调效果较好的部位，防止由于冬季室温过低导致油墨黏度过大而影响油墨的输送流量。管路中切不可进入空气，否则放墨时易出现"放炮"喷墨现象。

公司对集中供墨系统安装前后的年度油墨使用量进行了统计，在未采用集中供墨时年度用墨量为黑墨 60t、彩墨 25t，采用集中供墨后年度用墨量为黑墨 50t、彩墨 24t，每年节约成本约 16 万元。同时车间环境得到很大改观，工人劳动强度降低，工作效率大大提高。由此可见，自动集中供墨系统对于提高印刷企业的社会效益和经济效益均有着重要的意义。

4.3.3　滚筒自动清洗

印刷某活件结束，开始新的印件之前，需要对橡皮布、压印滚筒和供墨系统进行清洗。在印刷过程中，由于印版、橡皮布和压印滚筒脏污太多而影响印刷时，也需要对其进行清洗。人工清洗橡胶滚筒橡皮布和压印滚筒费时费力，采用自动清洗滚筒装置不仅减轻劳动强度，且可以减少清洗时间。针对不同的清洗工作，有其专门的清洗装置。卷筒纸胶印机和单张纸胶印机的这些清洗装置基本上是相同的。举以下两例说明。

1. 曼罗兰清洗装置

曼罗兰滚筒毛刷辊式自动清洗装置通过喷嘴将清洗剂喷到毛刷轮表面，毛刷轮将清洗剂刷到滚筒表面，利用毛刷轮与滚筒表面的相对运动，对滚筒表面进行洗刷，完成清洗工作。随后另一个喷嘴喷射清水，对毛刷轮进行清洗。清洗工作根据滚筒脏物多少，已经设计有不同的清洗程序。每一个清洗程序主要是控制清洗时间和清洗剂的用量，一般包括清洗剂用量、清洗用水量、清洗时间和干燥时间。清洗时根据滚筒上油墨等脏物多少情况，选择不同的清洗程序即可自动清洗，如果清洗程序不能满足需要，也可以自己编写程序。毛刷一般可以使用数年，磨损后可以拆下，再将新毛刷重新装在芯轴上。用过的含有溶剂的清洗液，可在溶剂处理装置中经处理后再使用，不仅有利于环保，而且可以节省资金。

2. 海德堡清洗装置

海德堡滚筒清洗装置由清洗布卷装置和两套清洗剂喷嘴系统组成。清洗装置可以装在橡胶滚筒或压印滚筒上，对其进行清洗。而清洗布卷装置由放卷、收卷和气动压板组成，清洗布卷装在放卷轴上，使用过的清洗布由另一个卷轴收起来，清洗布的宽度与印刷滚筒宽度相等。清洗剂通过喷嘴喷到印刷滚筒上，在清洗布和滚筒表面接触处，由压缩空气控制的压板把清洗布压到滚筒表面，再利用清洗布和滚筒表面的相对运动，对其上的脏物进行擦洗。用过的清洗剂可以部分回收。

4.3.4　无醇印刷

无醇印刷俗称无酒精印刷，是指使用由新工艺生产的无须添加酒精的"免酒精润版液"进行润版，完成胶版印刷过程。润版液在整个印刷过程中起关键作用，它可以有效地控制水墨平衡，提高印刷质量。

1. 润版液的发展

传统胶印使用的普通润版液加入的化学成分有磷酸、磷酸盐、硝酸盐等无机化合物，具有表面张力较高、润湿性较差，但成本低、易操作等特点。

20 世纪 80 年代酒精润版液开始兴起，酒精润版液添加有乙醇、异丙醇或其他醇类，具有表面张力较低、润湿性好的特点，适用于安装有酒精润版系统的平版印刷机。乙醇的特点是易挥发，能加快带走印版上的热量，减少版面起脏；水中加入乙醇后，减小了水的表面张力，使水能快速均匀而薄地分布在印版上，易实现水墨平衡，用水量小，套印准确。但是乙醇的挥发会影响车间环境，而且在使用过程中需要适时调整和补充，有损印刷质量的稳定性。润版液的醇类含量一般控制在 12%～20%，过低会使印版上脏，其温度一般控制在 4～12℃。

目前，市场上大力推广免酒精（无醇）润版液，它是把非离子表面活性剂加入含有其他电解质的润版液中配制而成的。非离子表面活性剂常使用的有聚氧乙烯醚、聚氧丙烯醚和烷基醇酰胺等，具有表面张力低、润湿性能良好、化学性能稳定等特点。免酒精（无醇）润版液是近几年发展起来的新型润版液，成为目前高速多色平版印刷机的较理想润版液。

2. 无醇印刷的优势

平版印刷从使用普通润版液、酒精润版液、减免酒精润版液，直到免酒精润版液即无醇印刷经历了漫长的过程。随着环保要求越来越高，业界对印刷无醇化进行了大力宣传。

按照绿色印刷认证要求，平版印刷润版液的醇类含量必须低于 5%。相应地，车间温湿度需要保持恒定，水箱的制冷、循环、水墨辊的调节都要达到相当高的水准。正常的生产环境中，受材料、车况、水墨辊老化等情况影响，醇类含量低于 5% 根本无法正常生产，醇类含量一般控制在 8%～12%。实际上，这也是采用减免酒精润版液的一种做法，减免酒精润版液醇类含量为 5%～8%，仍然达不到绿色认证要求，因此，在绿色印刷认证的准备过程中，免酒精润版液成为企业首选，能够获得良好的测试效果。

无醇润版液相比于酒精润版液，具有如下优势。

（1）无醇润版液是水基润版液，与酒精润版液相比，具有无毒、无害、环保、安全等特点，对环境友好；水基润版液不易燃，不需要特别储藏。

（2）无醇润版液不含对油墨有一定亲和力的乙醇、异丙醇等有机溶剂，其所含的主要成分基本不挥发，能够形成很好的水膜，印刷时能保证电导率水平的恒定，稳定印刷质量，从而保证良好的油墨转移性能和光亮度。而酒精润版液需要定时调节含醇量，易造成印刷质量不稳定。

（3）无醇润版液减少了乙醇或异丙醇的使用，降低了成本。

3. 无醇印刷的工艺条件

为保证无醇润版液能够在使用过程中发挥优异功能，需注意以下几点。

1）使用浓度

无醇润版原液的添加量一般为 1.5%～2%。润版液原液添加量少，即润版液浓度低时，会导致油墨乳化、印刷时脏版；润版液原液添加量过大，即润版液浓度高时，则油墨易过度乳化、印刷时掉版。因此，润版液的浓度是印刷品质量好坏的关键影响因素，操作中必须控制好润版液的浓度。

2）使用温度

常用的酒精润版液温度一般控制在 10～13℃，这是由于乙醇易挥发，并且在 14℃以上时挥发性增加，因此在印刷时需要冷却系统来严格控制润版液的温度。而无醇润版液不挥发，使用温度相对比较宽松，在 10～20℃使用均可，在 13～15℃使用效果最佳。值得注意的是，润版液的温度不可太低，否则其活性将受到影响，印刷故障也会随之增多。

3）电导率和 pH

电导率是材料导电能力的量度，在印刷机开机使用前需要测量润版液的电导率，而在印刷过程中每间隔一定时间后也需要监控电导率的变化，以及时对润版液进行补充添加。无醇润版液的电导率应控制在 600～1200μS/cm 范围内，并且电导率与润版液的浓度呈线性变化关系。

pH 是溶液酸碱性强弱的体现，润版液的 pH 一般应为 4.5～5.5。对于优质印刷而言，pH 必须保持在最佳范围内，否则会造成糊版以及印版发花、起脏、脱墨等一系列问题。无酒精润版液具有很好的缓冲能力，pH 随浓度的变化也保持在很小的变化范围内。

4）黏度

黏度是流体抵抗流动的尺度，酒精润版液可通过添加乙醇或异丙醇使黏度大大增加。无醇润版液使用时，黏度比酒精润版液低。

5）表面张力

水的表面张力为 72N/m，胶印油墨的表面张力为 30～36N/m，润版液的表面张力需与油墨的表面张力相近，才能使两者达到平衡稳定。通过加 10%～15%的酒精或异丙醇，酒精润版液的表面张力可以降低到 35～40N/m，使其达到印刷要求。润版液的表面张力越小，越容易在 PS 版的非图文部分形成水膜。无醇润版液在使用过程中不加酒精，主要通过生物表面活性剂来降低表面张力，其水溶液的表面张力也可达到 35～40N/m，而且动态表面张力低，即使在印刷机高速工作的情况下，仍能达到高清晰、高质量的印刷效果。

4.3.5　无水胶印

1. 无水胶印原理

无水胶印印版也像普通的胶印印版一样由一种可绷紧的版基构成，表面承载着由不同材料组成的图像部分与非图像部分。无水胶印与普通胶印工艺基本相同，唯一的区别就是取消了润湿系统，着墨辊以同样的方式在平面印版上滚动使图像部分着墨，非图像部分斥墨。

失去附着力的非图像部分（具有表面张力较低的表面）是由一种可膨胀的聚合物（硅

橡胶）构成，当特殊油墨与其接触时，产生一种相互作用，同时油墨所含的活动分子很容易地产生扩散。这些分子形成一个无色的、由少量分子层组成的中间层或分离层，它阻止油墨黏附其上，这种薄薄的中间层在辊隙出线处分离，就如同普通胶印的润版液层一样，满足同样功能的要求。

与传统的润湿主要不同之处有以下几点：

（1）形成的中间层厚度很薄，只有少量的分子层，不会产生不良的副作用。

（2）中间层由油墨成分构成，因此在印刷过程中不会造成油墨的变化。

（3）中间层不是单独涂上去的，它是通过油墨与非图像部分经过不断的扩散与反向扩散而产生的相互作用所形成的。

所以，无水胶印就是利用一个与印版的非图像部分相协调的中间层成分（也是油墨成分）实现的，这样可以排除"水湿润"的问题。这种胶印方式起印时废纸率可以下降到只有几张，无须考虑与湿润有关的问题。另外，无水印版的非图像部分的硅橡胶层与传统的胶印印版原料相比较只能承受较小的机械压力负荷，印刷压力的调节不容忽视。

2. 无水胶印系统的基本组成

无水胶印系统主要由三部分组成：无水胶印印版、无水胶印油墨及印刷设备温度控制系统。

1）无水胶印印版

目前应用的无水胶印印版主要有日本 Toray 公司为主导的传统光敏性无水胶印印版和以美国 Presstek 公司为代表的数字无水胶印印版。日本 Toray 公司生产的版材有两种：一种是需要胶片曝光、晒版处理的感光无水胶印印版；另一种是计算机直接制版用印版。而美国 Presstek 公司研制的无水印版 Pearldry 是热敏版，不需晒版处理和化学显影。Pearldry 是第一张无须化学显影的印版，专为无水胶印设计，成像后需要进行清洗，擦洗掉印版表面被烧蚀的颗粒。Pearldry 无水印版可以在直接制版机上直接成像，印版的最大幅面为 102cm，最大加网线数为 240 线/in。

2）无水胶印油墨

无水胶印使用的是专用油墨，它的基本成分与普通胶印油墨相似，但需加入特殊连接料，以达到特定的黏度和流变性。它需比常用胶印油墨黏度高，才能确保不出现脏版（即空白部分不带墨），还要求油墨中不含粗糙的颗粒，以防划伤印版表面的保护膜，同时避免颗粒摩擦产生热量而降低油墨的黏度。

无水胶印油墨的连接料主要成分是高黏度的改性酚醛树脂及高沸点的非芳香族溶剂，其遇热易分解，故在印刷时环境温度一般保持在 23～25℃。同时，由于输墨装置的运转碾压，着墨辊温度会升至很高（可高达 50℃），加之又没有润版液的冷却作用，容易造成糊版。因此必须在无水胶印的印刷机上安装温度控制系统，以便精确地控制温度。

3）温控系统

最常用的温度控制系统是冷却串墨辊，原理是通过水流降温或吹风散热降温（通常与印版滚筒的冷却装置相连）来实现温度控制，其中冷却液在串墨辊中间进行循环，如图 4-3 所示。

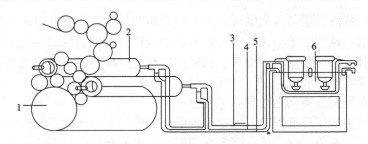

图 4-3　印刷机温度控制系统

1. 印版滚筒；2. 串墨辊；3. 水阀；4. 串墨辊用水管（输入）；5. 串墨辊用水管（输出）；6. 水泵

　　这种温度控制系统在高速卷筒纸印刷机上已使用多年，经过改进后，这项技术也应用在单张纸印刷机上。几乎所有的单张纸印刷机生产厂家使用的中空串墨辊，都可安装这种温度控制系统，其功能是在串墨辊中循环足够的冷却液，来带走印刷单元机械作用所产生的热量，使着墨辊的温度不超过 28～30℃。

　　3. 无水胶印的优势与不足

　　1）无水胶印的优势
　　（1）印品质量高。
　　由于取消了润版液，不需再考虑较难掌握的水墨平衡问题，同时也解决了油墨的乳化问题，加快了油墨的干燥速度，因此，无水胶印具备印刷更为稳定的网点、更高的网目线数和获得色彩稳定性的能力，可以印刷出更加清晰、亮丽的图像。硅橡胶印版具有类似蜂窝的结构，可以在印版上保持更多的油墨，因此四色印刷的油墨密度比 SWOP 标准（卷筒纸胶印规范）高 20% 左右，有较高的饱和度。无水胶印版是平凹版结构，它可以复制从高光 2%～3% 到暗调 97%～98% 的网点。且在无水胶印中，由于不存在润版液的影响，网点扩大量较小，中间调的网点扩大量为 7%～8%，这个扩大量即使在油墨厚度加大的情况下也不会发生大的变化，说明无水胶印在控制网点增大方面明显优于有水胶印。
　　（2）承印材料广。
　　无水胶印不仅可以承印纸张、金属板，还可以印刷塑料等其他材料。对于非吸收性承印物，如金属板、合成纸等，若采用普通胶印，由于不吸收润版液，部分润版液只能沿着墨路重新回到墨斗中，引起油墨严重乳化，对印刷色彩造成很大的影响，而采用无水胶印可有效保证印品质量。
　　（3）降低消耗、提高生产效率。
　　传统胶印中很难达到理想的水墨平衡，操作人员需要有丰富的经验，不仅要熟悉胶印工艺，还需了解印刷机的结构、水的硬度、pH、导电性及承印物的吸水性等，以便正确控制水墨平衡。而无水胶印不存在水墨平衡问题，消除了润版液造成的印品墨色不均匀、油墨乳化、水点、反面沾脏、水辊杠印等质量问题，缩短了开机前准备时间，大大减少了由润版液引起的停机时间，降低了印刷成本，提高了生产效率。
　　（4）操作简单、绿色环保。

　　由于无水胶印机比普通胶印机结构简单，工人劳动强度降低，操作人员数量减少，有利于保证和稳定印品质量。无水胶印不再使用润版液，无墨雾，清洗剂用量少，减少了挥发性有机物的排放量，降低了对环境的污染程度。

　　2）无水胶印的不足

　　目前，欧洲无水胶印市场占有率为 6%～7%，美国为 5%～6%。事实上，无水胶印并没有得到广泛的推广，其主要原因有以下几点。

　　（1）无水胶印的印版过于昂贵，明显高于传统版材。制版简便、耐印力高是无水印版技术进步的关键，由于技术问题，国产无水印版版材还不能完全达到这两个要求。

　　（2）无水胶印所用油墨的黏度很高，对印刷纸张的表面质量要求过高。如果纸张的表面涂料或纸张纤维不够稳固，或者纸张表面有灰尘，再加上无水胶印没有传统印刷中润版液的自动清洁效应，就容易脏版或造成灰尘纸屑等在橡皮布上堆积，这时静电现象也很容易出现，从而使印刷质量受到影响，甚至需要停机清洗。

　　（3）在传统有水胶印中，润版液可以带走由于印版高速旋转摩擦而产生的热量，印版可以比较容易地保持在一个比较稳定的、适合油墨转移的温度范围内工作。而无水胶印由于没有润版液，运转过程中会产生非常多的热量，相对于传统胶印来说，要求印刷单元处于严格的温控条件下，其允许的温度变化范围极窄；而且不同颜色的油墨对温度变化的反应不同，还需要控制不同印刷色组的温度。但这并不能成为妨碍无水胶印广泛使用的主要原因，当今的印刷机制造商已经将具有温控功能的供墨装置作为机器标配供应。

　　（4）无水胶印印版版面易受机械损伤、磨损或撕裂等，所以要求在整个生产过程中，必须小心地操作印版。对于无水印版版面的缺陷或残留的涂层部分，可涂布专用的去脏液，借助形成新的硅胶膜消除缺陷。

第5章　绿色包装柔性版印刷技术

5.1　柔版印刷概述

柔性印版是由橡胶、感光性树脂等弹性固体材料制成的凸版总称，所以柔性版印刷属于凸版印刷方式。初期的柔性版印刷采用橡皮凸版，使用由苯胺染料制成的挥发性油墨，故称为"苯胺印刷"。由于苯胺有毒，而当时的苯胺印刷主要用于软包装塑料袋，应用范围受到很大的限制。随着印刷设备、版材，特别是印刷油墨的不断改进和完善，不再使用苯胺染料，而改用不易褪色、耐光性强的染料或颜料代替苯胺染料，所以在1952年10月的第14届包装会议上将苯胺印刷改称为"flexography"，意为可挠曲性印版印刷，我国也相应改称为柔性版印刷。

5.1.1　柔性版印刷原理与特点

1. 柔性版印刷原理

柔性版印刷使用柔性印版，通过网纹传墨辊传递油墨，其核心是简单而有效的供墨系统。墨斗中的油墨经墨斗辊传递给油墨定量辊（网纹辊），网纹辊通过反向刮墨刀刮墨后，将网穴中的油墨传递给印版滚筒上的印版，印版滚筒和压印滚筒进行压印，使油墨转移到承印材料上，最后经干燥而完成印刷过程。可见，柔性印版直接通过网纹辊供墨，墨路相较平版印刷要短得多。

2. 柔性版印刷特点

柔性版印刷兼有凸印、胶印和凹印三者之特性。从印版结构来说，它图文部分凸起，高于空白，具有凸印的特性；从印刷适性来说，它是柔性的橡胶面与承印物接触，具有胶印特性；从输墨机构来说，它的结构简单，与凹印相似，具有凹印特性。归纳起来，柔性版印刷具有如下特点。

1）制版周期短、费用低，印版耐印力高

一般情况下，制作一套多色凹印滚筒的周期为5～10天，而柔性版印版制作周期为5h左右；制版费用大约是凹印制版费的1/10。柔性印版肖氏硬度一般在25°～60°，耐印力高达几百万印。

2）承印材料广泛

柔性版印刷工艺几乎不受承印材料的限制，光滑或粗糙表面、吸收性和非吸收性材料、厚与薄的承印物均可实现印刷。可承印不同厚度（28～450g/m²）的纸张和纸板，也可承印瓦楞纸板、塑料薄膜、铝箔、不干胶纸、玻璃纸、金属箔等。柔印压力为 1～3kg/cm²，属于轻压力印刷，而凸印压力为 50kg/cm²，凹印压力和平印压力为 4～

$10kg/cm^2$。所以，柔性印版特别适用于瓦楞纸板等不能承受过大压力的承印物印刷。

3）水性油墨无污染、干燥快、效益高

柔印水墨是目前所有油墨中唯一经美国食品药品监督管理局（Food and Drug Administration，FDA）认可的无毒油墨，柔性版印刷又被称为绿色印刷，广泛用于食品和药品包装领域。水性墨耗墨量低、干燥快，节省用电，废品率低，能够降低生产成本，提高经济效益。

4）机器结构简单、造价低，效率高

柔性版印刷机通常采用卷筒型材料进行双面和多色印刷，构造相对简单，价格为相同色组规模胶印机的 40%～60%，为凹印生产线的 1/3。一般机组式窄幅柔印机印刷速度可达 150m/min，卫星式宽幅柔印机印刷速度可达 350m/min，凹印仅为 90～130m/min。特别是柔印机可与上光、烫金、压痕、模切等印后加工装置相连接，进行印后连线加工，避免了工序之间周转的浪费，生产周期比其他印刷工艺短，生产效率得以提高。

5.1.2　柔性版印刷主要机型

柔印机有以下两种分类方法。

1. 按承印物形态分类

根据柔印机承印物的形态分类，柔印机有单张柔印机和卷筒柔印机两种。单张柔印机除印刷部分采用柔印方式外，其他部分与单张纸胶印机基本相同。柔印机大部分采用卷筒料印刷，根据卷筒柔印机印刷装置的排列方式可以分为机组式、卫星式和层叠式三大类。

2. 按印刷幅面大小分类

按印刷幅面的宽度，柔性版印刷机可分为窄幅柔印机和宽幅柔印机。一般国际上以 600mm 为界，幅面宽度小于 600mm 的柔性版印刷机称为窄幅柔印机，而幅面宽度大于 600mm 的柔性版印刷机称为宽幅柔印机。

5.2　柔印工艺作业流程

柔性版印刷设备的种类和型号较多，有机组式、卫星式、层叠式等。尽管它们的结构各不相同，但其印刷工艺流程基本相同，即：印前准备→上料→试印→印刷→烘干→后处理→收料。柔版印刷过程中的油墨转移线路简单，低黏度、高流动性的油墨填充到网纹辊的细小网穴中，多余的油墨先行被刮刀刮除，留在网穴中的油墨随后转移到柔性版浮雕状的图文上，当印版上的油墨区和承印物接触时即完成了油墨的转移任务。其作业流程如下。

5.2.1　印前准备

印前的准备工作较多，有对工艺文件的熟悉、各种印刷材料的了解、印刷机的调试

（包括擦洗）、印品试印及检查等。总体包括两个部分：一是印刷使用的印版和印刷材料的准备；二是正式印刷前上墨盒、网纹辊、刮刀、印版的安装、设备的调整等工作。

1. 熟悉印刷工艺要求

包括熟悉标准样本、掌握和了解印刷材料的性能特点与熟悉版面设计、尺寸、位置关系，了解套准、压力要求等。其中较为重要的是安排印刷色序。在印前确定印刷色序时，要对印刷品的图像质量要求进行具体的分析，以此获得最佳色序。对于一般的包装装潢印刷品，可以先印网线版，接着印实地，再印金银色，最后上光，这样有利于油墨的干燥。四色网线版印刷的常用色序为 YMCK 或 YKMC。专色版印刷先浅后深，叠色印刷先副后主。

2. 准备工作的检查

包括印版、印版滚筒、承印材料、油墨与助剂的检查，确保它们完全符合印刷要求，并检查轴承间隙是否在规定的范围内，轴承表面是否清理并添加润滑油。

3. 设备的检查清理

对印刷设备的检查清理，分两类情况。一类是印刷机刚印完一批活件，还未完全清理干净；另一类是已清理过的设备。这里主要介绍前一类设备的清理检查过程，已清理的设备除清理程序少一些外，检查内容也应是一样的。具体包括卷筒料轴破损检查，墨盘、墨斗余墨检查，墨泵、软管清洁检查，墨辊、印版和网纹辊清洗检查与料卷确认检查。

4. 机器调整

当把机器各部分都清洗检查完后，可按照印品要求对机器各部件进行调整。具体包括第一印刷机组的印版滚筒与压印滚筒、印版滚筒与网纹辊、网纹辊与上墨辊间的平行度调整，印刷机滚筒的套准调节，墨辊的工作状态调整与承印物的张力调节。若采用柔版水基油墨印刷薄膜、铝箔等非吸收性材料，要注意水基墨的附着能力。一般情况下，塑料薄膜的表面张力达到 $3.8 \times 10^{-2} \mathrm{N/m}$，即可用于印刷。张力测试可采用达因值测试笔和表面张力测定液。

5.2.2　物料选用

1. 正确选用网纹辊

首先根据印刷品的各色图文着墨面积情况，凭经验选用网纹辊线数；其次按照承印材料的吸墨情况，在初步校版套印过程中，观察每色印迹的色相、饱和度等，选择合适的网纹辊线数。

2. 合理选择油墨

柔印中选择的油墨应具有用基本色和混合色的印刷来达到所需的印刷结果，与承印材料相适应的黏度和表面张力，足够高的油墨固体颜料含量，能保证油墨的强度且不褪色的溶剂及与印刷速度相适应的干燥速度。

3. 刮墨刀的选择与调节

为保证供墨效果，提高网纹辊、刮墨刀的使用寿命，必须调整好刮墨刀与网纹辊之间的角度，其大小与网纹辊线数和刮墨刀的压力有关，会影响到油墨的供给效果，一般控制在 30°～40°。刮墨刀的压力调节以网纹辊表面多余油墨全部刮除干净为准，压力不宜过大，以免损伤网纹辊。对于已经磨损的刮墨刀片应及时更换，否则无法保证传墨质量。

4. 双面胶带的选择

通常各柔性印版由一种专用的双面胶带粘贴在滚筒表面，组合形成一个完整的印版滚筒。目前普遍使用的双面胶带是一种具有弹性的压敏性黏结材料，在聚乙烯发泡基材两面涂有不同黏性的丙烯酸胶黏剂，由单面或双面剥离纸保护。柔性版常用的双面胶厚度为 0.38mm、0.50mm 两种规格。以 3M 双面胶为例，按基材密度种类划分为三种：低密度 1115 型，适合网线版和细线条印刷；中密度 1015 型，适合文字、线条和实地印刷；高密度 411DL 型：适合实地印刷。

5.2.3　试印

试印过程如下：开动印刷机，进行第一次试印→根据试印样张对印刷机做进一步调整，保证套准→开动油墨泵，对墨辊进行送墨→进行第二次试印→根据第二次试样中的色差及其他有关缺陷做出相应调节→当印出合格的产品后，可少量印刷后再做一次检查→直至印刷品符合质量要求，再继续进行正式印刷。印刷过程应密切关注套准、色差、墨量、干燥、张力大小等的变化状态，一旦发现问题应及时进行调节和修正。

5.2.4　正式印刷

印刷工序中，走纸、调压、张力控制等是操作要点。

1. 走纸

走纸要求：走纸平稳，合适的张力控制（既不出现断纸也不出现纸张起皱现象）。
纸张纠偏处理：让承印物边缘经过探头传感器的中心部位，调整时应该使纠偏器处于左右摆动的中间位置，以确保纠偏动作准确无误。

2. 调节三滚筒压力

调节要求：三滚筒平行度良好，滚筒两端压力相等。

调节方法：先调好印版滚筒与压印滚筒之间的压力，再将网纹辊靠向印版滚筒。观察网纹辊对印版滚筒图文表面的传墨情况和印迹转印情况，调节相应滚筒的两端压力，微调螺杆由轻到重进行。

柔印是一种轻压力印刷工艺，无论网纹辊对印版还是印版对承印材料的压印力，都要求以小为好，尤其是印刷网线版。印刷中的各种工作压力应使印版压缩量控制在 3～5mm 以内较为适当，当印版压缩量大于 5mm 时，会对印品的质量产生影响，同时对印版的耐印力有不同程度的影响。

3. 张力控制

为保证图文的套印精度，使承印材料获得合适恒定的印刷张力是必需的，需根据承印材料的厚薄、质地、质量要求、印刷速度等合理调节。

5.2.5　烘干

柔印速度较快，印刷过程油墨来不及干燥，必须进行烘干处理。包括色间烘干和后烘干两部分。烘干装置应设定合理的烘干温度，烘干温度的设定主要取决于印刷速度、承印物表面性能、油墨种类及各色组印刷图文状况，既要防止干燥不足，又要避免干燥过度。烘干过程中溶剂的排放常用的是热气流法。在后干燥器上配置排气系统，可以防止溶剂挥发后气体的聚集，防止发生爆炸。若设置色间热空气干燥器，应保证排气量大于热空气的供应量，否则热风吹向传墨辊和印版滚筒导致干燥过快，影响印刷效果。

5.2.6　印后加工处理

印后加工与处理分脱机和联机两种形式。脱机加工由配备简单、专用的印后加工设备组成，成本低，但是效率也低，累积误差较大。现代柔印机配置有联机印后加工装置，可以形成一条完整的印刷综合加工生产线，包括上光、覆膜、烫金、模切成型等。

5.2.7　收料

（1）复卷。壁纸印刷、塑料薄膜印刷等一般采用复卷方式收料。复卷时应严格控制承印物纵向张力变化和横向纠偏装置的工作状态，以确保复卷紧度均匀，端面整齐。

（2）单张收料。印刷后通过分切装置将印刷品按一定规格分切成单张输出。

（3）模切收料。在包装、商标印刷中，印刷后往往要进行压痕、模切等印后加工，以输出合格成品。

5.3　绿色柔印工艺

5.3.1　柔印水性油墨技术

水性油墨是由水性高分子树脂和乳液、有机颜料、溶剂（主要是水）和相关助剂经物理化学过程混合而成的一种油墨。水性油墨具有不含挥发性有机溶剂、不易燃、不会损害印刷操作者的健康、对大气环境无污染等特性，特别适用于食品、饮料、药品等卫生条件要求严格的包装印刷产品，在国内外的商业包装印刷特别是在柔印领域得到了广泛的应用，并取得了良好的效果。

1. 柔印水性油墨的发展

国外对水性油墨的研究始于 20 世纪 60 年代。最初水性油墨主要使用糊精、虫胶、酪素、木质酸钠等物质为连接料，制备的水性油墨主要用于一些低档的产品印刷。随着科技的发展，松香、马来酸改性树脂的合成技术成功，取代了酪素、虫胶等材料，成为水性油墨的主要成分，基本能够满足当时的印刷需要，但是这些初级产品依然存在一些弊端，如光泽差、抗水性不佳、附着力差、容易起泡、存放稳定性差等。后来研制出的溶液型苯乙烯-丙烯酸共聚树脂为连接料的水性油墨，解决了抗水性和存放稳定性差的弊病。但是在光泽和印刷适性方面与溶剂型油墨相比仍有差距。在此基础之上，引进丙烯酸之类单体与苯乙烯聚合，研制出了一种具有核壳结构和网状结构的聚合物乳液树脂，该系列树脂大大改善了油墨的光泽和干燥性，由此水性油墨得到大力发展，应用领域不断拓宽。

2. 柔印水性油墨的特点

1) 环保性

VOCs 被公认为是当今全球大气污染的主要污染源之一。水性油墨主要以水为溶剂，减少了 VOCs 对大气的污染，改善了工作环境，其在印刷过程中释放出来的物质主要为水和少量的醇类物质，所以适合食品、饮料、药品包装印刷。

2) 低黏度

水性油墨属于液体油墨，具有较低的黏度，在印刷过程中，油墨可充分填充网纹辊表面的细小墨穴，有良好的油墨转移性能。

3) 良好的印刷效果

传统的水性油墨虽然存在干燥速度较慢、光泽度较差及纸张伸缩变形等缺陷，但是，随着新材料的应用和印刷条件的不断改善，水性油墨的性能有了明显的提高，油墨的凝固性和抗水性能得到了显著改善，印刷图像清晰，墨色牢固，清洗简便，其干燥速度也有了较大提高，分辨率可超过 150lpi，能获得较为理想的印刷效果。

4) 低能耗

在纸品包装印刷过程中，水性油墨的干燥形式主要有三种：印刷涂布类纸张时，以挥发干燥为主；印刷非涂布纸张时，以渗透干燥为主；印刷轻涂纸张时，以挥发和渗透干燥兼顾的方式。所以，相对于溶剂型油墨以挥发干燥、UV 油墨需要高能耗的 UV 光固化印刷墨层来说，水性油墨的干燥过程可以根据材质表面的特性和印刷速度，适时调整干燥端的能量供给，甚至在印刷非涂布纸张时，采用渗透干燥为主的油墨，不动用热风系统就可实现高速印刷，减少印刷中的电能消耗。

5) 低成本

清洗水性油墨时，只使用水或者少量碱性溶液就可以将印版、色组清洗干净，清洗过程产生的废液可以使用废水处理设备过滤，过滤出来的水可以重复循环使用，减少了印刷企业的工业用水量，大大节约了生产成本。

3. 柔印水性油墨适性

1）黏度适性

黏度是流体抗拒流体流动的一种性质，是流体分子间相互吸引而产生的阻碍分子间相对运动能力的量度，即流体流动的内部阻力。黏度是柔印水性油墨应用中最主要的控制指标。

柔印水性油墨的黏度是决定油墨传递性能、印迹牢固度、渗透量和光泽的主要因素。柔印水性油墨的黏度如果过低，会造成色彩变浅、网点扩大加剧、高光部分网点容易变形及传墨不匀等故障；柔印水性油墨黏度过高，不仅会影响网纹辊的传墨性能，造成墨色不匀且颜色变浅，而且容易产生脏版、糊版、起泡及干燥速度减慢等弊病。因此，对水性油墨的黏度值必须给予严格的控制。针对不同类型的印版图文，对油墨黏度的要求有所不同。一般而言，印刷网线版时油墨的黏度应略低于印刷实地版时油墨的黏度。水墨的出厂黏度，因厂家或品种而异，一般控制在 30～60s/25℃ 范围内（用 4#涂料杯），使用时黏度调整到 40～50s/125℃为宜。

2）干燥适性

油墨附着在承印物上之后，便从液态的胶状物变为固态的皮膜，黏结在承印物上，这一变化的过程称为油墨的干燥。干燥过程分两个阶段完成：油墨由液态变为半固态，不能再流动转移，是油墨的初期干燥阶段，用初干性表示；半固态油墨中连接料的主体部分发生物理或化学反应完全干固成膜，是油墨的彻底干燥阶段，用彻干性表示。油墨的初干阶段和彻干阶段统称为油墨的固着干燥。

干燥是水性油墨的最主要指标之一，因为干燥的快慢和黏度一样，能直接表现在印刷品的质量上。必须详细了解干燥原理，才能根据产品或承印物的不同，合理调配水墨的干燥时间。保证干燥良好的同时，必须考虑到黏度的适中或 pH 的稳定。水的挥发速度及附着性都比溶剂差，因此水性油墨在承印物尤其是非吸收性承印物表面较难附着与干燥，一般是通过加热的方法促进其干燥，而且加热的温度要比溶剂型油墨的温度高20～30℃。另外还可通过其他方法改变水性油墨的干燥性，如微波加热干燥、冷风与热风交替干燥、适当调节油墨黏度、对纸张进行印前预热等。

水性油墨的干燥速度取决于印刷机的印刷速度、干燥设备的干燥能力、承印物性能及油墨自身的组分。干燥过快，油墨会在印版表面结皮，造成糊版、图案周围不清晰，使印品油墨堆积，光泽不良，出现"墨斑"；或在网纹辊上干燥并逐步堆积，并可能堵塞网纹辊，造成网目调网点的丢失或者破坏，实地部分出现漏白；以及使内部水分无法排除，从而引起套色问题。干燥太慢，印品可能发生粘连、背面"蹭脏"现象，纸张伸缩，降低光泽，影响叠色印刷，给机台操作人员带来很多麻烦。理想的叠印应在油墨初干到彻干的时间内进行，即将干未干时进行最好。油墨在干燥前可与水混合，一旦油墨干固后，则不能再溶解于水和油墨，即油墨有抗水性。因此，印刷时要特别注意，切勿让油墨干固在网纹辊上，以免堵塞网纹辊的着墨孔，阻碍油墨的定量传输，而造成印刷不良。

同时需注意的是，印刷过程中柔性版始终要保持被油墨润湿，避免油墨干燥后堵塞印版上的图文。

3）pH 适性

水墨应用中另一个需要控制的指标是 pH，其正常范围为 8.5～9.5，这时水性油墨的印刷性能最好，印品质量最稳定。由于氨在印刷过程中不断挥发，操作人员还会不时地向油墨中加入新墨和各种添加剂，所以油墨的 pH 随时都可能发生变化。这时需要一台标准的 pH 计量仪，以方便地测出油墨的 pH。当 pH 高于 9.5 时，碱性太强，水基油墨的黏度降低，干燥速度变慢，耐水性能变差；而当 pH 低于 8.5，即碱性太弱时，水基油墨的黏度会升高，墨易干燥，堵到版及网纹辊上，引起版面上脏，并且产生气泡。

如前所述，水性油墨的 pH 主要依靠氨类化合物来维持，但由于印刷过程中氨类物质的挥发，pH 下降，这将使油墨的黏度上升，转移性变差，同时油墨的干燥速度加快，堵塞网纹辊，出现糊版故障。若要保持油墨性能的稳定，一方面尽可能避免氨类物质外泄，例如，盖好油墨槽的上盖，另一方面要定时、定量地向墨槽中添加稳定剂。

实际生产中，上机的 pH 调整或控制在 7.8～9.3 即可（应根据承印物和温度的不同而灵活掌握）。经验表明，当在一种颜色上面套印另一种颜色时，应该逐步提高油墨的黏度并逐步降低油墨的 pH。这样有助于油墨的干燥，防止后印的油墨使先印的已经干燥的油墨再次变湿而影响印品质量。金墨 pH 可控制在 8～8.5，不宜太高，弱碱性即可。一般 2～3h 检测一次，随检随调，尽量把 pH 控制在最佳的印刷适性范围内。从某种意义上讲，pH 的控制甚至比黏度控制还重要。操作人员不仅要了解所用的各种油墨添加剂的情况，而且在印刷中应严格按照供应商提供的技术指标参数进行操作。

4. 水性油墨的保存及回收利用

1）保存期限

柔性版水性油墨的保存期限一般为一年，如果超过保质期或时间更长，只要不出现凝固胶态，只是表面分层或沉淀，经充分搅拌均匀后，可继续使用。在印刷使用时还要经常对墨槽中的油墨进行搅拌，防止油墨颜料的沉淀造成印刷品颜色和标准有一定的差异。柔性版水性油墨保存温度宜在 5～30℃，一般存放在密闭的墨桶中，最好存放于室内，不可露天保存，不能暴晒，也不要在 0℃以下的库房内存放。金墨的保存期限为半年或低于半年。

2）剩墨的回收利用

剩墨回收后应存放在墨桶中，并用桶盖及时盖紧，保持密闭状态，置于阴凉处保存。印刷时应尽量先使用回收的剩墨，纸质粗糙或印中低档产品可优先使用剩余油墨。使用前最好用 100 目以上的过滤网过滤，以去除剩墨中的杂质。如果剩墨时间过长无法重新使用，可考虑加入新墨进行调配至使用标准，可以有效地节约油墨。

5.3.2　套筒技术

1. 套筒的分类与用途

套筒系统是一种新型的柔印版辊结构，可由一人装卸，方便地在气胀芯上改变位置或进行定位；在同一支气胀芯上可以根据需要装两只或更多的套筒，最大的好处是能重复使用和随时在套筒上贴印版，灵活方便。根据套筒用途的不同，可以将其分为贴版套筒、无接缝印版套筒、接合套筒及网纹辊套筒四类。

1）贴版套筒

贴版套筒是专门用来装贴感光树脂印版的，这种类型的套筒装卸容易、便于储存、成本低。根据表层材料的不同，贴版套筒又可分为硬质表层套筒和软质弹性表层套筒。

a）硬质表层套筒

硬质表层套筒，如 Rotec 公司的 Blue-Light 套筒，其表层是经过精确加工的硬质聚合物，十分坚硬，具有硬度高、耐冲击和耐切割等特点，需要用泡沫贴版胶带在套筒上装贴印版。硬质表层套筒主要用于厚版（1.7～7mm）印刷，适合的承印物材料主要包括牛皮纸、纸板、纸袋及饮料盒等，不适合高质量、精细产品的印刷。

b）软质弹性表层套筒

软质弹性表层套筒的表层材料是具有弹性、可压缩的聚氨酯类泡沫，压缩性能好，并有多种硬度可供选择，可以根据版材类型和承印材料的具体情况来选择合适硬度的套筒。软质弹性表层套筒是专门针对 CTP 技术和高质量薄版柔印设计生产的，需要用高黏性的薄型（厚度 0.1mm）贴版胶带来粘贴印版。软质弹性表层不仅韧性好、加工精度高，而且具有很高的可压缩性，能够吸收震动。因此，软质弹性套筒与薄型版材的组合应用，能够印刷出精细的高光网点，且网点增大率小，适用于高质量、精细产品的印刷，如条形码、细线条、网目调图案等，印刷质量和印刷效果非常好。

2）无接缝印版套筒

无接缝印版套筒也称套筒式印版，它是在套筒上直接雕刻而成的无接缝印版，类似于凹版滚筒。随着计算机直接制版技术及激光雕刻技术的发展，无接缝印版套筒的应用也越来越普遍了，其最大优点就是可以重复使用，目前国内已经有不少柔性版印刷厂家使用无接缝印版套筒。无接缝印版套筒可以完成连续花纹图案或相同底色产品的印刷，如包装纸、香烟过滤嘴水松纸、壁纸等。此外，如果此类无接缝印版套筒未经成像处理，则可以用于涂布、满版上光及实地区域的印刷。

无接缝印版套筒主要由内层、中间层和表层三部分构成。套筒的内层材料主要选用特殊的多层玻璃纤维（GFK）制造而成，具有质量轻、转动惯性小、弯曲强度高等优点，在高速印刷的情况下也能够保证转动平稳。套筒的中间层由特殊的聚氨酯橡胶组成，具有很高的弹性和可压缩性，中间层的可压缩性对于套筒的构造和性能有很大影响，它不仅可以增大套筒的壁厚，还能够吸收套筒所产生的拉伸变形。在印刷过程中，正是中间层的压缩性保证了套筒的平稳运转，从而得到了良好的印刷质量。套筒的表层主要由包覆了橡胶或者合成材料的硬质聚合物组成。

3）接合套筒

作为气胀芯和印版套筒之间的中间体，接合套筒的主要作用是增大滚筒或气胀芯的直径。接合套筒也有一层可压缩层，像气胀芯那样有充气孔，印刷机连接两台气泵，其中一台气泵给气胀芯充气，另外一台气泵则给接合套筒充气，因此，在更换套筒的时候可以不必从气胀芯上把接合套筒取下来。

4）网纹辊套筒

绝大多数网纹辊套筒的内层均采用可压缩性材料,利用内层的可压缩性可以将网纹辊套筒安装并固定在印刷机的轴承上,这个可压缩内层是通过空气来控制的。网纹辊套筒的中间层采用复合材料,如玻璃纤维或者碳纤维。网纹辊套筒的表层包覆了一层由金属铝或者金属镍组成的外壳护套,目的就是吸收离心力,对陶瓷层起防护作用,防止出现裂缝。

2. 套筒的安装和卸载

以上四种套筒的安装和卸载大体上是一样的,下面就网纹辊套筒做具体介绍。

套筒式陶瓷网纹辊由芯轴、气撑辊（空滚筒）和套筒组成,如图 5-1 所示,图 5-1（a）为网纹辊固定状态,图 5-1（b）为网纹辊更换过程。气撑辊是套筒应用的配套装置,其外形与印版辊相似,其一端有一个进气孔,从这个进气孔可以向气胀芯的气腔内充入压缩空气,此外,在气撑辊的表面还分布着一些小的排气孔,这些排气孔与进气孔是贯通的,通过进气孔充入的压缩空气,可以从这些小排气孔中均匀地释放出来。采用套筒式结构,更换网纹辊（或印版滚筒）时只要打开印刷机组上的气压开关,压缩空气输入气撑辊后,从气撑辊的小孔中均匀排出,形成“空气垫”,使套筒内径扩大而膨胀并飘浮在空气垫上,原来所使用的网纹辊（或印版滚筒）套筒就会自动弹出,更换产品所需要的新网纹辊（或印版滚筒）套筒,并轻松而方便地在气撑辊上滑动到所要求的位置（轴向或周向）。这样一来,就可以安装、卸载或者更换套筒了,即使在宽幅柔版印刷机上也能够十分方便地更换套筒。关上气压开关,网纹辊（或印版滚筒）就会固定好。当切断压缩空气后,气撑辊和套筒之间的空气就释放了出来,套筒就会收缩并包覆在气撑辊的表面,并最终与气撑辊紧密、无缝地结合成一体。套筒内径一般小于气撑辊外径,以保证其啮合。同一气撑辊上还可以装两个或更多的套筒。若需更换或卸下套筒,只要再次给气撑辊充气,利用空气垫的作用,使套筒内径膨胀扩大,便可将套筒轻松地卸下。

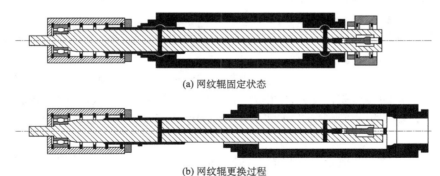

(a) 网纹辊固定状态

(b) 网纹辊更换过程

图 5-1　F&K 公司套筒式网纹辊结构原理图

5.3.3　网纹辊供墨技术

1. 双辊式供墨系统

网纹辊供墨技术指的是双辊式供墨系统即墨斗辊-网纹传墨辊输墨系统。

1）基本构成

双辊式输墨系统基本上是由一个墨斗辊和一个网纹传墨辊组成，如图 5-2 所示。

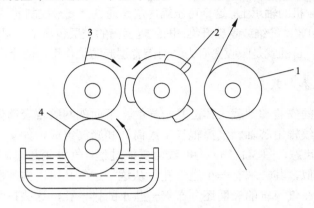

图 5-2　双辊式输墨系统

1. 压印滚筒；2. 印版滚筒；3. 网纹传墨辊；4. 橡胶辊

墨斗辊在墨斗内旋转，将油墨传给网纹辊，通过墨斗辊与网纹辊的相互挤压，将多余的油墨从网纹辊表面刮掉。再通过网纹辊与印版滚筒的接触，将网穴中的油墨转移到印版上。传墨时，网纹传墨辊与橡胶表面存在滚动摩擦，磨损较轻，网纹辊使用寿命长。于中、低速的柔性版印刷机，双辊式输墨系统的传墨质量可以满足大多数印刷品的要求，这一传墨结构目前仍较多地用于中低档柔性版印刷机、涂布机和纸箱印刷机中。但在高速印刷时，会出现传墨量过多的故障。因此，双辊式输墨系很少在现代高速柔性版印刷机上使用。并且，双辊式输墨系统很难保证小墨量油墨传递的均匀性，不适合较高网线的彩色印刷。双辊式的传墨量为网纹辊网穴中油墨和两辊间残余墨层（也称润滑层）之和。若想精确地控制转移墨量，印出更高品质的印品，就要借助刮墨刀的作用。

2）刮墨性能

墨斗辊与网纹辊在接触范围内应将网纹辊表面的油墨刮掉，应具备以下条件。

a）墨斗辊与网纹辊的转速差

为了得到良好的刮墨效果，在墨斗辊与网纹辊相互挤压的接触处表面应线速度方向一致且存在一定的转速差，使两辊在接触范围内产生滑动摩擦，以将网纹辊表面的油墨刮净，为此，墨斗辊的回转运动可通过齿轮传动由印版滚筒和网纹辊所驱动，也可由点击单独驱动。

一般而言，随着印刷速度的提高，两辊的速差应相应增大，墨斗辊与网纹辊之间的转速比通常为（3～10）：1。

b）墨量压力

墨斗辊与网纹辊的转速确定后，就可以合理调整两辊之间的接触压力。一般称此压力为墨量压力。这里应注意两点：一是如果没有必要的墨量压力就不可能取得良好的刮墨效果；二是传墨量的多少与墨量压力成反比，即墨量压力越大，传墨量越小。因此，传墨系统中应设置墨量压力的调整机构。

c）两辊受力后的偏斜

墨斗辊与网纹辊之间加一定压力后，胶辊会产生变形，而胶辊中部的变形明显大于两端的变形，使印版中部传墨量增加，而两端传墨量减少，影响印品墨层的均匀性，这种状况对于宽幅柔印机更为突出。为了提高印品墨层厚度的均匀性，可将墨斗辊加工成腰鼓形，增加对网纹辊中部的刮墨量；或采用倾斜安装法，将其操作侧的轴承朝下调整，传动侧的轴承朝上调整，使胶辊与网纹辊的旋转中心交叉一定角度，以增大网纹辊中部的刮墨量；也可以补偿胶辊偏斜所带来的误差。

同时墨斗辊的橡胶硬度必须与网纹辊的网穴数目相匹配。如果太软，变形大，会使传墨量过大，油墨大量淤积在网纹辊表面。墨斗辊的橡胶层厚度也会影响输墨量。

3）特点及应用

这种输墨系统机构比较简单，成本低廉，对网纹辊的要求较低，但传墨量的稳定性较差。实践证明，当印刷速度较低时，印刷速度的变化对传墨量影响不大，但当印刷速度较高时，其传墨性能急剧下降。所以，这种传墨系统仅用于印刷质量要求不高的中低速柔印机。其主要优点是运行费用较低，网纹辊与橡胶辊表面存在滚动摩擦，磨损较轻，使用寿命长。对于速度中等或较低的柔性版印刷机，双辊式输墨系统的传墨质量可以适应大多数印刷品的要求。但在高速度条件下，则会出现传墨量过多的问题，因此很少在现代高速柔性版印刷机上采用。并且它很难保证小墨量油墨传递的均匀性，不适合质量要求高、网线数较高的彩色印刷品。

2. 网纹辊的选用

1）根据承印物特点选用网纹辊

包装柔印的承印物多种多样，如箱板纸、牛皮卡、白板纸、白卡纸、玻璃卡、铜版卡、薄膜、铝箔纸等，不同的材质，其表面光泽度、粗糙度等相差较大，影响吸墨量。粗糙度大的，应采用网纹线数少的网纹辊，因为网纹线数少其网穴大油墨量转移量就大。反之，则应选用网纹线数高、油墨转移量小的网纹传墨辊。若利用柔印机对印刷纸板表面进行上光，可选用 40 线/cm 的网纹传墨辊。若是在吸收性的材料上印刷实地版的版面，可考虑选用 60 线/cm 的网纹传墨辊。在非吸收性的塑料、铝箔等材料上印刷实地版，可选用 80 线/cm 的网纹传墨辊。对于文字版、实地版、线条版或网纹版印刷的，可酌情选用 100～120 线/cm 的网纹传墨辊。若在非吸收性的塑料、铝箔等材料上印刷网纹版面，可选用 140 线/cm 的网纹传墨辊。对于印刷低色调的印刷产品，可选用 160 线/cm 的网纹传墨辊。印刷特殊精细产品，由于用纸质量比较好，印刷过程中出现纸屑、纸毛、纸粉的概率就小，可酌情选用 180～220 线/cm 的高网线网纹传墨辊。

2）根据版面特点选用网纹辊

根据印刷版面的结构和产品的精细程度来确定网纹辊是避免印刷工艺弊病的有效措施。印刷精细网纹版或细小文字版面，可选择网线数较高的网纹辊，这样，其传墨量小，油墨涂布比较均匀。反之，印刷大面积或粗大字体的版面，则可选择网线数较小的网纹辊，以确保版面获得均匀、充足的墨量。

3）根据网目线选用网纹辊

网纹辊的网线与柔印版的网目线是否匹配，对印刷产品的质量有着直接的影响。要使柔性版各色版网点都能准确完整地再现，就必须保证印版上每个网点都能着墨，才能避免传墨过程中有的网点落入网纹传墨辊着墨孔的网墙上，进而出现不着墨或着墨残缺的弊病。因此选用网纹传墨辊着墨孔的孔径面积应小于印版的网点面积，也就是说，网纹辊的线数要大于柔印版的网目线数。为防止印品产生龟纹现象，网纹辊的网穴角度以45°为最佳。通常网纹传墨辊网纹线数与印版的网目线数比，可在3：1～4：1选择。

4）根据输墨装置选用网纹辊

在网纹线数相同的情况下，四棱锥形着墨孔的传墨量一般比四棱台形的小，且锥形着墨孔的容积容易因磨损而减小，所以，四棱锥形着墨孔结构的网纹传墨辊用于橡胶墨斗辊结构及其配置的网纹传墨辊输墨系统是比较合适的。而四棱台形和六棱台形着墨孔的网纹传墨辊，则比较适用于网纹传墨辊及刮墨刀输墨系统的机型。采用刮墨刀刮除网纹传墨辊表面浮墨时，要求刮得干净，网纹传墨辊表面不再有油墨，因此，该类输墨系统中所用的网纹传墨辊着墨孔容积必须大一点，而且网纹辊的网线数要求在 200 线/cm以上，有利于避免工艺引起的弊病，有效保证产品的印刷质量。

3. 陶瓷网纹辊

20 世纪 80 年代，日本在牛奶盒、软包装、瓦楞纸板预印刷等领域引进了陶瓷网纹辊后，因其印刷质量稳定，且具有金属辊 30 倍以上的寿命，备受业界关注，日本努力之下于 1990 年实现了完全国产化。

陶瓷网纹辊是在铁辊表面以热喷涂方式制备 200～300μm 的陶瓷涂层，研磨后用激光雕刻机在陶瓷涂层上直接雕刻出网穴而获得的。起初，喷涂技术和激光技术等主要工艺要素不完善，而经过各方面的改良，现在激光雕刻网纹辊的雕刻线数、深度、网穴容积能够自由设定，网穴容积的均一性和再现性好，被评价为最适合用于高质量柔性版印刷的网纹辊，并迅速受到青睐。

5.3.4　腔式刮刀

欧洲近年来开发出了一种具有全新意义的输墨系统——全封闭式双刮刀系统，即腔式刮刀。它由网纹辊（通常用陶瓷网纹辊）、两把刮刀、密封条、储墨容器、墨泵、输墨软管等部件组成，如图 5-3 所示。

在全封闭系统中，刮刀、封条、衬垫、压板均装到一个空腔式支架上，用机械方式（或气动式或液压式）把它们推向陶瓷网纹辊，并施加一定压力，压力可在一定范围内调节，再把输墨管和回流管分别接到墨泵和储墨容器上，就基本上组成了这一输墨系统。需要特别说明的是两片刮刀作用各不相同，一片为反向式，称为反向刮刀，起刮掉网纹辊上多余油墨的作用；另一片为正向式，称为正向刮刀，起密封作用。

该系统的特点是：定量供墨系统中采用反向刮刀结构，因此它具有反向刮墨方式的优点，印刷机可以在高速状态下工作；油墨被封闭在墨腔内，墨槽采用完全封闭式，避免了溶剂型油墨在使用时的挥发，缓解了环境污染问题；终止了水性油墨使用过程中出现的泡沫问题；取消了通常结构中采用的橡胶墨斗辊；系统可与清洗系统快速对接，实

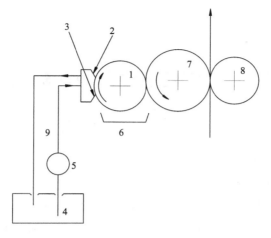

图 5-3　腔式墨斗系统

1. 网纹辊；2. 反向刮刀；3. 正向刮刀；4. 储墨容器；5. 墨泵；6. 接墨盘；7. 版辊；8. 压印辊；9. 输墨软管

现在较短时间内对系统内部各沾墨元件的彻底洗净，减少了油墨颜色更换时间。用泵和清洗剂在供墨密封系统内部直接清洗，有利于减少停机时间，充分发挥机器的生产能力；这种封闭式装置还可以通过加热或冷却手段调节油墨黏度。这种系统已作为标准安装在 CI 型印刷机上，在机组式印刷机上也开始逐步采用。

第6章 绿色包装凹版印刷技术

6.1 凹版印刷概述

凹版印刷具有印制品墨层厚实、颜色鲜艳、饱和度高、印版耐印率高、印品质量稳定、印刷速度快等优点,主要用于包装和钞票、邮票等有价证券的印刷。随着市场经济的不断发展,特别是食品、饮料、卷烟、医药、保健品、化妆品、洗涤用品及服装等工业的迅猛发展,对凹版印刷品的需求越来越多,在质量要求越来越高的趋势下,我国凹版印刷得到了迅速发展。近年来,随着激光雕刻制版技术、独立驱动技术、环保型凹印油墨、印后联线加工多样化的应用,凹版印刷在包装印刷领域中具备了更强的竞争力。在我国的印刷总产值中,凹版印刷是仅次于平版印刷的第二大印刷方式。

6.1.1 凹版印刷原理与特点

1. 凹版印刷原理

印版上图文部分凹下,空白部分凸起并在同一平面或同一半径的弧面上,涂有油墨的印版表面,经刮墨刀刮掉空白部分油墨后,在压力作用下将存留在图文部分"孔穴"的油墨转移到承印物表面。印刷后利用电热烘箱产生的热风对其表面进行干燥,使油墨中的溶剂充分挥发后再依次进入其他色组进行印刷和干燥,最后对成品进行收料,完成基材的多色印刷。

2. 凹版印刷的特点

(1)印品墨层厚实,可达 10μm(平印仅为 2~3μm,凸印为 2~5μm),凹印可复制色调的范围宽,墨色饱和均匀,层次丰富、清晰,能真实再现原稿效果。

(2)凹版印刷灵活性大,可适用于不同的承印材料,如聚偏二氯乙烯(polyvinylidene chloride,PVDC)、聚对苯二甲酸乙二醇酯(polyethylene terephthalate,PET)、聚乙烯(polyethylene,PE)、尼龙(nylon,NY)、即流延聚丙烯(cast polypropylene,CPP)、定向拉伸聚丙烯(oriented polypropylene,OPP)、双向拉伸聚丙烯(biaxially oriented polypropylene,BOPP)、组合膜及其他与以上材料有相同性质的薄膜类、纸张等。不仅可以广泛使用溶剂性油墨,也可以使用水性油墨和各种涂料印刷。机器大多数采用微机自动控制,运转平稳,速度快,印刷速度最高可达 40000r/h 以上。

(3)凹版滚筒耐印力高,使用寿命长,可适合长版印刷,平均耐印力可达到 100 万~300 万印。凹版印刷工艺技术比较复杂、工序相对较多、整条生产线的投资也比较大,因此适合作为较长期的投资。

(4)综合加工能力强,凹版印刷机可附加上光、覆膜、涂布、模切、分切、打孔、横断等工序。随着各种纸质包装的不断出现，如购物袋、商品袋、垃圾袋、冰箱保鲜袋等的应用，工业品包装、日用品包装、服装包装、医药包装大量采用塑料软包装，各种固体包装盒、液体包装盒、烟包类、酒包类等都需要凹印设备的综合加工。

6.1.2　凹版印刷机主要机型

凹版印刷机的种类较多，其分类方法也不尽相同，主要有以下几种。

（1）按承印材料形式，可分为单张纸凹版印刷机和卷筒纸凹版印刷机。

（2）按应用领域和范围，可分为出版凹印机、包装凹印机、装饰凹印机和特殊凹印机等，在实际应用中，按产品可分为更多的种类，常用的如软包装凹印机、折叠纸盒凹印机、标签凹印机、木纹纸凹印机、壁纸凹印机、纺织品凹印机、纸箱预印凹印机等。

（3）按印刷单元分布形式分类，可分为卫星式凹版印刷机和机组型凹版印刷机。

（4）按色组数量，可分为单色凹印机、多色凹印机等。

（5）按承印材料宽度，常将凹印机分为窄幅、宽幅和特宽幅凹印机。

（6）按最高印刷速度不同，常分为低速、中速、高速、超高速凹印机。但不同厂家、不同时期对速度档次的界定有很大差异。目前实际生产中使用的凹印机速度在 30～1000m/min。

（7）按传动方式，可分为机械传动凹印机和电子轴传动凹印机，有时也分别称为有轴传动凹印机和无轴传动凹印机。

（8）按收卷放卷结构，可分为单放单收凹印机、双放双收凹印机等，其中双放双收凹印机在国外常称为"串联式凹印机"。

（9）按连线配置方式，可分为卷-卷凹印机、卷-横切凹印机、卷-模切凹印机等。

6.2　常规凹印作业流程

6.2.1　放料准备

1. 印前检查

包括印刷机设备与环境检查、原辅材料要求检查、版辊质量检查等。其中较为重要的是油墨黏度，如设备上有油墨黏度自动控制仪的话，应调节印刷油墨的黏度在 14～18s（3#蔡恩杯）的设定值上。

2. 装版

装版时要注意版子的左右面，卡紧锥体时不能过紧，防止把铜版辊胀裂；也不能过松，否则印刷时会"逃版"。按照印刷色序来安装版辊。里印刷的印刷色序是金银墨→黑墨→青墨→黄墨→品红墨→白墨。正印刷时刚好相反：白墨→品红墨→黄墨→青墨→黑墨→金银墨。

3. 上刮墨刀

刮墨刀一般采用薄钢片，厚度在 0.15～0.55mm。刮墨刀同印辊接触点切线之间的角度在 15°～45°，小于 15°，油墨不易刮净；大于 45°，对印版和刮刀的损伤都比较重，易把印版镀铬层刮坏。刮墨刀压力不宜过大，太大易损坏印版；过小不易刮净油墨。刮墨刀与硬刀衬片重叠后置于上下夹持板中间，用螺栓拴紧。操作时螺栓要从中间向左右两端对称地拧紧，以消除刀片弯曲。刮墨刀伸出硬刀衬片的长度为 10～20mm，伸出长度过长，刮墨刀柔软，不易刮净；过短，刚性增加，刮擦太大，易损刀损版。硬刀衬片厚度在 0.8～1.8mm。

4. 选配压印滚筒

对于压印滚筒的选择，需根据印刷材料种类选择相应硬度，根据印版滚筒长度选择合适长度，一般要求压印滚筒比印版滚筒长 4～10cm。

5. 供墨系统

所有墨槽在印刷前都要进行清洗。不管是什么样的墨槽，在倒入不同色相的油墨前，特别是深色改浅色，应尽量把墨槽清洗干净，避免油墨污染带来不必要的损失。当然，印刷结束时也要仔细清洁。墨槽要调整到适当高度，以保证滚筒有合适的浸墨深度。保持墨泵和导墨管的清洁十分重要，防止油墨还未循环就堵塞墨泵和导墨管，也可防止油墨污染。

6. 凹印机调整

凹印机调整主要是进行印刷机功能选择和参数设定。功能选择包括：需要使用的印刷单元、电晕处理、翻转机构、单边干燥或双边干燥等，确定走纸路径并穿纸（穿膜）。参数设定包括：各段张力、各干燥室温度、冷却温度、压印力、材料直径、自动放卷直径、收卷张力锥度等，不同的产品有不同的参数。根据工艺要求，在印刷每个产品之前需要设定一系列的印刷参数。不同的凹印机设定参数种类和方式常不同，不同传动方式（机械传动和独立传动的凹印机）的设定也不同。

6.2.2　印刷作业

凹版轮转机一般采用无级变速系统控制印刷速度，为了使各色印刷单元同步，采用一个主电机和无级变速器，用一根长的转动轴带动整个印刷系统。开动墨泵，检查墨泵是否倒转。在各色印版离合器脱离的状况下启动主电机，检查变速器变速情况，然后打开干燥器和鼓风机，在低速下合上离合器，进行套色。以第一色为基准，启动点动开头进行第二、第三、第四色的纵向套色对准；然后仍以第一色为基准，进行第二、第三、第四色横向套色对准，横向的套色用手轮微调对准。纵横向套色对准后，加快印刷速度。如没有全自动电脑对版装置的，无论是卫星式轮转机还是组合式轮转机，印刷速度都不要超过 40m/min。超过 40m/min，肉眼无法跟踪观察，一般控制在 25～30m/min 即可。

操作工人应密切注意套色情况，随时手工调节。如有全自动电脑对版装置，则应把操作模式打在自动对版上，这时，电脑能自动跟踪，发现偏离情况，会自动发出纠正信号，使版辊或基材移动，重新对准。

6.2.3　烘干、冷却

在进口设备上，有一加热辊，待印基材放卷后，使基材能加热到 50℃左右，然后进入第一色印刷单元。基材温热有利于印刷油墨黏附力的提高和干燥。涂上油墨后，油墨进入干燥器，干燥器温度的排布以低→高→低的形式设定，便于快速干燥。不能印刷后立即进入高温干燥，否则油墨层表面容易结膜，阻止里面溶剂的挥发干燥，导致印刷品干燥不够，堆放中易反黏。

6.2.4　印后加工

印刷品印后加工按加工目的可分为表面美化装饰加工、特定功能的获取加工和成型加工。

（1）对印刷品表面进行的美化装饰加工。包括提高光泽度的上光或覆膜加工；提高立体感的凹凸压印或水晶立体滴塑加工；增强印刷品闪烁感的折光、烫箔加工等。

（2）使印刷品获取特定功能的加工。不同的印刷品因其服务对象或使用目的的不同而应具备或加强某方面的功能，如使印刷品有防油、防潮、防磨损、防虫等防护功能。有些印刷品则应具备某种特定功能，如邮票、介绍信等的可撕断性，单据、表格等的可复写性，磁卡的防伪性能等。

（3）印刷品的成型加工。如将单页印刷品裁切到设计规定的幅面尺寸，书刊本册的装订，包装物的模切压痕加工等。

6.2.5　停机并收料

停止主电机，印刷基材停止给料。压印辊提升，刮刀脱离印刷版面，停止墨泵，倒出剩余油墨，清洗印版表面，直到无残留印墨，取下已印刷完的基材，关闭干燥器，清洁地面。当印版不再使用时，把印版卸下，两端架起，放在专用的印版架上。如长期不用，则包好后放置在仓库。一组印辊应放在一起，避免搅乱，外面要贴上标签，并注明已印刷了多少印次，以备随时使用。

6.3　绿色凹印技术

6.3.1　绿色凹印油墨

基于环保与卫生方面的考虑，食品、药品、烟酒等行业越来越注重包装材料及工艺的环保性，凹印企业作为包装制品行业的大户，已经成为绿色环保工作的主要整改对象。其中，凹印环保任务的重中之重是油墨的绿色化。像雀巢、达能和卡夫等跨国食品公司早已要求包装制品厂使用无苯油墨，利乐包装在中国全面使用水性油凹印墨，大部分烟盒印制企业对包装物的 VOCs 含量制定了新的标准等，促使企业必须严格按照行业绿色印刷标准执行。目前，国内一些包装龙头企业也率先使用无苯环保油墨，酯溶性或醇溶性油墨已取代了苯溶性油墨。就使用情况来看，VOCs 污染排放状况仍然不容乐观。因此，水性油墨、UV 油墨、EB 油墨等将会成为凹印油墨的发展趋势。

1. 凹印水性油墨

凹印水性油墨主要由色料、连接料和添加剂等组成。除了一些特殊用途外，所有颜色都可以采用水性油墨。

凹印水性油墨的色料主要为耐碱性强、在水中分散性较好的无机颜料和有机颜料。为确保油墨的稳定性，往往使用混合型颜料，且颜料的浓度比溶剂型凹印油墨大得多。常见的颜料有立索尔宝红、酞菁蓝、联苯胺黄、钛白粉和炭黑等。水性凹印油墨的连接料与溶剂型油墨有相当大的不同。对水基墨而言，它必须具备水溶性好或水分散性好、易交联固化等特性。连接料大致可分为三类，即水溶性、碱溶性和酸溶性等，如聚酰胺类树脂、聚酯类树脂、丙烯酸类树脂等。纯水是水性凹印油墨的主要溶剂。凹印水性油墨的添加剂除了蜡和表面活性剂外，还包括乙醇、消泡剂、增溶剂等，如可加入少量（低于 3%）的乙醇和部分碱性物质如氨水、单乙醇胺（MEA）及二乙醇胺（DEA）或三乙醇胺（TEA）等。

凹印水性油墨使用注意事项如下。

（1）首先需要调节好油墨的黏度和 pH，并保持稳定。

（2）水性油墨通常要求较细的网线数，雕刻深度较浅。细网屏和浅网墙减少了油墨流动的距离，便于油墨与相邻墨穴内油墨连接到一起，并形成连续的墨膜。一般水性油墨使用的雕刻凹版的网穴深度为 15～25μm。在 25μm 以上时，可能出现水波纹现象。而溶剂型油墨印版的网穴深度则为 35～40μm。

（3）干燥箱出来的热风不能循环使用，应该提高印刷机的热风速度，以保证含水分的空气不再回到干燥箱内，并增加干燥通道长度，有利于水性油墨的干燥，避免印刷机速度下降。水性油墨要求使用更小的刮墨刀角度，刮墨压力也应更轻些。在使用水性油墨前，应该对理想的刮墨刀角度、刮墨压力和刀片伸出量做一些试验，确定最佳值。还可增加一些添加剂来改进油墨的润滑性能。

（4）由于水的表面张力与薄膜等材料的表面张力差距较大，会影响油墨在承印材料上的附着力。因此，除铝箔、真空镀铝膜和纸张外，所有的塑料薄膜在进行水墨印刷前，都需进行表面处理（如电火花处理）。

2. 水性光固化（UV）凹印油墨

水性光固化（UV）凹印油墨在紫外线的照射下，油墨中的光聚合引发剂吸收一定波长的光子，激发到激发状态，形成自由基或离子。然后通过分子间能量的传递，使聚合性预聚物和感光性单体等高分子形成激发态，产生电荷转移络合体。这些络合体不断交联聚合，固化成膜。产品主要用于轮转凹版印刷机在经过电晕处理的 PE、PP、PET、PVC 等塑料薄膜上，印制食品袋、购物袋、鲜奶包装袋、药物包装袋等，也可用于纸张印刷，适应印刷速度为 50～200m/min。

水性光固化（UV）凹印油墨采用水调节黏度和流变性，用 UV 辐照固化，解决了传统溶剂型 UV 光固化油墨的毒性。其是高固含量、低黏度的印刷油墨，光固化前可指触，印刷时可得到极薄的涂层，涂膜丰满，附着牢度优异，光泽好，在光照下交联固化，不会固化收缩，产品性能易于控制，质量稳定，设备、容器易于清洗（用水清洗），性价比高，是一种高效、环保、节能、优质的凹版印刷油墨。

6.3.2　无溶剂复合技术

无溶剂复合（solvent free lamination）是相对干法复合（dry lamination）而言的，是应用于软包装工业中的一种复合工艺。无溶剂软性复合是采用无溶剂类胶黏剂及专用复合设备使薄膜状基材（塑料薄膜或纸张、铝箔等）相互贴合，然后经过胶黏剂的化学熟化反应熟化处理后，使各层基材黏结在一起的复合方式。无溶剂复合与干法复合都采用胶黏剂制取复合薄膜，两类工艺的不同之处在于无溶剂复合的胶黏剂中不含有任何溶剂，因此两层基材在贴合前不需要像干法复合工艺那样置于烘道中排除溶剂。无溶剂复合与干法复合是塑料薄膜复合生产中相互竞争、互为补充的实用的工业化生产方法。

1. 无溶剂复合主要工艺流程

无溶剂复合主要工艺流程：放卷→上胶→涂布→复合→收卷→固化。其中，固化是无溶剂复合的一道重要工序，即将复合卷材放置在一定温度的环境中，使无溶剂胶黏剂充分反应，从而得到期望的复合强度。该过程通常需要在特定的温度和持续较长时间的条件下才能基本完成。通常情况下，双组分胶黏剂常见的固化温度为 35～45℃，常见的固化时间为 24～48h，视胶黏剂类型、复合结构和使用场合不同而异，后加工工序为分切或再次复合时，固化时间可以较短，而后加工工序为制袋时则固化时间较长。

2. 无溶剂复合技术发展现状

自 1974 年德国 Herberts 公司首先使用无溶剂聚氨酯胶黏剂制成复合膜包装材料以来，由于无溶剂复合黏合剂具有明显的经济性、安全性及环境保护上的优势，德国、美国、意大利、法国、日本等开始大量使用该技术，采用无溶剂复合工艺生产的复合薄膜数量明显超过干法复合工艺；自 2000 年以来，欧洲新增的无溶剂复合设备占新增复合设备总数的 90% 以上；其他先进发达国家的无溶剂复合工艺在复合膜生产中同样占据主导地位。由此可见，无溶剂复合与干法复合相比较，在绿色、环保方面具有十分明显的优势，已经占据了相当大的复合膜市场份额。

20 世纪 90 年代中期，由于一批外资企业进驻中国软包装市场，带来了先进的无溶剂复合设备和工艺，但是该技术在国内企业里并没有得到很好的推广应用。甚至于在十几年之后的国内市场，无溶剂复合生产线数量还不到复合设备总量的 2%。曾经也有国内软包装企业引进了干法复合和无溶剂复合兼用的双功能设备，但实际生产中，企业往往只使用干式复合功能，无溶剂复合很少用或者根本不用。

近年来，随着政府部门对食品安全监管力度的明显加大，人们的环保、安全、健康意识不断加强，绿色包装材料和无溶剂复合工艺备受青睐。不仅大量引进了由意大利诺德美克等公司生产的无溶剂复合机，而且在国内也开始生产制造，如广州通泽机械有限公司等，由此无溶剂复合技术在我国得到了迅速发展和应用。

6.3.3　干燥、废气处理系统

现有部分国产凹印机的排放系统能耗约占整机能耗的 60% 以上（还没有包括 VOCs 处理系统），存在设备烘干系统效率偏低、热风没有充分利用等问题，导致废气排风总量增大，消耗过大的电机功率，而且增大了 VOCs 处理量。所以，这类凹印机的排放系统需要升级改造。以下以某凹版印刷机为例，对其系统进行分析。

1. 干燥系统工作原理分析

干燥系统工作原理图如图 6-1 所示，系统通过加热将热量传给印制品，使印制品表面墨层内有机溶剂挥发，获得一定湿含量的印制品。凹版印刷干燥系统节能减排效能评价指标以印制品的含剂量、干燥速度和干燥热效率来衡量，总体反映系统的能源节约和经济效益情况。油墨中溶剂的挥发速度不仅取决于溶剂的沸点，而且在特定温度下的蒸气压、挥发潜热、溶剂的导热系数和蒸气比重也影响溶剂的挥发性。除此以外，与环境温度、湿度、风速、风量、溶质情况及墨层的厚度等条件也有关。以单一溶剂为例，其挥发速度由自身物理参数决定：

$$E=KP_{25}\cdot M/d_{25} \tag{6-1}$$

式中，E 为溶剂的挥发速度；P_{25} 为 25℃时溶剂的饱和蒸气压；d_{25} 为 25℃时溶剂的密度；M 为相对分子质量；K 为相关性系数，为常数，取 $K=1.64$。

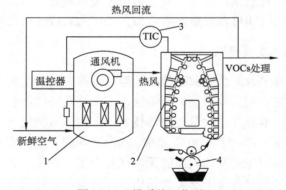

图 6-1　干燥系统工作原理

1. 供热系统；2. 干燥单元；3. 温度检测装置；4. 印刷装置

初含剂量是设计干燥系统干燥能力的重要依据。通常以湿基含剂量来表示印制品中初含溶剂的多少，即未干燥印制品中溶剂与绝干印制品的质量比。随着印制品初含剂量的升高，印制品的平均干燥速度增大，单位能耗也相应增加。

热风温度是决定干燥速度的主要外部因素之一。为满足高速印刷的要求，干燥箱温度必须满足以下关系：①必须保证干燥箱内的温度在溶剂的湿球温度之上；②当干燥箱温度越接近溶剂的沸点时，降速干燥阶段的蒸发速度要求越快；③干燥箱所供的热量必须满足溶剂蒸发时的吸热需要；④干燥箱温度控制精度保证在（±1～1.5）℃以内。随着热风温度的升高，印制品中溶剂蒸气压力和溶剂流动速度都加大，且扩散速度加快，使得印制品表面溶剂的蒸发速度加快，单位能耗相应地也有所提高。可见在不影响印刷质量的前提下，提高热风温度有利于提高印制品干燥速度，但能耗也相应增加。

干燥速度主要由印制品表面温度和印制品表面空气流动速度两个因素决定。随着热风速度的升高，印制品表层溶剂的蒸发加快，从印制品表面吸收的溶剂蒸气介质也能被迅速驱走，单位能耗相反会随热风速度的升高而逐渐降低。由此可见在不影响印刷质量的前提下，增大热风速度，既可提高干燥速度，又节约能源。

干燥系统热效率是衡量干燥过程能量利用率高低的一项重要指标。它与热空气的初始和最终温度、环境温度及湿含量、供给和损失的热量及废气的循环情况等因素有关。干燥系统热效率是指干燥过程中用于湿分蒸发所需要的热量与热源提供的热量之比，即

$$\eta_t = Q_1/Q_2 \times 100\% \tag{6-2}$$

式中，η_t 为干燥箱的热效率（%）；Q_1 为水分蒸发所需要的热量（J）；Q_2 为热源提供的热量（J）。

通过计算凹版印刷设备干燥系统热效率指标，可以掌握操作过程能耗的分配情况，尽量避免凹版印刷干燥系统节能减排的不利因素。

2. 干燥系统的节能减排

国内大部分凹印设备的干燥系统生产时由于技术原因，重要装置如热风循环系统、供热管道系统、热源风速、风口喷嘴结构等一般凭经验设计，或者模拟仿造进口设备，缺少理论和自主核心技术。

对于以上干燥系统，其节能减排方案可以根据干燥箱的工作原理和喷嘴结构特征，建立干燥二次回风系统模型，采用过热蒸气为干燥介质，从干燥箱中排出的已降温的过热蒸气不直接向外排放，而是排出干燥过程中所增加的那一部分蒸气，其余作为干燥介质的部分过热蒸气，经预热箱提高温度后，重新循环进入干燥箱，如图 6-2 所示。

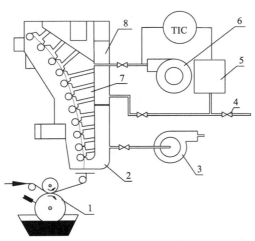

图 6-2　干燥系统节能减排工艺

1. 印刷装置；2. 前排气室；3. 排气风机；4. 调节阀；5. 热交换器；6. 通风机；7. 给气室；8. 后排气室

　　凹版印刷机干燥系统电气优化控制节能减排方案是设计以自适应模糊 PID 算法为基础，可编程逻辑控制器（programmable logic controller，PLC）为核心的凹版印刷机干燥箱温度优化控制系统。经传感器的实时检测，温度变送器的转换处理以温度为参量来调节电机的转速，控制干燥箱蒸气电磁阀阀门的开度，以达到干燥系统温度控制的工艺要求。即热风由喷嘴吹向印刷制品，印刷制品干燥过程中吸收热量，为保持温度恒定，凹版印刷机干燥系统设有散热器。干燥箱密封之后，由工控机控制系统开启，PLC 开始通过功能模块读取各印刷色组单元温度值，并与给定值进行比较，在未达到热风温度设定值时，给电加热器供电加热，当温度达到设定值时给变频器供电，由循环风机进行热风循环。在干燥箱温度达到设定值后，变频器通过调节热风流量，使干燥箱温度保持在规定的范围之内（±1℃），而且跟踪速度要快，响应时间要短。该系统提高了干燥效率，减少了蒸气、热导油、电能的使用量，降低了凹版印刷 VOCs 等污染物的排放量。

6.3.4　无轴驱动技术

1. 无轴驱动技术原理

　　无轴驱动技术（sectional driving technology）是指每一组机械单元或机组都由独立的电机驱动，各电机之间通过先进的控制系统进行跟踪和平衡，从而使各组机械单元或机组实现比机械轴传动更为精确和灵活的传动方式。因此，无轴传动技术也称伺服传动技术，无轴传动又称虚拟电子轴传动、电子齿轮传动。在无轴传动印刷机上，每个印刷单元都由高性能的交流伺服电机独立驱动，再通过总线进行高速的通信交换，各个伺服电机都跟随虚拟电子主轴运转，它消除了机械齿轮传动中齿轮间隙积累的误差，具有极为优异的传动控制精度。机械有轴传动和无轴驱动示意图如图 6-3、图 6-4 所示。

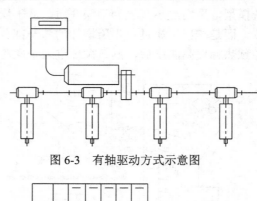

图 6-3　有轴驱动方式示意图

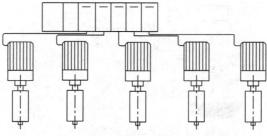

图 6-4　无轴驱动方式示意图

　　无轴传动印刷机是一种开放式结构、模块化设计的独立驱动单元，消除了机械摩擦，不需要通过高精度的齿轮箱传递力矩，不需要齿轮箱的润滑系统，需要的是每个独立的驱动单元的套印同步技术。目前，主流印刷机采用正弦-余弦编码器，将电机的位置传送给控制器，提供速度与加速度信息。一个好的编码器每旋转一周包含超过 3 300 000 个脉冲，即每旋转一周可划分为 3 300 000 步，这远远大于电动机的运行精度，极大地提高了套准精度和印刷质量。

　　由于伺服与矢量传动系统精度极高，可进行非常准确的位置控制、比例控制与速度控制，同时也提高了同步协调性，每个驱动单元的光电信号的获取及传输，都是通过无噪声光纤电缆来完成，不再使用主轴及齿箱传递力矩。驱动单元的张力调节辊的同步协调性的提高，为调节速度提供了很大的方便。每个驱动单元具有独立的套准系统，套准控制反应快，控制信号直接作用于交流伺服电机，而电机直接调节印版滚筒的相位，为快速反应提供了可靠保证。

　　2. 无轴驱动技术特点

　　1）无轴传动技术的优点

　　a）传动精确

　　伺服系统和矢量传动系统的编码器每转可以提供高达几十万的脉冲甚至更高，因此它们能够极其精确地对位置、速度进行控制。如果凹印机的最后一色组为满版上光，则可以设计成能使用不同直径的印版滚筒进行印刷的结构。这时，驱动器的作用将使该色组与前一色组之间的料带保持稳定的张力，以使不同直径印版滚筒表面的线速度保持完全一致。

　　b）结构简化

　　无轴传动克服了齿轮传动存在的主要问题，即取消了机械传动的大部分齿轮和传动轴，简化了结构，使凹印机组与其他印后加工设备能很方便地组合在一起。

　　c）各机组互不干扰。

　　传统的机械传动用传动轴把各机组连接起来，如其中一个机组有振动会通过机械轴传递到其他机组，影响其他机组的正常工作。无轴传动从根本上解决了这个问题，各机组独立传动，互不干扰。

　　d）废品率降低

　　印版滚筒驱动与套印控制合二为一，省去了机械主轴驱动凹印机机组中必需的补偿辊纵向套印执行机构，将纵向套印误差信号合并到每个色组独立驱动的同步驱动信号中，微调印版滚筒的转速就可达到套印的目的，减少了调机时间及机器升速和降速过程，适合卷筒薄纸印刷特别是凹印软包装薄膜印刷套准的调节。由于省略了补偿辊纵向套印执行机构，印刷材料穿行长度可缩短 20% 左右，减少了预套准废品。

　　e）减少机器调整时间，维修、操作方便

　　由于取消了机械传动轴，设备驱动面留出了更大的活动空间，便于操作及维修。同时，对整个印刷单元可实现封闭，减少溶剂在车间内的扩散。在新型无轴驱动凹印机上，齿轮箱已消失；马达直接驱动印版滚筒转动时的噪声和维修保养时间都明显减少。

2）无轴传动技术的不足

（1）无轴传动要求控制元器件的质量高、运行稳定可靠、电网电压稳定。

（2）无轴传动机械成本降低，但电气控制成本增加，机器总价格提高。

3. 无轴驱动技术的应用

套印精度是印刷质量的最基本要求之一，无轴驱动技术的应用使得印刷套准既方便又快捷。在早期采用机械主轴驱动方式的凹印机中，就已有采用调整印版滚筒转速的纵向套印系统，由机械主轴通过齿轮箱传递同步转速，再由行星差动齿轮箱传递给印版滚筒。即通过纵向套准驱动电机调节行星差动齿轮箱外齿圈，微调印版滚筒转速实现纵向套印校正。但是由于校正精度有限，通常与补偿辊校正机构同时使用，组成粗调、细调二级纵向套印系统，满足当时的高速凹印机的使用要求。而采用现代技术的无轴驱动系统，可以达到周向 1/40000 的控制精度，使电子轴驱动与纵向套印合二为一成为现实，因此行星差动齿轮箱纵向套印结构也就被淘汰了。但是，对机械主轴驱动凹印机的预套准进行改进，可使其实现类似无轴驱动凹印机的快速预套准功能。如最新出现的"智能软轴"凹印机，预套准时根据电脑计算或预置的位置数据，各色组驱动行星差动齿轮箱将印版滚筒转动到各自指定位置，快速完成预套准作业。

计算机技术的迅速发展和电子功率器件的微型化，以及高性能变频器的出现，使无轴驱动技术广泛用于民用工业。在印机行业中，无轴驱动在印刷机组与后加工设备组合的连线生产线（如连线模切、连线横切生产线）中早有使用，不仅在凹印机当中，在胶印、柔印等领域，尤其在报业印刷、商业轮转印刷、标签印刷和软包装印刷等方面均获得了大量应用，显示了其在套准及其他性能方面的优势。

例如，东京 TKS COLOR TOP 7100CDH 型报纸印刷机各个部分都采用了节能驱动电机（energy saving drive motor，EDM），印刷机组、折页机组采用永久磁铁型同步电机，冷却辊、拉纸辊各个驱动电机采用牵引控制进行驱动，可微调牵引速度，确保稳定的应力。给纸部分电机为了确保稳定的印刷应力，利用张紧辊的位置进行控制。控制装置备有用于输出印刷速度指令的主工作台及各电机工作台，主工作台的控制器与电机工作台的控制器通过光纤通信网络相互连接，用于控制整个无轴系统。

意大利 OMET（欧米特）公司的 Varyflex 柔性版印刷机，采用了套筒和独立驱动技术，精密设计的张力控制系统，专用热风干燥装置和大型水冷滚筒，可配备丝印及冷/热烫、模切、压凸等特殊印后加工单元。

W&H 公司的 Heiostar2000 型机组式凹版印刷机，采用独立驱动技术并配有快速更换和清洗系统（ecoplus）等，能够明显减少印刷准备时间；Cerutti 公司推出的 R960 型独立驱动软包装凹印机，最高印刷速度为 450m/min，印刷宽度可达 1400mm，可用于各种薄膜、铝箔、纸张和卡纸的印刷；Rotomec 公司的 ROTOPAK 4000-1 凹印机，采用了电子轴系统，可以进行快速套准设定，增加了机器的稳定性，最高印刷速度可达 650 m/min。

目前，在凹印领域中，电子轴传动和套准系统主要来自欧洲和日本，但它们只能使用在少量国产凹印机上。因此，开发国产无轴驱动系统将是国产凹印机全面升级换代的关键。如陕西北人印刷机械有限责任公司生产的 AZJ 系列（FR300 型）无轴传动机组式凹版印刷机，采用了全伺服无轴传动系统和独特的双张力控制系统，最高印刷速度达300m/min；收料和放料采用独立双工位圆盘大齿轮回转式结构，可实现高速自动裁切、不停机换料。而在第二代产品中，其电子轴凹印机则通过个性化设计取得了明显效果，版辊相位移动指令采用"小步快跑"原则，通过减少和吸收消化版辊相位调整对薄膜张力带来的冲击，减少了版辊相位每次的调整量，加密调整频率；对不同种类的承印材料，可使用不同的调整方案；还可使用带记忆功能的软件，方便重复订单生产时调用，设备性能得到很大提高。

6.3.5　轻质套筒型压印滚筒

轻质套筒型压印滚筒是 20 世纪 80 年代开始出现的新型压印滚筒，在欧洲、美国已用于各种用途的凹版印刷机中，包括出版、包装和特殊用途凹印机。轻质套筒式压印滚筒是一种采用薄壁套管和芯轴组合的压印滚筒，它由两个基本部分组成：一个特殊的锥形芯轴和一个轻型的玻璃纤维套筒，套筒表面可覆盖一层橡胶。当需要更换新的压印滚筒时，将高压气体施加到芯轴之内，旧套筒受压膨胀便可轻松被取掉。当选定好新套筒后，将其以滑动形式套在芯轴上，释放气压后套筒和橡胶层就可固定在需要的位置，即可开始印刷。

与传统的整体式压印滚筒相比，轻质套筒型压印滚筒有诸多特点：①更换时不用弄断料带，不用将芯轴从印刷机上拆下，可减少材料浪费，更换操作简单迅速；②对于一个压印位置来说，只需要一个芯轴，而整体式则需要多根芯轴；③只更换滚筒外层，芯轴保持不动，不用花时间在"重新包胶"上；④大大减轻了滚筒的重量，标准重量只是9～10kg/m；⑤轻质套筒型压印滚筒的凹版印刷机制造成本较高，还要附加空气压缩系统，这也是它在国内发展较慢的原因。

6.3.6　凹版移印技术

20 世纪 60 年代中期研制成功了第一台凹版移印机，凹版移印和上文介绍的直接印刷凹印不同，它是通过移印头（滚筒、辊）将凹印版上的油墨转移到承印物上的间接凹印工艺。凹版移印的最大优势是几乎可以印刷任何形状（平面、圆柱面、球面、曲面）的承印物，因此，曲面承印物的印刷常采用凹版移印，如各种玩具、计算机键盘、笔杆、注射器、容器、瓶盖、表盘、CD 盘等。但在移印过程中，承印物表面形状可能使移印头变形，从而引起印刷图文的变形，一般是在制版中采取相应的措施，以弥补变形，保证印刷质量。

1. 印刷过程

凹版移印采用凹版为图文载体，并用特殊配方的油墨，保证油墨能吸附在含有硅油的移印头上。印刷原理和过程如图 6-5 所示。

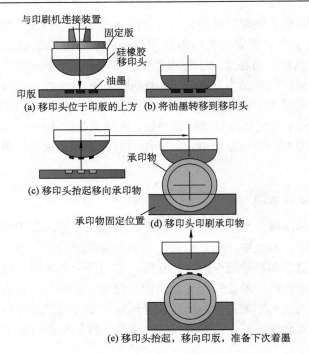

与印刷机连接装置
固定版
硅橡胶
移印头
油墨
印版
(a) 移印头位于印版的上方　(b) 将油墨转移到移印头

承印物

(c) 移印头抬起移向承印物

承印物固定位置　(d) 移印头印刷承印物

(e) 移印头抬起，移向印版，准备下次着墨

图 6-5　凹版移印流程

（1）移印头移到已经上好油墨的凹印版上方。

（2）移印头下降压住凹印版，印版网穴油墨转移到移印头上。

（3）移印头提起，并移动到承印物上方。

（4）移印头下降，与承印物接触印刷。在移印头从印版提起到印刷的过程中，移印头上的油墨开始慢慢变干，在移印头和承印物接触时，油墨就黏附在承印物的表面。移印头有弹性，可以很好地与各种物体表面接触。印刷时，移印头里的硅油可以保证移印头上的油墨全部转移到承印物上。

（5）在移印头印刷的同时，凹印版上墨并把多余的油墨刮去，移印头移回印版上方，新的印刷过程开始。

2. 着墨系统

着墨系统主要有开放式和封闭式两种。

1）开放式

最初的凹版移印多采用开放式着墨系统，目前仍有凹版移印机在采用。开放式着墨系统如图 6-6 所示，在凹印版的旁边有一个墨槽，上墨过程如下。

（1）取墨：如图 6-6（a）所示，橡皮刮板在墨槽里，主刮墨刀（钢片）被提起，不与印版接触。当移印头与印版接触后提起时，橡皮刮板从墨槽中取出一定量的油墨。

（2）涂布：如图 6-6（b）所示，移印头移向承印物的同时，橡皮刮板将油墨涂在印版上。

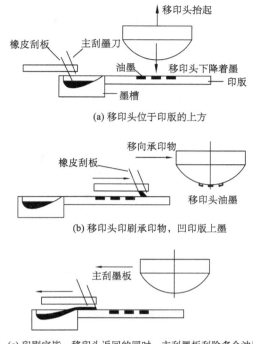

(a) 移印头位于印版的上方

(b) 移印头印刷承印物，凹印版上墨

(c) 印刷完毕，移印头返回的同时，主刮墨板刮除多余油墨

图 6-6 凹版移印的开放式着墨系统

（3）刮平：如图 6-6（c）所示，当移印头印刷完毕，开始向印版移动时，主刮墨刀立即下降到印版上，在移印头向印版移动的过程中，主刮墨刀将印版上多余的油墨刮去。移印头移到印版上方，主刮墨刀在接近墨槽时被提起。移印头下降，橡皮刮板进入墨槽，准备再次上墨。

2）封闭式

用封闭的墨盒代替敞开的墨槽，其结构和上墨过程如图 6-7 所示。

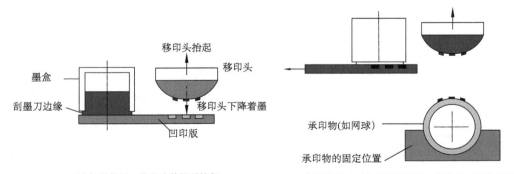

(a) 初始位置：移印头着墨后抬起   (b) 凹印版从墨盒下方移动并着墨，移印头下降准备印刷

图 6-7 凹版移印的封闭式着墨系统

（1）如图 6-7（a）所示，封闭墨盒一般由金属材料制成，底部边缘起到刮墨刀的作用。凹印版向右移动，图文部分移至移印头下面，封闭墨盒下边刮墨后停在印版的非图文部分，移印头着墨后抬起。

（2）如图6-7（b）所示，凹印版向左移动，图文部分移至墨盒下面，给印版着墨。移印头下降印刷，在移印头印刷完成抬起后，凹印版向右移动，回到第一步状态。

封闭墨盒一直处于封闭状态，油墨溶剂不易挥发。如果是长版活印刷，还可以给墨盒配置一个溶剂和油墨综合供给系统。封闭式供墨系统的应用越来越广泛。

3. 印版、移印头、油墨、承印物的固定

1）印版

凹版移印的印版材料目前有金属材料和感光树脂材料两种。金属材料可以做成整体式，也可以把印版做在钢片上，然后再固定到印版体上。这种印版价格便宜，制版方法与普通凹印版基本相同。感光树脂凹版移印印版目前应用也较广泛，其制版过程简单，适合各种印刷。感光树脂凹版移印印版一般采用双面胶带将其粘在支撑物上，少数采用磁性平台和其他特殊安装方法。

2）移印头

典型的移印头如图6-7（a）所示。移印头多采用弹性硅橡胶，但配方和硬度可以不同。生产过程一般是将液态硅橡胶浇入铸模中并盖上固定板（常用木板），然后将固定板固定在移印头上，并将与印刷机连接的部件固定在一起，最后再根据印刷物的形状，加工修理硅橡胶，使之与承印物的形状相适应。

3）油墨

凹版移印油墨由丝网印刷油墨改进而成，目前应用溶剂型油墨较多。凹版移印油墨应该保证承印物表面对油墨的吸附力显著大于移印头对油墨的吸附力。通过改变溶剂、干燥抑制剂、催化剂等的配比调整油墨的干燥速度，以适应印刷速度的不同。

4）承印物

承印物的固定装置对凹版移印非常重要，这关系到印刷精度，特别是多色套印精度。人工更换承印物的固定装置比较简单，大量生产的输送带通常采用前后左右可调整位置的线形滑台。

4. 轮转印刷和多色印刷

1）轮转凹版移印

当印刷量较大时，采用轮转凹版移印比较合适。轮转凹版移印的印版和移印头都做成圆柱体，即凹版滚筒（辊）和移印滚筒（盘、辊）。如图6-8所示的瓶盖印刷，就是采用轮转凹版移印。

2）多色印刷

凹版移印也可以多色印刷。和其他印刷机一样，由一个印版（滚筒）和一个移印头（滚筒）组成一个印刷色组（机组），每个色组印刷一种颜色，多色印刷采用多个印刷色组依次排列、依次印刷。

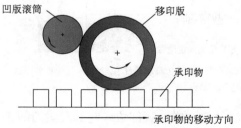

图6-8　瓶盖凹版移印

第7章 绿色包装丝网印刷技术

7.1 概 述

随着新材料、新技术的不断涌现，网印在当今包装印刷中展现出得天独厚的优势，正发挥着巨大的作用。网印的高度灵活性使其能够在各种包装制品表面进行印刷，为商品市场种类繁多、造型奇特、效果特殊的包装产品提供了前所未有的广阔舞台。因此丝网印刷技术在包装行业内颇受欢迎。丝网印刷属于孔版印刷，起源于我国，它与胶印、柔印、凹印一起被称为四大印刷方法。

7.1.1 丝网印刷原理与特点

1. 丝网印刷基本原理

将丝织物、合成纤维织物或金属丝网绷固在具有一定刚性的网框上，采用手工制版、感光制版或计算机直接制版的方法制作丝网印版，制成的丝网印版上部分孔洞能够透过油墨，印刷时通过刮墨板（又称刮墨刀）的挤压，使油墨通过通透网孔转移到承印物上，形成与原稿信息一致的单色或彩色图文；而印版上其余部分的网孔被封堵，不能透过油墨，在承印物表面形成不着墨的非图文部分。

2. 特点

（1）网印产品墨层厚实、色泽鲜艳、遮盖力强。其墨层厚度一般可达 30μm，盲文印刷油墨发泡后可达 300μm，电路板采用厚丝网印刷，墨层厚度可至 1000μm。网印油墨的遮盖力特别强，可在全黑的纸上作纯白印刷，在各种有色或无色承印物表面进行任何颜色的油墨印刷，都不受其底色的影响。由于其表面墨层较厚，凸起部分手感较强，具有浮雕装饰效果，色彩艳丽，在包装装潢中应用较为广泛。

（2）网印承印物材料广泛。丝网印版富于弹性，除可以在平面物体上进行印刷之外，还可以在曲面、球面或凹凸不平的异形物体表面进行印刷，如各种玻璃器皿、塑料、瓶罐、漆器、木器等物体的印刷。丝网印刷对承印物的大小适应范围广，可以在超大幅面的承印物上进行印刷，如各种大型户外广告画、幕布等，最大幅面达 3m×4m，也可以在小型物品上进行印刷，如笔杆、键盘的印刷等。

（3）网印对油墨的适应性强。丝网印刷具有漏印的特点，所以各种类型的油墨几乎都可以为丝网印刷所用，如油性、水性、合成树脂型、粉末型等各种油墨，根据承印物材质的要求，既可用油墨印刷，也可用各种涂料或色浆、胶料等进行印刷。而其他印刷方法则由于对油墨中颜料颗粒细度有要求而受到限制。

（4）耐光性强。由于丝网印刷具有漏印的特点，所以颗粒较大的颜料可使用此种方式印刷。如颗粒较大的耐光性颜料、荧光颜料可直接加到丝网印刷油墨中，使印品具有耐光性及荧光性能。因此，丝网印刷产品的耐光性比其他种类印刷产品强，更适合在室外做广告、标牌之用。

7.1.2　丝网印刷机主要机型

1. 按自动化程度分类

丝网印刷机按自动化程度可分为手动丝网印刷机与自动丝网印刷机。在手动丝网印刷机的基础上，将印刷时的刮墨与回墨往复运动、承印装置的升降、网框的起落、印件的吸附与套准等一些基本动作，按固定程序由一定的机构自动完成，即为自动丝网印刷机。其发展经历了 1/4 自动丝印机到半自动丝印机再到 3/4 自动丝印机，直至向全自动丝印机发展。在自动化系列产品中，半自动丝印机是应用最多的一种，大小幅面印刷皆宜，质量能够得到保证、工作可靠、操作方便、效率不低、价格低廉，是很受欢迎的一种丝印机型。

2. 按网版与印刷台结构分类

按照丝网印版的结构不同，丝网印刷机可分为平形网版（平网）印刷机、圆形网版（圆网）印刷机和带式网版印刷机。

按照丝网印刷机工作台的结构不同，可分为平台式丝网印刷机、滚筒式丝网印刷机、曲面印品专用工作台丝网印刷机。

3. 按承印物类型分类

按承印物的形式不同，丝网印刷机可分为平面丝网印刷机和曲面丝网印刷机两种类型。

1）平面丝网印刷机

平面丝网印刷机的承印物为平面状，其承印材料可以是单张或卷筒料。根据承印材料的幅面大小不同，还可分为不同印刷面积的丝印机。卷筒料平面丝印机同样也有不同卷料宽度的多种规格丝印机。

图 7-1 为卷筒纸平型丝网印刷机构成示意图。其采用机组式平型丝印机组进行多色套印，卷筒承印物做间歇运动，印刷时承印物停止运动，并由除尘装置对承印物表面进行除尘处理。因使用 UV 油墨印刷，经多色印刷后由 UV 干燥装置进行照射，检测质量后由复卷部进行收料。

2）曲面丝网印刷机

曲面丝网印刷机主要分为 3 种机型，即圆柱形、圆锥形及曲平面两用型。

a）圆柱形曲面网印机

这种机型主要用于印刷圆柱体玻璃制品及其他圆柱体成型物。

根据丝网印版与承印物之间的传动方式不同，有摩擦传动式和强制传动式两种类型。

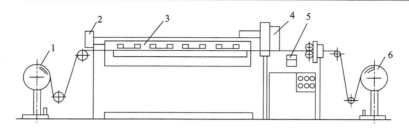

图 7-1 卷筒纸平型丝网印刷机的构成

1. 给料部；2. 除尘部；3. 印刷部；4. UV 干燥部；5. 质量检测部；6. 复卷部

（1）摩擦传动式曲面网印机。

如图 7-2 所示，它是将圆柱形承印物置于支承装置的托辊滚轮上，支承装置与刮板可上下运动并可调整。印刷时，刮板向下运动对承印物施以一定的印刷压力，当网版做水平运动时，靠网版压条与承印物之间的摩擦力带动承印物转动，完成油墨转移。

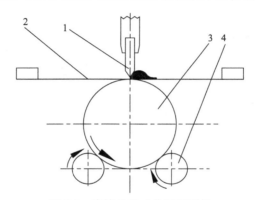

图 7-2 摩擦传动式曲面网印机

1. 刮板；2. 网版；3. 曲面承印物；4. 托辊

（2）强制传动式曲面丝网印刷机。

这种机型的网版与承印物通过齿条与齿转动机构保持同步运动，承印物由专用模具施行安装，以保证准确的起始位置，不同直径的容器要与专用的传动齿轮相匹配，以保证套印质量（图 7-3）。

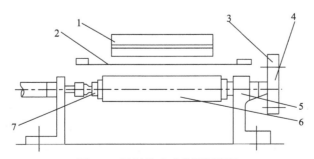

图 7-3 强制传动式曲面网印机

1. 刮板；2. 网版；3. 齿条；4. 齿轮；5. 支承装置；6. 承印物；7. 模具

b）圆锥形曲面网印机

网版水平移动式圆锥形曲面丝印机的网版运动方式与强制传动式圆柱形曲面网印机相同，支承装置能在垂直方向进行调整，根据容器锥度大小调整承印物中心线与水平方向的角度，以保证承印物印刷表面与网版的平行度（一般在 8°以内）。印刷时，刮板印刷压力的方向应通过承印物的中心线。进行套色印刷时，必须制造专用齿轮及固定承印物用的前后模具。

因为锥面是变半径的回转面，网版的运动方式不同于曲面网印的纯直线运动。如图 7-4 所示为手动锥面网印原理，锥面器物其表面展开为一扇形，锥面上的所有法线延长后均相交于锥点 O，所以，在印刷时，网版的运动必须绕中心点 O 摆动；同时，为使锥面平行于网版，锥面印件的中心轴线与水平支承平台之间有锥角倾斜，前后支撑托辊的高度是不一致的。操作时，手柄掌握刮墨板仅做上下运动，使网框绕中心轴做水平摆动印刷，利用基准可套印多色，但必须保证网版的摆动与锥面的滚动同步运行。

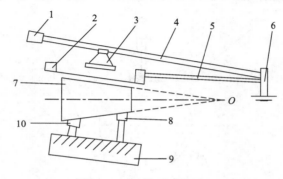

图 7-4　手动锥面网印原理

1. 把手；2. 网版框架；3. 刮墨板；4. 杠杆；5. 摆动框架；6. 网框摆动中心轴；7. 印件；8. 前支辊；9. 台板；10. 后支辊

c）曲平面两用型网印机

此种两用型网印机多用于产品不甚集中、批量不大的中小厂家，往往根据承印物具体需要，适当调整机器的部分机构和传动装置即可进行曲面网印或平面网印。

7.2　丝网印刷工艺作业流程

7.2.1　印前准备

1. 丝网准备

1）丝网的选择

（1）根据原稿的精度、承印物的形状及印刷基本要求确定丝网的种类。到目前为止，按丝网材质不同可将丝网分成 4 种类型，即绢丝网、尼龙丝网、聚酯丝网和不锈钢丝网。以上四种丝网是丝网的基本形式，此外还有几种特殊丝网，主要有染色丝网、碾平丝网、镀金属丝网、抗静电丝网等。

（2）丝网号数也称丝网的目数，用单位长度所包含丝网的线数表示，即 lpi 或线/cm。实际上丝网号数可表示印刷时透墨量的多少。丝网号数往往由印刷图文的精细度来确定，若是一般的线体印刷，原稿的线条宽度应为丝网间距的 3 倍以上；若进行网点印刷，丝网号数原则上应为网点线数的 6 倍以上。

（3）丝网的级数即网线的粗细度。同样丝网号数相同的丝网，其丝网级数不同，透墨量也就不同。每种丝网号数的丝网都可以分为 4 种不同的级数，即 S 级—细级，主要用于精细图文印刷；T 级—中级，目前广泛采用；M 级—中细级，即 S 级与 T 级之间的一级，其应用范围不广；HD 级—粗级，要求墨层较厚，印刷速度不高时采用。

2）网框的选择

网框是支撑丝网用的框架。丝网印刷中常用的网框主要有木质网框、中空铝框、钢质网框、塑料网框等。但各种网框都具有各自的特点，在选取时，可根据不同的情况，选取不同材料的网框。网框的规格尺寸则应根据印刷面积及刮墨板的往返距离来选定。

2. 装版工作

1）装版

丝网版制作完毕后，要进行的是绷网。将制作好的丝网版固定在网框上，然后施加外力以达到绷网目的。注意固定丝网版之前一定要将网框清洗干净。施加外力时要尽量均匀、柔和，使丝网丝向一致。绷网时同时调节网版的平整度和网距，初步拧紧网框夹具。在印台上放置底版（或原稿），令印版和底版上的图像或"十"字规矩线对准。设置好挡规，然后把网框夹具拧紧，以免印刷过程中发生位移。

2）装刮墨板

采用机器进行丝网印刷时，要在夹具上安装刮墨板，安装时刮墨板的中点，要与印版的中线对准。然后按操作要求确定刮印角。在印刷薄的物品时，刮墨板要从版膜上方施加压力同时向前推进，所以安装刮墨板时，要测试板压力。具体操作为在版膜背面和承印物之间放上两条厚 100μm、宽 5cm、长 50cm 的聚酯软片，用刮墨板加压刮动，观察这两个软片的变化，一边观察其阻力情况，一边进行调整，使左右端受力均匀，之后将刮墨板的压力数字记录下来。同时，安装好匀墨刮板并调整其高度。

3）倒墨

将油墨倒在网版的非图形区，并进行匀墨，使网版的印刷区覆盖一薄层均匀的油墨。

3. 色序安排

彩色丝网印刷的色序安排主要考虑两个因素，一是印在承印物上的油墨透明度，二是人眼视觉对颜色的敏感程度。大量的印刷实践表明，采用透明度高的油墨，四色网版的色序按 C→Y→M→BK 可以得到最佳的颜色再现效果。必须将 C 放在第一色序，BK 放在第四色序，而 Y 和 M 版的色序可以互换。

7.2.2　印刷作业

1. 试印

每次开印前都应做一下试印，在试印样上检查图像的再现性及色调情况。若再现性差，则应对网距、刮印角、刮印压力及油墨的黏度等略作调整。

2. 正式印刷

对于多色套印，在第一色版印样检查合格后，应在承印台上画出装版的位置记号，记下网距。正式开印后约 0.5h，要抽出 5～10 张最符合标准的样张作为"校版样"，并在校版样上精确绘出挡规的标线，以备挡规万一移动时参考所用。校版样在每次更换色版时，装版和校版时都要使用，故应妥善保存。如果正式印品上不允许留有"十"字规矩和色块等，应在试印后就抽留校版样，随后把网版上的这些内容用胶带封除。

第一色印完后，应立即洗版，不得留有残墨，以免残墨干固堵死网孔，或再印时损失细部，或使丝网不能回收。

对挥发干燥型油墨，印刷中万一出现油墨干结而局部堵网，应用洁净棉纱蘸溶剂，从网版的刮墨面擦洗，直至通透。

要套印下一色版时，装版应按上一色版的位置记号安装；网距、网版平整度都应同前一色版。上、下色版的套合定位是将上一色的校版样对准挡规，并予以（吸气等）固定。把网版按上一色的装版记号放入网框夹具中，观察丝网版的图形与校版样的图形套合情况，慢慢移动网框使两者套准，这时初步拧紧夹具，刮印角、刮印压力保持与上一色版相同。然后试印，并检查校版样上试印套准情况，正常情况下，套合误差在 1～2mm，经 2～3 张试印，误差基本稳定后，再确定调正方法，或微调印台，或微调网版夹具，切忌盲目拧动，以至搞乱挡规，使整批承印物套印不准；更不能任意改动挡规。微调范围只限于 2mm 内，超过 2mm 就应调正网版装置。

在不得已的情况下，可能要改动挡规，如把挡规片切去一点，则须在校版样上重新标明挡规变动情况和位置。并把移改挡规的印样分隔开，以便在套印下一色时注意，并作相应的修改。

1）平面印刷要点

平面丝网印刷在一般情况下是将承印物吸附在平台上进行印刷的。承印物的输入输出，随着丝网印版的开闭或印刷台的移动进行；印刷时，网框、印刷台固定，通过刮墨板的移动进行印刷。平面丝网印刷的承印物，既可以是单张的，也可以是卷筒的。

2）曲面印刷要点

曲面印刷的难点是全周印刷、套色印刷、小直径承印物印刷和自动控制印刷。下面分别加以介绍。

（1）全周印刷。曲面印刷时，承印物是旋转的，丝网印版的图像制作没有问题。只是承印物在开始印刷到旋转 360° 回到原来的位置时，存在衔接问题，有时会产生波状衔接，不能完全重合，墨层厚度在波状衔接部分发生变化。为最大限度地满足印刷条件，波状衔接是一个不可忽略的问题。进行全周印刷时，在产品设计阶段就要考虑防止波状衔接问题。

（2）套色印刷。在曲面印刷时，承印物的位置可由滚柱支架得到校正。但没有规矩线，套色印刷就会成为问题。只能以第一色的印刷图像为基准，进行第二色、第三色的套印，其难度加大。

（3）小直径承印物印刷。曲面印刷最小直径的承印物有直径 1.2mm 左右的。应根据承印物的印刷内容、强度等决定可否印刷。在小直径物的印刷中，存在承印物的支撑方法和刮墨板胶条的厚度等问题。

（4）自动控制印刷。曲面印刷的承印物是圆弧面的，因此印刷之后如何将承印物退出，存在一定困难。自动化的印刷装置存在着承印物发生刮痕的问题。

7.2.3　停机和洗版

有些多色套印任务应进行连续生产，上一色与下一色套印间隔不要超过一天，以免纸张伸缩或印墨玻璃化。

通常 15min 以内的停机应匀厚墨层于印版上；若停机超过 15min，油墨容易干结，则应喷洒防结网剂或停机洗版。在版上倒洗版剂，用抹布擦洗残墨，然后用另一块布擦洗网版的印刷面，最后再将网版两面彻底清洗一次。专用洗版机洗版效率高，洗版剂可循环使用，节省了成本，减少了污染。

7.2.4　干燥

丝网印刷油墨的干燥是一个大问题，主要是因为丝网印刷的墨层太厚，而这一点又恰恰是丝网印刷的优点之一。丝网印刷油墨干燥有以下两种方法。

1. 物理干燥

物理干燥是通过溶剂从湿墨层中挥发出来，进而形成一个干而硬的油墨涂层。丝网印刷油墨的物理干燥就是通过蒸发和吸收来实现的，其中蒸发最为重要。应当指出，吸收干燥只是表面的干燥，因为溶剂会留在承印材料之中，此种情况下，印刷品不能堆码。物理干燥的速度取决于油墨中使用的溶剂类型和数量、溶剂滞留在承印材料中的量和空气中含有溶剂蒸气的量。通常采用电加热、煤气加热或红外辐射装置来加热干燥器中的空气。

2. 化学干燥

在化学干燥中，开始时也有溶剂挥发，但实际的干燥是由于树脂和连接料的分子交联形成一个固体的油墨涂层。

化学干燥可分为下述几种：聚合干燥、氧化聚合干燥、缩聚干燥和加成聚合干燥。聚合反应是单体分子非常简单的加成聚集，形成大分子，而其他物质不分裂。紫外油墨固化就是聚合干燥的例子。在氧化聚合反应中，氧与连接料的分子结合，连接料分子同时扩大，醇酸树脂用的丝网印刷光泽油墨便是一个典型例子，在缩聚反应中，不仅生成大分子，而且同时发生置换反应，即释放出物质。加成聚合可描述为单体分子的添加结合，同时原子以分子内部置换和再聚合的形式移位，以聚氨酯为主要成分的双组分油墨就是根据加成聚合这一原理实现干燥的。

7.2.5　印后加工

为了实现包装产品的视觉效果，印刷后需进行印后加工。例如，玻璃丝网印刷后用雕刻、抛光、腐蚀等方法对玻璃制品表面进行处理，以增强其装饰效果。

7.3　丝网印刷新技术

丝网印刷以其灵活多样、效果特殊在包装印刷领域获得青睐，技术发展很快。以下以日本樱井 SC-AⅡ全自动滚筒丝网印刷机及德国 SPS 公司与中国台湾东远精技工业股份有限公司合作的 VITESSASL2 全自动高速停歇滚筒式网印机为例，介绍丝网印刷的新技术、新工艺。

7.3.1　输纸装置

1. 输纸装置

樱井 SC-AⅡ系列滚筒式丝网印刷机采用了获得世界好评的樱井胶印机技术——后取输纸飞达，即使在高速印刷时，也能保证顺畅、平稳地输送各类承印材料。输纸方式可以因材料不同选择单张输纸或叠张连续输纸方式。而前吸输纸飞达比较适合胶片等承印材料。

2. 传送输纸台

为了提高机器的输纸能力，对输纸台进行了压纹和减少静电处理。采用真空吸气皮带传输，确保将承印材料顺利输送到印刷单元。不仅适合一般丝网印刷材料，也适合包装、贴花纸、陶瓷转印、塑料胶片等多种商业和工业用途的承印材料的传输。

自动停格式滚筒印刷方式是指承印材料到达前挡规时，滚筒在停止的状态下，叼牙正确将承印材料叼住后，滚筒再开始运行的一种印刷方式。因为是在滚筒停止时叼纸，所以即使高速印刷或多次套印，也不会损伤承印材料。

3. 输纸板下折装置

输纸板可以向下折 90°，方便网版的清洁、胶刮和回墨刀的安装或拆卸等操作。此外，宽度为 280mm 的输纸皮带使传输更平稳。

7.3.2　胶刮装置与滚筒

樱井 SC-AⅡ系列滚筒式丝网印刷机的胶刮和回墨刀分别用独立的凸轮驱动。胶刮凸轮分两段驱动，既可以减轻胶刮下降时的冲击力，也可以让施于滚筒的印刷压力保持恒定。滚筒圆周精度误差仅为±0.01mm，大直径的刚性真空吸附式滚筒配以高精度轴承，保证高速、稳定的印刷。

而 VITESSASL2 全自动高速停歇滚筒式网印机则采用滚筒凹槽设计与滚筒同向转动来保证高速、稳定的印刷。

滚筒凹槽设计，网距近乎为零，实现了极小的网版变形，保证了精确的图像复制精度。在网版印刷中，合适的网距才能保证印刷过程中网版和承印物保持一致性线接触，从而达到良好的印刷效果。印刷面积越大，使用的网版越大，需要的网距就越大，而间距越大，套印精度就越低。相比较，普通的滚筒丝印机需要留置的网距大于 SPS 滚筒需要的网距，所以 SPS 滚筒丝印机能满足多色套印的要求。

滚筒同向转动，达到平稳送纸和高速印刷。SPS 滚筒丝印机在每个印刷周期内滚筒360°旋转，可达到更高的印刷速度，最快速度 4200 张/h。滚筒同向转动，也避免了摇摆状态下的冲击，减少了磨损，提高了设备的使用寿命，同时增加了承印物运送的平稳性，避免了因冲击造成的承印物损边而影响套印精度。而传统的滚筒丝印机技术，在覆墨行程中，滚筒存在反方向回程旋转，既增加了时间，降低了效率，也增加了磨损，降低了设备的使用寿命。

网版上的 PEH 重型精密胶刮梁坚固稳定，可综合利用气压、液压、机械、光纤、电子等多种先进技术，具有精密的设计、精良的配备，气压/液压自动转换两步下刀，胶刮的压力一经校准将保持恒定，即使更换了胶刮也不会改变压力。因此，印刷压力极其精确、稳定，可精确地控制墨层厚度，使产品品质完美一致。

7.3.3　套准定位系统

1. 网版压紧装置

滚筒式网版印刷机在印刷过程中需要通过网版压紧装置将网版牢牢固定在网版架上。但传统滚筒式网版印刷机通常采用手动或普通气缸的网版压紧装置，这两种装置都存在一定的缺点，手动压紧装置容易产生松动，从而使网版发生位移；普通气缸压紧装置关闭空压机之后，就无法压紧网版，也会造成网版位移，从而导致套印不准。

而新的网版压紧装置包括气缸、固定板、两个支撑板、作用臂、联动臂、压紧臂和压头。气缸的缸体和两个支撑板均安装在固定板上；压紧臂的第一端在螺栓的紧固作用下连接压头，第二端通过转轴安装在两个支撑板上；作用臂包括两个支臂，两个支臂的第一端分别固定在气缸活塞杆的末端两侧，两个支臂的第二端与两个支撑板通过转轴进行连接。网版压紧装置在气缸、作用臂、联动臂、压紧臂和压头的共同配合下，组成了一个气缸夹紧器，从而实现对网版的牢牢压紧。该压紧装置的优势是，即使在空压机关闭的情况下，也可以延时保压，夹紧网版，避免网版发生位移，进而充分保证印刷质量。

2. 网版架调整装置

滚筒式网版印刷机的网版架装上网版之后，工作人员需要对网版上的印刷图案进行前后左右微调，从而使印刷图案与承印物相应位置准确对接。但目前国产滚筒式网版印刷机的调整一般都在设备的操作面和非操作面进行手轮调整，调整起来十分麻烦，同时对操作人员的技术要求也非常高。新的网版架调整装置包括网版、后梁调节板、后架梁、后托板、第一手轮、第一丝杠、顶块、第二手轮、第二丝杠、第三手轮、第三手轮传动机构和第三丝杠。

第一手轮与第一丝杠相连，第一丝杠通过第一顶轴座安装于后梁调节板上，第一丝杠的末端与顶块连接；第二手轮与第二丝杠相连，第二丝杠通过第二顶轴座安装于后梁调节板上，第二丝杠的末端与顶块相连；顶块与后架梁相连并联动；第三手轮安装在后梁调节板上，位于第二手轮的左侧，第三手轮通过第三手轮传动机构与第三丝杠相连，第三丝杠的末端与后架梁相连。利用这种网版调整装置，操作人员只需在设备的操作面就可进行网版印刷图案的调整，且对其技术水平也没有很高的要求，操作起来十分简单，可提高工作效率30%以上。

3. 网版架锁紧装置

在正式印刷之前，需要对滚筒式网版印刷机的网版位置进行调整，当网版调整至精确位置之后，需要将网版架锁紧，以保证网版位置不发生移动。但传统的网版架锁紧装置结构比较复杂，操作起来很不方便，由此影响锁紧效果。

新的网版架锁紧装置包括后梁调节板、后架梁和后托板。网版安装在后托板上；后梁调节板上有一个通孔，通孔的下方安装一个气缸，气缸的活塞杆穿过通孔与气缸盖（气缸盖的尺寸大于通孔的尺寸）连接。此网版架锁紧装置通过气缸带动气缸盖下拉将后梁调节板压死，而后梁调节板连接后架梁，后架梁又连接后托板，后托板被固定牢固，安装在其上面的网版也就不会变动位置。实践证明，利用气缸直接锁紧网版架，锁紧效果令人满意，操作起来十分简单，能显著提高工作效率。

7.3.4　可斜抬式网版架

目前，国内滚筒式网版印刷机的网版架一般只能水平拉出，这使得完成印刷之后的丝网清洗起来费时、费力。而可斜抬式网版架设计则可以解决以上难题，该设计不仅可以使丝网清洗起来更加简单，还可以大大节约人工成本。

可斜抬式网版架的主体部分为网版架本体，其安装方式为：网版架本体的一端通过绞轴安装在印刷机机体上，网版架本体的下端设置有齿条，齿条与网版架本体之间设置有一个气弹簧（属于自由型），气弹簧的一端固定在网版架本体的外侧面，另一端固定在齿条的内侧面。

可斜抬式网版架通过气弹簧固定在齿条和网版架本体之间，需要清洗丝网时，只需手动将网版架本体斜向抬起，利用气弹簧将其支撑住，便可直接进行清洗。

7.3.5　网、框材料

1. 丝网材料

丝网是一种网状物，它被绷紧在网框上形成网版。在丝网印刷中它作为支撑版膜和浆料的基体,决定了网版的表面性能、漏浆性能、位置精度、形状精度及耐印率等。丝网印刷中常用的丝网有绢网、尼龙丝网、聚酯丝网、不锈钢丝网。各种丝网的适用范围和主要特性指标见表 7-1、表 7-2。尼龙丝网是由化学合成纤维制作而成,属于聚酰胺系。尼龙丝网具有很高的强度,耐磨性、耐化学药品性、耐水性、弹性都比较好,由于丝径均匀,表面光滑,故浆料的通过性也极好,其不足是尼龙丝网的拉伸性较大。这种丝网

表 7-1　不同材质丝网的适用范围

适用范围		绢丝	尼龙丝网	聚酯丝网（单丝）	聚酯丝网（复丝）	不锈钢丝网
制版方法	直接版	可以	可以	可以	可以	可以
	间接版	可以		不可	不可	
承印物	布料	可以	可以	可以	可以	
	纸张	可以	可以	可以	可以	
	玻璃陶瓷		可以	可以	不可	可以
	金属		可以	可以	不可	可以
	木材	不可	可以	可以	不可	
	塑料橡胶	不可	可以	可以	不可	可以
	印刷电路		可以	可以	可以	可以
表面情况	表面不平	不可	可以			
	曲面			可以	可以	可以
印刷要求	多色套印	不可	不可	可以	可以	可以
	批量印刷		不可	可以	可以	可以
	阶调印刷		不可	可以	可以	可以
	精密印刷		不可	可以		可以

表 7-2　不同材质丝网的特性

性能 \ 丝网种类	绢丝	尼龙丝网 普通	尼龙丝网 强力	聚酯丝网 普通	聚酯丝网 强力	不锈钢丝网
强度/（g/d）	3.7～4.1	4.5～5.8	6.0～9.5	4.3～5.5	6.1～7.5	15
伸度/%	8～22	26～32	16～26	16～30	7～13	38
伸张回复/%	80～95	（伸张 4%）100		95～100		约 9
弹性率/（kg/m^2）	650～1200	300	360～500	1000～2000	2000～2500	—
软化点/℃	—	225～230		238～240		—
熔化点/℃	170℃分解	250～256		255～260		—
摩擦强度	较强	强（约为绢的 30 倍）		强（约为绢的 10 倍）		很强
耐酸性	易溶于强酸中	在浓硫酸、浓盐酸中部分会分解,在 7% 的盐酸、20% 的硫酸、10% 的硝酸中强度不变		在 35% 的盐酸、75% 的硫酸、60% 的硝酸中强度不变		抗酸性强
耐碱性	易溶于强碱中,弱碱也能溶解	在 10% 的氢氧化钠、28% 的氨水中强度不变		在 10% 的氢氧化钠、28% 的氨水中强度不变		抗碱性强
抗化学药品性	可溶于铜氨液	一般抵抗性良好,在 90% 的盐酸中分解		一般具有良好的抵抗性		抵抗力强

在绷网后的一段时间内，张力有所降低，使丝网印版松弛，精度下降。因此，不适宜印制尺寸精度要求很高的线路板等。聚酯丝网也是由化学合成纤维制作而成的，属于聚酯系。聚酯丝网具有耐溶剂、耐高温、耐水、耐化学药品的优点，在受外界压力较大时，其物理性能稳定，拉伸性小。其不足之处是与尼龙丝网相比较耐磨性较差。聚酯丝网除有尼龙丝网印刷的优势以外，还适于印刷尺寸精度要求高的印刷线路板等。不锈钢丝网是由不锈钢材料制作而成的，不锈钢丝网的特点是耐磨性好、强度高，拉伸性小；由于丝径精细，浆料的通过性能好；丝网的机械性能、化学性能、尺寸精度稳定。其不足是弹性差，价格较贵，丝网伸长后不能恢复原状。不锈钢丝网适于线路板和集成电路等高精度的印刷。

2. 网框材料

网框是支撑丝网用的框架。丝网印刷中常用的网框主要有木质网框、中空铝框、钢质网框、塑料网框等。但各种网框都具有各自的特点，在选取时，可根据不同的情况，选取不同材料的网框。

木质网框具有制作简单、质量轻、操作方便、价格低、绷网方法简便等特点，这种网框适用于手工印刷。但这种木质材料的网框耐溶剂、耐水性较差，水浸后容易变形，会影响印刷精度，这种网框在以前普遍使用，现在已很少采用。中空铝型材网框和铸铝成型网框，具有操作轻便，网框强度高、牢固不易变形、耐溶剂和耐水性强、美观等特点，适于机械印刷及手工印刷。钢质网框则具有牢固、强度高及耐溶剂和耐水性好等特点，但有笨重、操作不方便的缺点，因此使用范围很小。

1）材料选择

网框是制作丝网印版的重要材料之一，网框选择的合适与否对制版质量及印刷质量有着直接的影响。为了保证制版、印刷质量及其他方面的要求，可根据以下条件选择网框。

（1）网框必须具有一定的强度。绷网时，丝网会对网框产生一定的拉力和压力，这就要求网框耐拉压，不能产生变形，要保证网框尺寸精度。

（2）在保证强度的条件下，网框尽量选择质量轻的，便于操作和使用。

（3）网框与丝网黏结面要有一定的粗糙度，以加强丝网和网框的黏结力。

（4）网框的坚固性。网框在使用中要经常与水、溶剂接触，且会受温度变化的影响，这就要求网框不发生歪斜等现象，以保证网框的重复使用。这样可减少浪费，降低成本。

（5）生产中要配置不同规格的网框，使用时根据印刷尺寸的大小确定合适的网框，可以减少浪费，而且便于操作。

2）尺寸影响

网框的平面结构决定了网框尺寸对其力学性能有重要的影响，进而影响印刷图文的质量。选用网框时首先要注意尺寸因素，网框尺寸一般为版面尺寸的1.8～2倍，也可根据网框尺寸大于印刷面积尺寸5～15cm的原则确定，同时为了保证网版具有良好的蓄浆能力，在刮刀行程的起始点留出2～6cm的空间，终点留出的空间比起点稍大。网框制作过程中，尺寸大小选择不当会出现以下情况。

（1）网框尺寸过小时，在刮板行程的起点和终点端蓄浆距离过小，存留的浆料多，容易回流到网版的图面内，出现印品脏点；绷网时网框边缘的张力比中间部位大，边缘部位丝网无法拉伸，同时刮板距离网框边缘太近，无法进行印刷。

（2）网框尺寸过大时，在印刷行程中，由于丝网在网框边缘部位的受力与中间部位不同，刮板运行经过张力相对小的中间部位时，丝网会因缺乏回弹力无法正常剥离，导致在承印物表面留下油墨痕迹，影响图文质量，浪费制版材料，经济上不划算。

3）网框强度

绷好的丝网使网框处于相当大的应力作用下，因此，网框的强度要能经受丝网的拉力，以达到力的平衡。如果绷网后网框的一边向网版的内侧弯曲，那么网版中心处的张力将会减小，这种永久性的挠曲不仅会造成套印误差，甚至在印刷时发生震颤，而且会影响在印刷行程之后网版与印刷表面的分离。

网框断面形状各种各样，最常见的有方管形、长方管形等。其断面形状与强度有关系，选择网框时可根据具体的强度指标进行选择。

7.3.6　功能油墨

随着数字印刷技术的迅速发展，一些人认为丝网印刷将要被淘汰，但是网印油墨的技术革新使得丝网印刷各方面性能不断提高，网印油墨能适应越来越多的特殊材料，保证产品独特的印刷和装饰效果，优于并超出四色数字印刷机的印刷范畴。根据网印油墨中所含溶剂的类型，网印油墨可分为水溶剂型油墨、溶剂型油墨和 UV 油墨。

1. 溶剂型油墨

1）镜面油墨

镜面油墨是金属色的网印油墨，属溶剂挥发型油墨，是以塑料树脂混合特殊金属色粉而成，用于印刷在透明塑料片（聚酯片、PC 片、PVC 片、PMMA 等）背面，得到金属色的镜面印刷效果，与一般的镜子或烫金表面效果一样。

镜面油墨被广泛用于洗衣机、电冰箱、微波炉的操作面板，目前又更广泛应用于模内装饰技术（in-mold decoration，IMD）技术，如手机、汽车仪表盘等装饰性仪表盘及面板的制造。由此可见，镜面油墨已渗透到多个行业中。与普通网印油墨相比，镜面网印油墨要求的印刷技术高，要求操作者必须具有一定的印刷经验和技巧，并按照镜面油墨的工艺参数操作，这样才能获得满意的镜面效果。镜面油墨的特性如下。

（1）镜面油墨是由特殊的金属粉和树脂为基本材料配制而成的，网印后可达到金属色镜面效果。为了保持油墨最大的流动性，需在油墨中添加大量的专用溶剂，降低油墨黏度，增加了网印难度，从而要求更高的技艺水平印刷，否则印刷前镜面油墨就会漏过丝网，沾染承印物。在印刷过程中，镜面油墨极易干燥，除易造成堵网外，还会堆积在网上形成"银渣"，降低印刷品的镜面效果。

（2）镜面油墨的镜面效果与承印物材料表面的光滑性有关，承印物表面光滑，可使印刷后的金属粉颜料在其表面平行排列而得到镜面效果；透明承印物材料若不能耐镜面油墨中的溶剂，也会影响镜面效果；网印后，镜面效果与干燥方式有关；网印的操作技巧也会影响镜面效果。

2）发泡油墨

发泡油墨采用微胶囊技术制备而成。在微胶囊中充入低沸点溶剂，经过加热，低沸点溶剂受热气化，可使微胶囊体积增大到原体积的 10～30 倍，将此种微胶囊配以适当的连接料制成发泡油墨。

发泡印刷是采用微球发泡油墨，通过网印方式在纸张或织物上印刷，可获得图文隆起的印刷品，增强装饰艺术效果。发泡印刷用于包装材料中的品种很多，产品具有耐磨、耐压、耐水的特性，并且具有透气、吸湿等作用，外观、手感堪与天然皮革相媲美。

2. UV 油墨

在开发 UV 油墨的初期，原材料的选择受到很大的限制，这阻碍了 UV 油墨的发展和应用。但是在过去的 10 年里，大量试验研究使 UV 油墨的性能得到很大拓展。原材料供应商也注意到 UV 油墨市场潜在的利益，现在，UV 油墨制造商有几千种原材料可以选择。原材料供应商和油墨制造商的共同努力带动了许多传统油墨尤其是丝网印刷油墨的技术革新，造就了大批新型网印油墨的出现。例如：热成型 UV 油墨；强附着力的多用途 UV 油墨，可用于容器、POP（销售点）图像、标签等的印刷；厚墨层 UV 油墨，包括闪光颜料 UV 油墨、触变型特殊效果油墨、成型基材液态 UV 油墨（liquid substrate-forming）等；磁性（magnetic-receptive）UV 油墨；耐火 UV 油墨；高遮盖性 UV 油墨；抗水 UV 油墨；特殊效果仿金属 UV 油墨；长效发光 UV 油墨；耐火 UV 油墨等。

1）热成型 UV 油墨

热成型 UV 油墨的研究正在如火如荼地进行着，这种油墨具有较好的附着性和柔韧性，能经受热成型中的拉伸，在真空成型中可拉伸 8 英寸甚至更多。热成型 UV 油墨配方经过改进，能在多种基材上经受热弯曲、拉伸及其他后加工，如苯乙烯、聚碳酸酯、丙烯酸树脂、PETG（二醇类改性 PET）、PVC 及一些金属基材。

2）厚墨层 UV 油墨

对光引发剂反应机理的深入研究和理解使油墨配方设计师调配出更多特殊 UV 油墨，其中包括颜料含量高、能形成厚墨层的油墨产品。现在，印刷商可以选择 60 线/in 的粗网、感光胶厚度为 300μm 甚至更高的丝网来印刷。可供选择的厚墨层 UV 油墨产品还有可以产生浮雕印刷效果的触变型涂料和油墨，这种油墨有望在应用上有大幅度增长。

3）成型基材液态 UV 油墨

在配制热成型 UV 油墨时用到的高延展性树脂和单体，同样可以用于配制一种新型的厚墨层 UV 油墨——成型基材液态 UV 油墨，其包括一种可以称为液体承印材料的配方，即这种油墨固化以后既是成像物质也是承印材料。根据所用油墨配方的不同，印刷后可以产生压敏或静电吸附图像。这种省去承印材料的印刷方法节省了材料和模切成本，同时也减少了周转时间。

4）磁性 UV 油墨

另一个从厚墨层 UV 油墨技术中延伸出来的产品是磁性 UV 油墨。这种油墨可以在多种承印材料上印刷，使其具有磁性，但这种油墨并不是把图像变成一个真正的磁体，而是可以通过油墨固化后的磁表面来固定印刷的图像。这种油墨适合于印刷经常需要更换的图像，如报刊亭、货架、组合模具展示等处的图像。

5）特殊效果 UV 油墨

厚墨层 UV 油墨技术带动开发了以下几种具有特殊效果的新型油墨。

（1）UV 冰花油墨为无色透明或有色油状流体，在紫外线照射下，墨层逐渐收缩，形成大小不一的冰花裂纹图案，有强烈的闪光效果和立体感。

（2）UV 水晶油墨无色无味、晶莹剔透、不挥发，固化后不泛黄，印后线条不扩散，透明似水晶。

（3）UV 膨胀油墨经紫外线快速固化后，涂膜体积可膨胀 5～10 倍，还可加入金、银粉以增加油墨品种。由于膨胀温度低，是替代普通发泡油墨的理想产品。

（4）UV 网印透明油墨透明性好，适用于印刷各种透明基材，其透明度不受影响且耐水性强，耐溶剂擦洗。

（5）UV 玻璃/金属磨砂油墨属丝网印刷光固化磨砂油墨，外观为触变性膏状，可生产磨砂玻璃或磨砂金属标牌。固化膜耐水性好，硬度高、耐磨性好，若加入专用色浆，可制成高级彩色磨砂玻璃或金属标牌。

（6）UV 皱纹油墨经特定波长紫外线照射后，涂膜表面收缩形成皱纹。

（7）UV 香味油墨是将微胶囊技术与 UV 低温快速固化工艺结合在一起，使油墨印刷后瞬间干燥的油墨。其与一般香味油墨的区别在于，香料包裹在缓释胶囊内，在储存、加工过程中不易挥发，印刷品香味持久（1 年以上）。

（8）UV 珊瑚油墨通常在光泽度很高的金、银卡纸上进行印刷，在印刷的同时油墨起泡，这种气泡相互聚集，无规律地连续堆积于无气泡平滑部分共同形成珊瑚状纹路，也可以说是瞬间形成具有立体感的珊瑚状纹路。

（9）UV 结晶纹路油墨中加入了成块剂，由于表面固化速度与内部固化速度不同从而形成结晶纹路，主要用于玻璃、金属表面结晶纹路的装饰工艺。

6）耐火 UV 油墨

另一个 UV 网印油墨技术研究热点是耐火 UV 油墨，这种油墨是针对一些消费者关注印刷品的安全性而提出来的。尽管 UV 油墨有比较高的闪点，但是一旦超过燃烧极限温度，油墨也会分解和燃烧。有两种方法可以减缓 UV 油墨的燃烧，一种方法是在油墨中使用抑制剂，阻止燃烧，减少甚至消除火焰。另一种方法是模仿发泡型防火涂料来设计 UV 油墨配方。发泡型防火涂料在火焰或高温作用下，涂层剧烈发泡炭化，隔绝氧气，进而阻止燃烧并抑制火焰。需要谨记的是，单凭耐火 UV 油墨不能彻底防火，基材膨胀性能和抑制火焰的能力同样重要。

第 8 章　绿色包装印制品加工技术

8.1　食品包装的印制加工典型案例

8.1.1　利乐包的印制与加工

1. 结构与材料

利乐包采用的主要原料是纸板，其用量既要能确保包装牢固，又要避免增加不必要的重量，是来自木材的可再生原材料。其次是聚乙烯层，是一种常用的塑料，用于密封液体，并保护产品免受外部湿气的影响。最后是铝箔层，其能保护产品免受氧气、气味和光线的影响。因此，包装内的食品可以在无须冷藏的情况下储存。一般的无菌利乐包，具有六层结构，由外至内依次是聚乙烯层（polyethylene）、纸板（paper）、聚乙烯层、铝箔（aluminium foil）、黏性塑料、聚乙烯层，如图 8-1 所示。

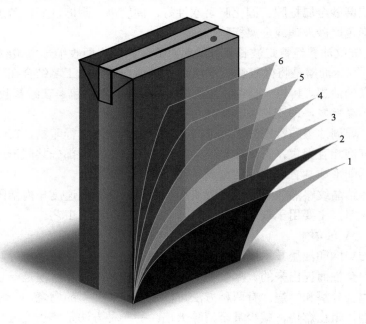

图 8-1　无菌利乐包的结构图

1. 聚乙烯层；2. 纸板；3.聚乙烯层；4.铝箔；5.黏性塑料；6.聚乙烯层

第一层是聚乙烯层，它保护利乐包的图案，阻止纸板吸收外界水分，热封成盒；第二层是纸板，它是利乐包的基材，在其表面印刷图文信息（占纸厚的 75%）；第三层是聚乙烯层，它是铝箔、纸板的黏附层（介质）；第四层是铝箔，它可以阻挡紫外线、细菌进入利乐包内部，也是灌装过程中加热的媒介（占纸厚的 5%）；第五层是黏性塑料，它是内层聚乙烯与铝箔的黏附介质，实现有效地对酸性饮品进行无菌包装；第六层又是聚乙烯层，它是通过热封成盒，形成无菌包装的必要材料。

利乐包常用于液态食品的包装，因此利乐包材料的安全、卫生性越来越引起人们的关注，所以在原料的选择、生产过程、流通过程中均要符合食品卫生法的要求。例如，利乐包使用的纸张必须由纯净的漂白浆制成，不能采用废纸为原料，目前一般采用 100% 的针叶木纸浆为原料，用长网造纸机抄制，要求纸板横幅定量一致，物理强度好。目前一般用的纸张厚度在 $70g/m^2$ 以上，国内大部分采用的是从瑞典、芬兰等北欧国家进口的光面涂布纸；生产过程用水质量必须符合《生活饮用水卫生标准》（GB 5749—2006）；印刷油墨要无毒、耐热、耐摩擦、耐射线，且油墨无转移并有利于纸容器的回收；印刷后油墨中的溶剂全部挥发，对于 UV 油墨要彻底固化；用于纸容器的铝箔，不得采用回收铝；聚乙烯材料需无毒；同时印刷生产车间和职工个人卫生必须符合卫生标准。

2. 印刷加工

利乐包印刷加工包括包装设计、制版和印刷三个环节。

1）包装设计

利乐包的包装设计是一个综合性的设计体系，包括结构设计、造型设计和装潢设计三大部分。结构设计就是根据被包装产品的特征、环境因素和用户要求等，选择一定的材料，采用一定的技术方法，科学地设计出内外结构合理的容器；包装造型设计是应用艺术手段，使选用的包装材料具有实用功能和符合美学原则的三维立体设计；包装装潢设计则是应用美学原则和视觉原理，通过绘画、摄影、图案、文字、色彩、商标及印刷等进行平面的外观设计。这三部分设计内容不仅具有一定的相互独立性，而且具有相互融合、相互协调的关联性。通过三者的完美结合，实现包装设计"科学、美观、适用、经济、促销、环保"的要求。

为了达到以上设计目标，必须采用先进的工艺技术。目前，利乐包的设计已进入电脑化时代，传统的设计方法和手段已不能适应竞争激烈的商品经济时代。现在一般采用 CAD、CAM，并利用专业软件，如包装纸盒结构设计专业软件——Founder-Pack 软件等，才能设计出好的作品，并以此为前提，才能尽快缩短与国外的差距，促使企业产品"上档次"。

2）制版、印刷

利乐包的印刷可采用传统模拟印刷和现代数字印刷两种方式来实现。随着印刷工艺的发展，没有哪一种印刷方式仅是针对纸容器印刷的，几乎所有的印刷方法在利乐包印刷中都可以使用，但每种印刷方式各有特点。就利乐包在食品包装中的大量需求情况来看，目前，绝大部分采用环保性能较好的柔性版印刷加工方式。

随着数字化、网络化技术的发展，数字印刷已广泛应用于纸质容器的印刷。数字印刷不用分色制版，简化了生产工序，实现了短版、快速、实用、精美且经济的印刷工艺。因此数字印刷可用于利乐包的印刷，但由于数字印刷工艺不够成熟，生产效率不高，生产成本相对较高，常用于样品制作。

3. 成型加工

1）复合

a）复合工艺

软包装是指在充填或取出内装物后，容器形状可发生变化的包装。用纸、铝箔、纤维、塑料薄膜及它们的复合物所制成的各种袋、盒、套、包封等均为软包装，利乐包与冲剂包都属于软包装。单层薄膜具有不同的优点，也具有不同的缺点。复合薄膜的作用是使多层薄膜复合在一起，既克服了单层薄膜的缺点，又集各层薄膜的优点而成为比较理想的包装材料。另外薄膜先里印后复合，由于油墨夹在膜层的中间，墨层免受直接摩擦、划伤及各种腐蚀性物质的破坏作用，既比较好地解决了塑料印刷中渗色、掉色问题，又避免了油墨直接接触食品、药品带来的安全卫生问题。

广义上的复合包括层合工艺与涂布工艺。平常所说的"复合"实际上是"层合"的意思，是将不同性质的薄膜通过一定的方式使其粘在一起，再经封合起到保护内容物的作用。软包装的复合加工方式主要有干式复合、湿式复合、挤出复合、共挤复合等。

（1）干式复合。

在复合膜的各种加工技术中，干式复合是我国最传统、应用最广泛的一种复合技术，广泛应用于对食品、药品、化妆品、日用品、轻工产品、化学品、电子产品等的包装。

干式复合是用涂布装置（一般采用凹版网线辊涂布）在塑料薄膜上涂布一层溶剂型胶黏剂（分单组分热熔型胶黏剂和双组分反应型胶黏剂），经覆膜机除去溶剂而干燥，在热压状态下与其他基材复合，如薄膜、铝箔等黏合成复合膜。其工艺流程如图 8-2 所示：已印刷好的面膜放卷→张力辊→凹涂辊涂布胶液→60～90℃烘道干燥→张力辊→同已经电晕处理的底膜复合压贴→冷却→熟化室熟化→收卷。由于它是在胶黏剂"干"的状态（无溶剂状态）下复合的，故因此而得名。聚氨酯型胶黏剂因具有优良的综合性能，是干式复合生产所使用的主要胶种，且一般都采用双组分溶剂型胶黏剂。

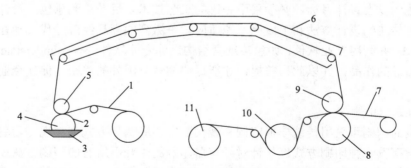

图 8-2　干式复合工艺流程图

1. 第一基材；2. 刮刀；3. 胶盘，胶液；4. 凹版辊；5, 9. 橡胶压辊；6. 干燥烘道；7. 第二基材；8. 加热钢辊；
10. 冷却辊；11. 复合薄膜

干式复合适用于多种复合膜基材及薄膜与铝箔、纸之间的复合，应用范围广，抗化学介质侵蚀性能优异，广泛用于内容物条件较苛刻的包装，可复合其他复合加工所难以复合的综合多功能包装材料，特别是耐 121℃ 以上高温蒸煮的塑/塑、铝/塑复合材料，更独具优势。复合强度高、稳定性好、产品透明度好，既可生产高、中低档复合膜，又能生产冷冻、保鲜或高温灭菌复合膜；使用方便灵活，操作简单，适用于多品种、批量少的生产。干式复合还可以把印刷油墨放在两层薄膜的中间，可以避免印刷品在使用过程中因擦拭而被破坏。

但是，干式复合自身也存在安全卫生差、环境污染、成本较高等缺陷，同时醇溶性、水溶性胶黏剂的发展在一定程度上缓减了溶剂型胶黏剂在安全卫生、环境污染、成本方面的压力。干式复合在复合材料加工方式中仍占据很大的比重，现阶段仍然是挤出复合、湿式复合、无溶剂复合方式无法取代的复合加工方式。

（2）湿式复合。

湿式复合工艺是生产复合薄膜历史较长久的方法之一，其是在复合基材（塑料薄膜、铝箔）表面涂布一层胶黏剂，在胶黏剂未干的状况下，通过压辊与其他材料（纸、玻璃纸）复合，再经过热烘道干燥成为复合薄膜。

湿式复合的特点是工艺操作简单，胶黏剂用量少，成本低，复合速度快，适于大批量生产。湿式复合法采用的胶黏剂大多数为乳胶或水溶性胶。湿式复合要求两种基材中至少有一种具有较好的透气性，这样才有利于复合后干燥时，黏合剂中溶剂或水的挥发透过而使其充分干燥固化，提高复合强度。因此，湿式复合工艺几乎只适用于铝箔或镀铝膜基材与纸基材的复合、塑料基材与纸基材的复合、纸基材与纸基材的复合等。

湿式复合机工作原理与干式复合基本相似，所不同的是干式复合是将涂布胶黏剂的薄膜经过烘道加热，待胶黏剂中有机溶剂挥发后，再与复合材料热压黏合；而湿式复合法是将涂布胶黏剂的薄膜直接与复合材料复合后，再进入烘道进行干燥。湿式复合工艺流程如图 8-3 所示：已印刷好的面膜放卷→张力辊→凹涂辊涂布胶液→张力辊→同已经电晕处理的底膜复合压贴→60～90℃烘道干燥→冷却→熟化室熟化→收卷。

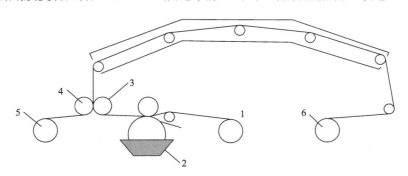

图 8-3　湿式复合工艺流程图

1. 第一基材；2. 胶盘，胶液；3. 钢辊；4. 橡胶压辊；5. 第二基材；6. 复合薄膜

（3）挤出复合。

挤出复合是将聚乙烯等热塑性塑料在挤出机内熔融后挤入扁平模口，成为片状薄膜流出后立即与另一种或两种薄膜通过冷却辊和复合压辊复合在一起。与其他复合方法相比，挤出复合具有设备成本低、投资少、生产环境清洁、复合膜可以不存在残留溶剂、

生产效率高、操作简便等优点,挤出复合在塑料的复合加工中占有很重要的位置。

其优点为复合速度快,适合大批量生产;可自由选择基材;省去了一道热封膜生产工序,黏合剂使用极少;可任意设定挤压厚度。其缺点为初期设备投资较大;在升温、更换挤出树脂时损耗较大;生产控制、质量控制较困难;所用 LDPE 等原料耐热性低;制品有异味;产品平整度较差。

(4)无溶剂复合。

无溶剂复合中使用的胶黏剂,因其不含有机溶剂而备受关注,在欧美等发达国家和地区,无溶剂复合已成为软包装复合材料生产的主要方法。它是采用无溶剂型胶黏剂涂布基材,直接将其与第二基材进行贴合的一种复合方式,虽同干式复合一样使用胶黏剂,但其胶黏剂中不含有机溶剂,不需烘干装置。由于其优越的环境友好性,产品性能也可做到同干式复合一样,是将来的发展方向。

其缺点为:黏合剂在涂布时整个系统需加热,涂布机需保温;黏合剂混合后的适用期短,有效使用时间不超过 30min;对重包装、耐介质要求高,超高温杀菌的产品还难以达到要求;初黏力低,固化时间长;涂布精度要求高。

无溶剂复合工艺流程如图 8-4 所示:已印刷好的面膜放卷→张力辊→凹涂辊涂布胶液→张力辊→同已经电晕处理的底膜复合压贴→冷却→收卷→熟化室熟化。

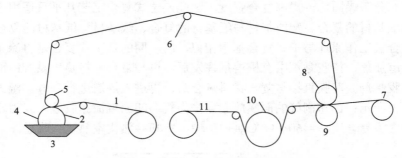

图 8-4　无溶剂复合工艺流程图

1. 第一基材;2. 刮刀;3. 胶盘;4. 涂布辊;5,8. 上胶压辊;6. 导辊;7. 第二基材加热钢辊;9. 贴合压辊;10. 冷却辊;
11. 复合薄膜

(5)共挤复合。

共挤复合,是将两种或两种以上的不同的塑料,通过两台或两台以上的挤出机,分别使各种塑料熔融塑化以后挤入一副口模中,或通过分配器将各种挤出机所供给的塑料汇合以后挤入口模,以制备复合薄膜的一种成型方法。共挤复合与干式复合相比起步较晚,但目前复合层数已发展到九层,乃至十几层,在包装膜、中空容器上都有应用。

该工艺不仅大大简化了生产工序,而且用料少,比干式复合降低 20%～30%的生产成本,并且共挤复合工艺中不使用黏合剂或锚涂(anchor coating,AC)剂,因此卫生性好,没有环境污染问题。但是受材料的限制很明显,用于共挤复合工艺生产的复合薄膜仅限于各种热塑性塑料。共挤复合膜中,各层的厚度靠调节挤出机转速来控制,但挤出机速度控制并不十分精确,往往造成共挤复合膜的厚度也不好控制,需要较高的工人素质和较为精密的机器设备。其更换树脂时间长、损耗大，特别对多品种、小批量生产表现明显，这也是共挤复合中的重要缺陷之一。另外，不能在复合薄膜间印刷，当薄膜需要印刷时只能将图案、文字等印刷到复合薄膜的表面。

综上所述，各种复合加工方式都有自身的优势和不足，主要复合方式的特点如表 8-1 所示。从我国现阶段的发展情况来看，干式复合应用范围最广、所占比重也最大，同时挤出复合发展迅速，所占比重仅次于干式复合，而湿式复合和共挤复合工艺受材料的限制性较大而无法成为主流，无溶剂复合技术虽在发达国家已趋成熟，但在我国还基本处于起步阶段，是将来复合加工方式的发展方向。

表 8-1　主要复合方式的特点

复合方式	干式复合	挤出复合	湿式复合	无溶剂复合
投资	低	高	低	低
基材	自由	自由	需透过性	自由
黏合剂	较高价	无或中等	低	高
复合速度	较慢	快	快	快
质量控制	中等	较难	易	难
生产批量	小～大	大	大	大
其他	可生产蒸煮袋	可任选厚度	操作容易	占地少
生产成本	高	中等	低	较低
用途	高档包装	一般包装	限于基材用	轻包装用

b）涂布工艺

涂布工艺是在薄膜的单面或双面涂布另一种聚合物或加工助剂，从而形成一种具有新的性能的复合材料。涂布工艺不仅可以涂布各种聚合物，而且可以涂布各种无机物、颜料。其包括溶液涂布、乳液涂布与热熔涂布。溶液涂布法用的是溶解在有机溶剂的涂布树脂；乳液涂布法用的是合成树脂的乳液（橡胶），作为合成树脂乳液的主要是 PVDC 乳液；热熔涂布法用的是 EVA 共聚物和石蜡等固态型的胶。

c）利乐包复合流程

复合过程在整个利乐包生产过程中是最为重要的，因为它对整个容器的包装功能起着决定作用。其复合是把经过印刷的半成品重新放在复合过的退卷架上，经过四次淋膜，一次铝箔的黏合作用，把约 1300mm 宽的薄膜与纸张、铝箔黏合在一起，最后放在收卷部绕成卷筒状。整个复合过程的核心是各层之间的黏结力，黏结力不好，所有产品在灌装后不久便会出现涨包、漏包等现象。所以在黏合之前，有两台火焰处理器对纸基进行两面"喷火"的预处理，同时每层塑料在挤出机模口处都有臭氧气体喷射，这极大地增强了包装材料各层之间的黏合力。

2）分切

分切过程相对比较简单，它将经复合过的半成品分别切成单独的数幅，而每一幅在收卷处绕成一定直径的小卷，经过收缩膜包装，最后数卷分几层经运输至木制地台板，经缠绕膜包装成为成品。

3）灌装

灌装即将液态饮品经过包材的纵向和横向的密封包装，形成最终产品——利乐包。注意，一般利乐无菌包装系统在灌装前必须对被包装原料（液态饮品）及包装材料进行严格消毒。例如，UHT 无菌加工技术能有效杀菌并最佳地保持饮品的营养和风味。

8.1.2　易拉罐的印制与加工

1. 结构与材料

制造易拉罐的材料有两种：一是铝材，二是马口铁。铝罐与其他包装容器相比更具有环保性，就其容器而言，能够反复回收减少环境污染，节约资源；就其使用的材料而言，铝材比同体积的马口铁轻 1/3，利于易拉罐轻质化，且金属离子溶出后，不产生金属气味影响包装质量。目前我国使用较多的是国外引进的铝合金薄板。

易拉罐的结构一般可分为三片罐和两片罐。三片罐是由罐身、罐盖和罐底三个部分组成。根据接缝工艺不同，又可分为锡焊罐、缝焊罐和黏结罐。两片罐是由罐身连在一起的罐底加上罐盖共两个部分组成。根据加工工艺又分为拉深罐（drawing and drawing, DRD 罐）和变薄拉深罐（罐身壁变薄，国外称为 DI（drawn and ironed cans）罐）。三片罐、两片罐的物理性能比较如表 8-2 所示。

表 8-2　三片罐、两片罐的物理性能比较

特性	三片罐	两片罐	特性	三片罐	两片罐
防气性	优	优	形状自由度	差	差
保香性	优	优	外观（加工痕迹）	一般	优
遮光性	优	优	残品	差	差
透明性	差	差	柔软性	差	差
漏气性	一般	优	印刷性	差～一般	差～一般
强度	差	差	耐内容物	一般	优～一般
外观保持	差	差			

三片罐中，有圆罐和异形罐，但它们的结构大体相同，如图 8-5 所示。图 8-6 所示为两片罐的普遍结构。

2. 印制加工

1）三片罐的印制工艺

典型的三片罐印刷制罐工艺流程为：马口铁除尘、去皱处理→内涂料印刷→烘干→打底涂料印刷→印刷底白→干燥→印刷图文→干燥→上清漆→干燥→裁切罐身连接→内喷涂→翻边（缩颈）→上盖（底）。

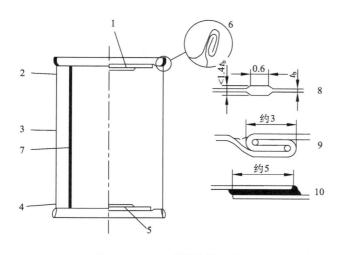

图 8-5   圆形三片罐结构示意图

1. 罐盖；2. 上缘部分；3. 罐身；4. 下缘部分；5. 罐底；6. 卷边；7. 身缝；8. 熔焊式身缝；9. 锡焊式身缝；10. 粘接式身缝

图 8-6   两片罐结构

a）印前处理

马口铁除尘、去皱处理是为了清除表面的尘土、油脂及金属屑片，提高表面平滑度，使用的机械为除尘机、除皱机和烘炉。印刷内涂料则通过涂布机将内涂料根据要求涂布在马口铁内表面。

b）印刷加工

（1）制版。

现在马口铁印刷大多数采用 CTP，其制版工艺与胶印基本相同。但针对马口铁印刷的特点，也有其特殊要求，一为使用利于铁皮印刷的链形或圆形网点及粗网线，二为先满版印白色再印刷精美图案，三为通过与正式印刷一样的打铁样来检查印版的质量等。

（2）金属版印刷。

金属平版胶印要点如下：①应采用硬型橡皮布和硬式衬垫，并严格控制滚筒包衬的尺寸；②压力调节要适当，并选用低黏度的油墨和干燥性能良好的连接料；③通过控制版面上的水膜厚度和着墨量来达到版面上的水墨平衡。

c）成型加工

（1）涂罩光油。

涂罩光油的作用是增加印刷图文的表面光泽，同时保护印刷表面。罩光油的种类有三聚氰胺树脂与醇酸树脂的混合物、环氧树脂、尿酸树脂与乙烯树脂的混合物两种，分为光泽、半光泽、亚光和皱纹加工等，使用的设备为涂布机或上光机。

（2）裁切。

根据印刷版式要求，将多联罐身裁切成单张，裁切机分手动和半自动两种机型。

（3）罐身连接。

三片罐对接合工艺要求较高，常用的方法有锡焊接合、黏合接合、熔焊接合与激光焊接合。目前，广泛采用的是熔焊接合。

（a）锡焊法。

采用铅锡焊料，熔融接合罐身纵缝的方法。由于焊料中含有一定比例的铅，对内容物会有一定污染。锡焊法罐身制造工艺流程如图 8-7 所示。

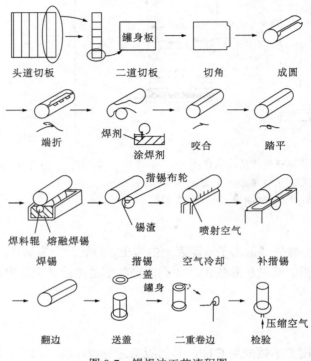

图 8-7　锡焊法工艺流程图

锡焊法的工艺过程有以下十项。一为切板，罐身板长度，它为空罐内径与镀锡板厚度之和乘以圆周率加三层折边总宽度。二为切角，将罐身板的一端两角切去，在另一端切制两个锐角或缺缝，便于罐身两端之端折，目前主要采用钝角形切角。三为成圆，便于罐身的钩接及合缝。四为端折，通过机器的冲折成钩形，一端向上，一端向下，便于钩接。五为压平，使罐身圆柱体的折边连接压紧成钩合纵缝，并陷入罐身内部，罐身外仅留一线缝沟。六为涂焊药，在接缝处涂抹上焊药，以除去表面油污、氧化物及杂质。一般采用的焊锡药水为饱和氯化锌溶液与松香乙醇溶液或氯化石蜡与辛酸锌溶液等。七为焊锡，一般采用铅锡焊料，其比例根据内容物和镀锡板的镀锡量加以选择。焊缝搭接方式主要有两种。其一是锁合搭接焊缝，将罐身坯的对接边卷回，使两个边缘啮合相互勾紧，并通过锡焊将其两边固定在一起。其二是断续式搭接焊缝，此设计使罐身两边缘的锁合钩间断地开出一排凸舌，而这些凸舌起着连接封缝的搭接作用，这种焊缝使罐体具有更大的连接强度以承受高压，喷雾罐常用这种设计。八为内喷涂，涂内涂料的作用是保证金属与内容物的隔离，以保护食品并遮盖马口铁本身的颜色。内涂料根据内装物的种类有所不同,但都必须无毒、无气味,不与内容食品发生化学反应。内涂厚度为 0.31～

$0.39mg/cm^2$，用喷涂机将内涂料涂覆在罐身接缝面，加热固化。九为翻边，由翻边机将罐身两端边缘翻出，以便与底、盖配合，进行二重卷边而达到密封。十为上盖（上底），在压盖机上，将已成型的盖（底）和罐压在一起。

（b）黏结法。

随着制罐工业的发展，比较便宜的制罐材料无锡薄钢板（镀铬铁）出现，罐身缝无法用锡焊法焊接，出现了采用有机胶黏剂黏结罐身纵缝的方法。黏结法与锡焊法相比有下列优点：不用焊锡焊缝，罐内食品不受焊锡料中锡、铅等重金属污染；节省了昂贵的锡；可以采用满版印刷，无空白焊区，外形美观。目前黏结罐主要用于固体或粉状产品的包装。

根据黏结工艺不同，制罐工艺分胶黏剂压合法和胶黏剂层合法两种。

胶黏剂压合法在镀铬薄板的端部涂上约 5mm 宽的尼龙系胶黏剂，成圆时，使涂有胶黏剂的部位重合后加热到 260℃，再充分压紧，使接合处的胶黏剂固化、冷却。用这种黏合方式在原板—涂膜—尼龙—涂膜—原板的黏合过程中，涂膜与原板的胶黏强度特别重要。

胶黏剂层合法，将镀铬板先剪切成中板，在中板两端层压上薄膜状胶黏剂，黏结薄膜把内侧薄板的端面包起来，再把中板剪切成罐身板，以上为黏合工序，接着完成罐身制造工序。胶黏剂层合法制罐流程如图 8-8 所示。罐身缝搭接宽度为 5mm，接缝处由原板、涂料、尼龙、涂料、原板构成。

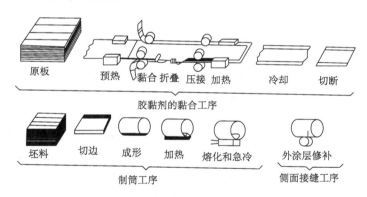

图 8-8　胶黏剂层合法制罐流程

（c）熔焊法。

20 世纪 60 年代末期，美国首先采用搭接电阻焊焊接罐身纵缝的方法，通过电阻焊使薄钢板自身熔接而达到纵缝密封，这成为制罐技术的一次重大改革。熔焊法有以下优点：罐身不用焊锡，根本上杜绝了铅、锡等重金属对罐内食品的污染，而且节省了金属锡；焊缝密封性好，且强度高；焊缝重叠宽度小（0.3～0.8mm），节省原材料，彩印面积大，外形美观；焊缝厚度薄，便于翻边、缩颈和封口；生产效率高，一条自动化生产线最高生产速度可超过 1000 罐/min；能够一机多工序连续生产，自动完成罐身的焊接，既简化了设备，又节省了能源。熔焊法罐身生产的流程为：印铁→切板→成圆→焊接→接缝补涂→烘干→翻边→封底。

熔焊的主要原理是利用一对上下配合的电极辊轮，在轮上开有沟槽，槽内有一条压扁的铜丝作为移动电极，如图 8-9 所示。当薄钢板搭接后，上下电极压紧通电，薄钢板的电阻比铜电极的电阻高得多，因而在被焊钢板接点上有较高的界面电阻，引起接点处的增温，薄板间的电阻随之迅速增加，这两种作用导致搭接纵缝的温度上升近 1500℃，搭接处的金属变软熔化，并通过上下辊轮的加压，冷却后即成紧密、均匀的焊缝。

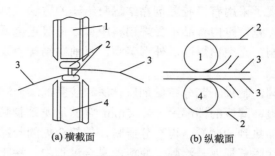

(a) 横截面　　　　　　　(b) 纵截面

图 8-9　缝焊机钢丝电极工作原理

1. 上焊接辊轮；2. 钢丝电极；3. 罐体；4. 下焊接辊轮

（d）激光焊法。

以聚焦的激光束作为能源轰击焊件所产生的热量进行焊接的方法，称为激光焊。利用激光能使被焊金属发生熔化、蒸发、熔合、结晶、凝固而形成焊缝。通常使用两种焊接方法：连续功率激光焊和脉冲功率激光焊。

d）二重卷边

二重卷边是目前广泛采用的金属罐罐身与罐盖（底）的封口方法，其质量的优劣对罐的性能影响极大。采用二重卷边封口，不仅适宜制罐、装罐和封罐的高速度、大批量、自动化生产，而且也容易保证金属罐的气密性，并能在一定程度上提高容器的刚度和强度，提高了运输流通中的可靠性。

二重卷边是罐身和罐盖（底）相互卷合构成的密封接缝，其结构由相互钩合的二层罐身材料和三层罐盖材料及嵌入它们之间的密封胶构成，是以五层罐材咬合连接在一起的卷封方法。罐身与罐盖（底）的卷封需使用专用的封罐机来完成。

2）两片罐的印制工艺

两片罐的罐底与罐身是用整块金属薄板冲压拉拔成形的，而盖由另一片金属薄板制成，再将罐身和罐盖连接即成两片罐。与三片罐相比，两片罐没有身缝和罐底卷边，因此可节约原材料，并且减少了容易泄漏的因素，提高了罐体的完整性，便于进行内涂涂料和装潢印刷。其成型加工工艺简单，机械化、自动化程度高，适于连续生产。两片罐壁薄（0.01～0.1mm）、质轻，和同容积的三片罐相比，质量减轻了一半，可降低制罐成本。但两片罐生产设备投资大，约为三片罐的 8 倍，且对材料要求高，罐形较单一，互换性较差。

a）印前处理

铝合金薄板是两片罐普遍使用的原料，其印前处理有多种方式，如除油、抛光、拉丝氧化砂面处理、喷漆。这些工艺可以按照产品的不同要求，根据镀层材料的情况，单独或配合使用，以达到预期的效果。其印前处理的目的，一是装饰性，即去除铝板材的某些缺陷，增加表面的美观程度；二是工艺性，即通过某些印前处理改变材料表面光洁程度以增强印刷涂料在其上的附着力。

　　b）拉深罐的印制工艺

　　铝制拉深罐的印制工艺流程：卷料展开→涂润滑剂→冲杯（即下料和预拉伸）→多次变薄拉伸→修边→清洗→烘干→外表喷涂→彩印→涂内壁→烘干→缩颈翻边→光检→堆码包装→入库，如图 8-10 所示。

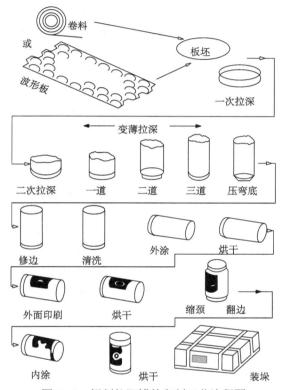

图 8-10　铝制拉深罐的印制工艺流程图

　　（1）送料、罐拉伸、变薄拉伸。

　　使用卷料或已冲成的波形板料，要先上打底涂料并涂润滑剂，再通过送料器送入冲模工序冲出较浅毛坯，接着通过后继冲压工序进行二次拉伸和三道变薄拉伸成形，使罐身壁厚变薄到原来厚度的 1/3 左右，并达到规定的高度，底部被压成内凹的穹底，底部厚度和原材料基本相同。

　　罐身采用拉深工艺成型的两片罐称为拉深罐，拉深罐主要用于灌装罐头食品，罐身厚度没有明显变化，侧壁和罐底的厚度基本一致。罐身需用变薄拉深工艺成型的两片罐称为变薄拉深罐，俗称冲拔罐。冲拔罐罐身采用冲压-变薄拉深法成型。

　　（2）修边、清洗。

　　使用旋转式切边设备，将顶部多余部分切去，使罐口边沿整齐，不带毛刺。为保证清洗质量，将罐倒置在不锈钢网孔输送带上，送入清洗机，用外喷头喷淋的方法进行分阶段清洗。先用自来水预洗，再用清洁剂和热水组成的清洗液进行清洗，然后用自来水进行初次漂洗，再用专用的表面处理剂进行化学处理，以增强铝罐在彩印和内喷涂时的附着力。化学处理后，用自来水进行二次漂洗，去除表面的化学药品。最后用不含矿物质的去离子水进行去离子漂洗，以免残留矿物盐沉淀，影响印刷和内涂效果。以上每个阶段的清洗结束，都必须经过排水和吹气，最后再烘干。

（3）涂布。

涂布包括内涂与外涂，所以涂料也分外涂料和内涂料两类。两片罐所装的多为气体压入饮料。因此，内涂料的作用是防止罐体内表面和饮料发生反应，使用的原料多为乙烯基树脂。外涂料包括白油墨、彩色油墨、罩光油及紫外线干燥油墨。

（4）印刷流程。

两片罐外壁一般不需打底或涂白，清洗干净即可直接进行印刷（也有铝制两片饮料罐在罐体冲压成型后进行辊涂打底的）。铝罐印刷方式多采用典型的曲面印刷，即凸版胶印。目前全国两片罐生产线上的印刷机大多为美国 Rutherforu 公司生产制造，最多有 6 个上墨系统。

印罐用的凸版胶印机分为四色机和六色机，其结构如图 8-11 所示。具体的印刷流程为：由风槽输送的罐坯放置在针轮的针棒上，随着针轮的旋转，罐坯进入印刷部分，给墨装置将油墨传输到印版，印版将图文传递到橡皮布上，在橡皮布上印出完整的图像，再由橡皮布一次性转移到罐坯上，完成印刷。这种曲面印刷是通过罐坯在一个回转圆版上间歇回转完成接触印刷的。罐坯印刷完成后，由针轮带动，进入罩光油涂印装置，给罐身及罐底突出边缘涂布罩光油，以保护印出的图案，并增加其光亮度，然后在烘炉内以 170℃的温度烘烤 2min，最后进行与三片罐一样的内喷涂、翻边与上盖操作即可完成印品的全部加工。

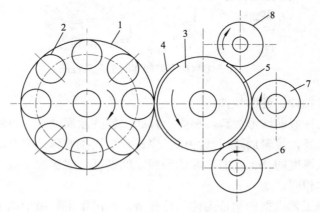

图 8-11 铝罐印刷装置

1. 针轮（压印滚筒）；2. 罐坯；3. 橡皮滚筒；4. 图文；5. 包衬；6. 第一色印版；7. 第二色印版；8. 第三色印版

8.1.3　陶瓷瓶的印制与加工

1. 陶瓷包装容器成型

陶瓷包装容器的成型主要经历了手制、轮制、模制、机制四个阶段，其发展演变以农耕文化和工业文明两个大时代为背景。工业文明下的现代陶瓷包装容器产品，工业性、多样性、重复性特征强，成型手段多样化，主要以电为动力进行机械化大生产，器物造型规范标准，便于批量生产、组装运输和视觉识别。陶瓷包装容器的制造工艺过程大致可分为坯料制备、成型、干燥、施釉、装饰、烧成等工序。不同的陶瓷品种其具体的制造工艺大多是以上述工序为基础，并作适当调整后组成的。如有的瓷器是采用二次烧成的，先素烧，施釉后再釉烧。现代陶瓷包装容器常用的成型技法有印坯成型法、注浆成型法与实心挖空成型法。

1）印坯成型法

印坯成型法可以说是泥板黏接的一种方法，首先是用泥板机将泥碾压成所需规格的泥板，然后把所需要印坯的器物制成陶模或石膏模子，借助模型进行压印成型。此法适合于表面雕刻纹样较为复杂的酒瓶、首饰盒等包装容器，材料以陶泥为多见。

2）注浆成型法

注浆成型法是现代包装容器普遍使用的成型技法。先将陶制母模或石膏塑造的制品模型制成石膏模，再把配制好的泥浆注入石膏模具内，利用石膏模的吸水性将泥浆均匀吸附于模型内壁，当泥层达到理想厚度时，将模内多余的泥浆倾入浆池，并倒置在浆槽架上，待泥浆全部流尽，再将模子直立，恢复原位，用小刀修整口沿，继续晾干直到泥坯脱离模壁，打开石膏模取出坯体即可。其特点是操作方便快速，制品规格统一、产量大、适应性广。此法适合于以瓷泥浆为材料进行瓶、罐、盒等容器的注浆成型。

3）实心挖空成型法

首先选择一块细陶泥，手工捏制出所需的实心容器形状，待稍硬后将其表面研光；然后从适当角度用细铁丝将其进行切割，用环形刀分别挖去各块内部泥料，再用泥塑刀进行研光处理；最后将其切割面涂泥浆后进行黏结组合即可。也可以用环形刀直接进行挖空成型。此法适合制作造型较为复杂的单件容器。如果需要批量化生产，可直接借助实心泥模原型翻制成石膏母模，再通过石膏母模翻制出若干套注浆模或印坯模进行批量化生产。

2. 陶瓷包装容器印刷

陶瓷容器印刷先后曾经历了手绘装饰、石版印刷、平版胶印三个不同的发展阶段。由于其印品质量往往很难满足印刷基本要求，所以到 20 世纪末，上述印刷方式逐步被丝网印刷所淘汰，从此，陶瓷容器印刷进入丝网印刷的新时代。

由于丝网印刷具有墨层厚实的特点，又不受承印物的性质和形状的限制，陶瓷器上的装饰图案更富有立体感，所以，目前丝网印刷已成为陶瓷容器印刷的主要印刷方式。它主要有直接法装饰、间接装饰法和直间装饰法三种类型。

1）直接装饰法

直接装饰法是用丝网印版将图像直接印刷在陶瓷坯胎上，然后再经施釉，烧制成瓷的一种陶瓷装饰方法，大多用于瓷面砖与瓷壁画的印刷。这类陶瓷包装容器印刷装饰纹样一般是线条、色块几何图案，网点层次印刷较难，产品是中低档单件。

2）间接装饰法

首先通过丝网印刷印成花纸后，再转贴到陶瓷器皿上面的一种陶瓷装饰方法。由于丝网贴花纸可以印制得非常精细，又能装饰在各种不同形状的陶瓷器皿上，所以这种装饰方法得到了较为广泛的应用。陶瓷贴花纸经窑中高温烧烤后，印墨中的颜料便转化为彩釉，而作为承印物的裱纸，则炭化分解，不会留下灰分，也不会影响彩釉的颜色效果。所以说贴花纸只是一个承受油墨，并把油墨转印到瓷坯上的中转媒介，而为了图文附着牢固，陶瓷必须在高温环境下进行烧制。

由于陶瓷贴花纸印刷，不仅其所用的油墨不同于一般的印刷用墨，所使用的承印材料及承印物也与一般印刷方式有所不同，而且其显色原理也不同于一般印刷黄、品红、青三基色的叠印显色原理，所以，陶瓷贴花纸印刷，实际上属于特种印刷范畴。

a）陶瓷贴花纸

按照贴花纸和上釉的先后顺序及烧结方式不同，陶瓷贴花纸印刷可分为陶瓷釉上贴花纸丝网印刷和陶瓷釉下贴花纸丝网印刷。陶瓷的烧制一般分两次进行，开始用 700～800℃焙烧，然后上釉用 1100～1300℃进行烧制。另一种方法是先用高温（1100～1250℃）素烧，而后用 900～1000℃的低温进行釉烧。釉上装饰烧成的统称为釉上瓷（700～800℃），釉下装饰的统称为釉下瓷（1000～1300℃）。

（1）釉上贴花纸丝网印刷工艺。

釉上贴花是通过丝网印版将丝网瓷墨漏印在 PVB（聚乙烯醇缩丁醛）薄膜上，以形成印刷图文，转贴在陶瓷器皿已施釉烧结后的釉层上，经 780～830℃的高温烧结，PVB薄膜炭化分解，瓷墨可烧结在瓷器釉面上。其丝网印刷的工艺过程与普通丝网印刷一致。

釉上贴花纸：PVB 薄膜是新研制的代替陶瓷印刷裱纸的材料。PVB 薄膜作为陶瓷釉上贴花纸的载体（载花膜），图文就印在载花膜表面。使用时，先将载花膜与底纸分离，然后将载花膜浸醇后转移到器皿表面。其特点是贴花方便，成本低廉，大大减少了工序和时间，且烧烤后无爆花现象。但膜质仍较脆，缺乏韧性，对大面积装饰和异形器皿贴花较困难，贴好后不能移位。另外，PVB 膜烧烤时，对搪瓷、玻璃等低温快烧产品不易掌握。PVB 薄膜的生产，是在涂有过氯乙烯胶黏剂的 $180g/m^2$ 底纸上涂布两次 PVB 膜液，第一遍为 0.006mm，第二遍为 0.004～0.005mm，成为厚度为（0.01±0.001）mm 的薄膜。

（2）釉下贴花纸丝网印刷工艺。

陶瓷釉下贴花工艺，是将陶瓷釉下贴花纸连同载体（棉纸）先转贴到陶瓷坯胎上，揭去载体后施上一层透明瓷釉，使釉层覆盖整个瓷坯，然后将瓷坯经 1350℃高温烧烤成瓷。在成瓷过程中，装饰图文焙烧呈色，即可达到装饰陶瓷的效果。其丝网印刷的工艺过程基本与普通丝网印刷一致。需注意，印刷环境必须保持恒温、恒湿，环境温度保持在 22～26℃，相对湿度为 65%～70%。每色印完后，贴花纸都要经过烘箱干燥，需晾放20h 以上，使纸张含水量恢复原状后，方可进行下一色次印刷。

釉下贴花纸：陶瓷釉下贴花纸的图文载体是棉纸，又称皮纸，这种纸薄而软，给丝网印刷带来一定困难，为此，可将棉纸暂时滚合在衬纸上，印刷图文后，再将棉纸从衬纸上揭下即可。衬纸通常选用 $180g/m^2$ 木浆纸。釉下贴花纸由纸张、水溶胶层、印刷画面、移花膜组成。移花膜花纸的图文可直接印在纸上，吸墨性很强，网点再现性好，更能适应精细高档产品的要求。贴花前将移花膜纸浸入水中，并迅速与胶水脱离，后贴附于大面积或异形陶瓷包装容器上。烧花时，能在 500℃ 以下使膜完全分解，在器皿上不留阴影残迹。

b）贴花纸网印设备

网印贴花纸的印刷工艺与一般彩印相比，工艺过程复杂、技术难度大，但是，使用的印刷设备及其基本原理相同，较大的贴花纸厂多采用全自动网印机，如从日本进口的樱井全自动滚筒式丝网印刷机及瑞典丝维雅全自动丝网印刷机，国产上海全自动网印机等。有些厂家也使用半自动或手工丝网印刷机，一些厂家尚保留少量平印机，目的是用以生产平丝结合的贴花纸。

c）贴花纸转印

贴花纸的转印有很多方式，常见的有湿敏转移、热熔转移与擦压转移等。

（1）湿敏转移。

湿敏转移贴花纸结构如图 8-12 所示。

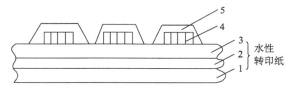

图 8-12　湿敏转移贴花纸结构
1. 纸基；2. 拷贝纸；3. 水溶性胶层；4. 墨层；5. 透明树脂

其具体步骤为：①将转贴图案的图案面朝上浸入水中约 10s；②用专用溶剂清洗转贴物表面，并用水润湿表面，把转印纸墨迹朝下放在被贴物所需的位置上，用一手指按着定位膜，另一手把转印底纸慢慢地拖离，在水分未干时将图案位置移正；③用胶刮将定位膜下的水分及空气刮走，使胶膜与被贴物表面接触良好，让定位膜自然干燥，约需1h。需要注意，对陶瓷制品有釉上转印和釉下转印且二者有所不同。

（2）热熔转移。

印热熔转移贴花纸使用的黏合剂、油墨连接料、蜡类等有机材料都是热熔性物质，在加热、加压情况下，易于熔融，且熔化后与器物表面之间的黏附力大于它与纸基之间的附着力，因此，可以顺利地释放墨层，将其全部转移到器物表面。热熔转移贴花纸结构如图 8-13 所示。

其印制步骤：先在涂有蜡质纸基上用网印机印花面，然后，再用网印机于花面上罩印热熔性树脂薄膜料（聚甲基丙烯酸酯类共聚物）。贴花时，先将被装饰器物预热，自动定位，多用机械贴花，贴花后直接进窑彩烤。

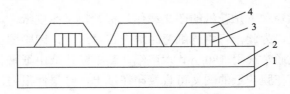

图 8-13　热熔转移贴花纸结构

1. 纸基；2. 涂蜡层；3. 墨层；4. 热熔树脂

（3）擦压转移。

其具体步骤为：将擦压转印纸表面离型纸揭开，再将图案对准需转印的位置，接着用指甲或木片等在感压膜的背面均匀擦动，最后撕开感压膜，完成转移。

3）直间装饰法

直间装饰法也称为综合装饰法，采用丝网印刷与手工描绘相结合的装饰方法。当印刷有时达不到理想效果时，则需要利用丝网印刷与手工点缀相结合的方式，即可得到理想装饰效果。

8.2　药品包装的印制加工典型案例

8.2.1　冲剂包的印制与加工

1. 结构与材料

冲剂包结构有两层和三层之分。两层结构的内层为聚乙烯，外层为聚酯，若是银色的，外层则是镀铝而成。三层结构的里层一般是聚乙烯，中间层为镀铝层，外层一般是聚酯。

2. 印制加工

1）表面处理

因为有些塑料制品（如 PE、PP 塑料）表面极性小，表面能低，在印刷时会遇到油墨附着不良的问题，印刷效果和附着牢度难以达到要求，影响印刷质量。唯有经过表面处理才能改善上述问题，提高印刷质量。

对塑料表面进行处理的方法很多，有机械法：喷砂及磨毛等；物理法：火焰、电晕、高能辐射；化学法：表面氧化、接枝、置换及交联等。在进行表面处理时，应根据不同的塑料和工艺条件选择适当的方法，如聚烯烃类 PE 及 PP 等非极性塑料，一般需要采用火焰及电晕处理方法提高表面能；尼龙可用磷酸处理等。以下介绍各种表面处理的方法。

a）火焰与电晕（电火花）处理

火焰和电晕处理是两种较好的印前处理工艺，可以大大提高塑料片材的表面能，使表面形成很薄的氧化层。火焰和电晕处理时应该注意不要过分处理，以免"烧伤"表面，形成过厚的氧化层，造成印刷后墨层连同氧化层一起脱落。一般情况下，火焰处理时，把塑料加热到稍低于塑料热变形温度并保持一定时间即可。这两种方法可以暂时提高塑料的表面能，处理完以后必须在 20min 内完成印刷作业，否则处理效果很快下降。

b）脱脂处理

塑料制品表面沾上油污或脱模剂会影响油墨的附着力，可通过碱性水溶液、表面活性剂、溶剂进行清洗，达到表面脱脂清洁的目的，脱脂时应该选用不会使塑料溶解的溶剂来处理。对丝印油墨附着良好的塑料如聚苯乙烯等，大多可以采用这种方法对表面脱脂。

c）化学法表面处理

采用溶剂蒸气、化学药品对塑料表面进行处理，目的是使光滑的塑料表面腐蚀为可控制的凹凸不平的表面，使塑料表面的非结晶区被溶解而形成粗糙的表面。

（1）常用的溶剂蒸气处理法：将聚乙烯、聚丙烯塑料件放在热溶剂（如甲苯、三氯乙烯）的蒸气中处理 10～20s，油墨的固着牢度有明显提高。

（2）常用的化学氧化法：过硫酸铵 90g，硫酸银 0.6g，蒸馏水 1000g，配制成溶液，将聚丙烯、聚乙烯塑料制品放在其中，室温处理 20min 以上，或者 70℃下处理 5min，丝印油墨在其上的附着牢度将有很大提高。该方法最适用于硬塑料制品，也可用于软塑料。

（3）常用的酸处理法：形状复杂的 PE、PP 塑料制品，印前处理可采用酸蚀法。用铬酸和硫酸的混酸于 50℃处理 10min，一般的丝网印刷油墨都能在其上很好地附着。

d）紫外线或等离子体照射法

此法先用三氯乙烯擦洗聚乙烯、聚丙烯塑料表面，然后用紫外线或等离子体照射，表面能力可以提高很多，丝印油墨在其上的固着牢度可提高 5 倍以上，适用于软塑料制品，硬质塑料制品也可使用。这种处理方法主要是用高能射线对塑料表面进行照射，产生氧化反应后，表面生成极性基团，提高表面自由能，以提高油墨在其上的附着力。

2）制备薄膜

塑料薄膜可以采用挤出吹塑法、T 模法、压延法、流延法、拉伸法制成。包装塑料薄膜以挤出吹塑法应用最广。除挤出吹塑法以外，其他塑料薄膜生产方式都较复杂，印刷厂没有必要配备这些设备，常用的包装薄膜一般是从市场购进。从挤出吹塑到印刷、热封合、断裁连续化和自动化是生产工业包装薄膜的发展方向，这种生产工艺效率高、成本低。

挤出吹塑薄膜成型工艺流程如图 8-14 所示：塑料熔体由环隙形口模挤成薄壁管状物后，即被牵引装置牵引上升，至一定距离后通过导向人字板而被牵引辊夹拢。所挤管状物在离开口模和被夹拢的一段距离内需由芯棒中心孔引进压缩空气将它吹胀成泡状物，并以压缩空气的压力来控制泡状物的壁厚。泡状物一般是由空气来冷却的，冷却后的泡状物由一组导辊引出并展平。根据所制薄膜的要求，在生产中还必须相应地加设破缝、折叠、表面处理、卷取等装置。

薄膜厚度的控制一般由吹胀比和牵引比来决定。所谓吹胀比是吹胀后的膜管直径与未吹胀的管坯直径之比，这一比值通常为 1.5～3；牵引比则是膜管的牵引速度与管坯挤出速度之比，这一比值通常为 4～6。吹胀比和牵引比超过上述范围，膜管不易稳定或易拉断，膜管厚薄不易控制均匀，容易起褶。吹塑薄膜的一般规格是：厚度 0.01～0.25mm，折径 10～5000mm。小包装吹塑薄膜常用规格：厚度 0.01～0.25mm，折径 20～40mm。

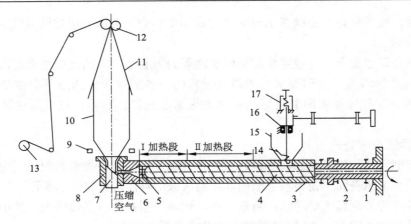

图 8-14 挤出吹塑薄膜成型工艺流程

1. 皮带轮；2. 轴套；3. 机筒；4. 螺杆；5. 多孔板；6. 机颈；7. 芯棒；8. 模体；9. 风环；10. 膜泡；11. 人字板；12. 牵引辊；13. 卷曲辊；14. 加料螺旋；15. 料斗；16. 八字轮；17. 弹簧

吹胀膜的特点：吹胀膜同流延膜相比较有较高的机械强度，横向的吹胀和牵引辊的快速牵引，是对塑料薄膜的一种双向拉伸，因而力学性能比较大；吹胀膜可以作热封材料，事实上，大多数热封用膜使用的是吹胀膜，但是其热封性不如流延膜；吹胀法生产的速度比流延法要低，薄膜厚度的均匀性不如流延膜好。

3）表面镀覆

镀金属薄膜是一种新型复合软包装材料，其中镀铝薄膜是应用最多的一种。此外还有镀金、银、铜等。采用特殊工艺在包装塑料薄膜或纸张表面（单面或双面）镀上一层极薄的金属铝，即成为镀铝薄膜。由于镀铝层较脆，容易破损，故一般在其上再复合一层保护用塑料膜。镀铝层厚约 30nm，比铝箔还薄。

a）镀铝薄膜的性能、种类和应用

镀铝薄膜除了许多与铝箔复合材料相同的优良性能外，还有优于铝箔复合材料之处。例如，具有优良的耐折性和良好的韧性，很少出现针状孔和裂口，无柔曲龟裂现象，因此隔氧性也更为优越，这对包装敏感和易失味的食品及保持外观美是重要的；部分薄膜镀铝后仍可使消费者可看到内装物品；镀铝层比铝箔薄得多，因此成本也比较低。

镀铝薄膜基材常用的塑料薄膜有聚酯（PET）、尼龙（NY）、双向拉伸聚丙烯（BOPP）、低密度聚乙烯（LDPE）、聚氯乙烯（PVC）等。前三种镀铝薄膜有极好的黏结力和光泽，是性能优良的镀铝复合材料。镀铝薄膜和铝箔/纸复合材料相比较更薄而又价廉，性能也可媲美，而它的加工性能则较铝箔/纸好得多，例如，模切标签时利落整齐，印刷中不易产生蜷曲，不留下折痕，因此大量取代铝箔纸而成为新型商标标签及装潢材料。

b）镀铝方法

镀铝常见的有真空镀膜法和化学镀膜法。

（1）真空镀膜法。

镀铝薄膜的加工可以在真空中进行，即真空镀膜法，使用的机器称为真空镀膜机。真空镀膜包括真空蒸镀、真空溅射镀和真空离子镀等，最常用的是真空蒸镀。其具体工艺是先用真空泵把镀室抽成真空，压力仅是大气压的万分之一，同时加热坩埚使铝（纯铝）丝熔化，并蒸发成气态。当这种铝蒸气通过一条狭隙堆积在转动的由冷却水冷却的鼓上的薄膜上时，就凝固沉积成一层薄而均匀的铝膜。

（2）化学镀膜法。

化学镀膜是在 20 世纪 20～50 年代在国外相当活跃的一种化工工艺，有大量的专利，其优点是生产设备十分简单、操作简单、镀膜致密、密着性好、不易剥落。各种金属的化学镀膜有防止腐蚀、镀膜色彩美丽、不易剥落的优点。塑料的化学镀膜是利用还原剂将溶液中的金属离子优先还原在呈催化活性的塑料表面，形成镀层。为了使塑料表面具有催化活性，在化学镀前要进行塑料件的粗化、敏化、活化等处理。处理过程是：除油→热水洗→浸浓 H_2SO_4→化学粗化→水洗→中和→敏化→水洗→活化→水洗→还原（解胶）→水洗→干燥→化学镀。现在的新工艺流程：除油→溶胀→干燥→化学镀，溶胀是用溶剂使塑料膨胀。

4）印刷

目前，塑料薄膜印刷一般多采用柔性版印刷或凹版印刷。近年来，随着技术的发展和生活质量的提高，人们对包装材料也提出了许多新的要求，出现了纸塑复合材料、金属涂塑材料、纳米涂覆材料等新型材料，这更加丰富了塑料薄膜印刷产品。

8.2.2　不干胶标签的印制与加工

1. 结构与材料

不干胶也称为自粘标签材料，是以纸张、薄膜或特种材料为面材，背面涂有胶黏剂，以涂硅保护纸或薄膜为底纸的一种复合材料，如图 8-15 所示。不干胶材料一般按不干胶的表面基材分为不干胶纸和不干胶薄膜两种，均由三个基本单元组成，即表面基材、胶黏剂和基层（包括硅油和剥离层）。

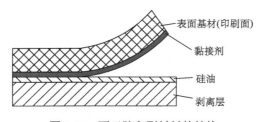

图 8-15　不干胶印刷材料的结构

涂布技术有多种，致使不干胶材料有不同档次，目前的发展方向是由辊式与刮刀涂布向高压流延涂布方向发展，以最大限度保证涂布的均匀性，避免产生气泡和针眼，保证涂布质量，而流延涂布技术在国内还未成熟，现阶段以辊式涂布为主。

1）面材

面材是不干胶标签内容的承载体，面纸背部涂的就是胶黏剂。面材可以采用的材质极多，一般来说，凡是可柔性变形的材料都可以作为不干胶材料的面料，如常用的纸张、薄膜、复合箔、各类纺织品、薄的金属片和橡胶类等。如果面材是非吸收性材料，如铝箔、镀铝纸及各类薄膜材料，则需要涂布以改变其表面特性，利于提高印刷质量。为防止黏合剂渗透进入面材，在面材背面也需要进行涂布，可以增加黏合剂与面纸的黏结力。

2）胶黏剂

它一方面保证底纸与面纸的适度粘连，另一方面保证面纸被剥离后，又能与黏贴物具有结实的黏贴性。按使用原料分为橡胶类、丙烯基类、乙烯树脂类和硅酮类；按功能又可以大致分为弱黏、强黏、超强黏型三种。

3）离型涂布（涂硅层）

即在底纸表面涂布硅油层，涂布硅油可使底纸成为表面张力很低、很光滑的表面，作用是防止黏合剂黏结在底纸上。

4）底纸

底纸的作用是接受离型剂涂布，保护面材背面的黏合剂，支撑面材，使其能够进行模切、排废并在贴标机上贴标。常用的有白、蓝、黄格拉辛纸（glassine）或蒜皮纸（onion）、牛皮纸、聚酯（PET）、铜版纸、聚乙烯（PE）。底纸背面有背涂，背涂是对底纸背面的一种保护涂布，以防止排废、复卷后的标签周围的黏合剂黏结到底纸上。

2. 印制加工

1）标签机印制

标签机是不干胶标签的专用印刷设备，既可印纸类标签，也可印薄膜类标签。相对于纸类不干胶标签而言，薄膜类不干胶的印刷工艺要复杂一些。①印刷车间要密封，以减少灰尘；②安装湿度调节装置和空气净化装置，以避免产生静电，防止灰尘玷污印版和墨层；③在标签机上安装电晕处理装置；④在标签机上多工位安装静电消除器，尽可能地减少静电，保证套准和输纸顺利；⑤在标签机上安装印刷材料清洁器，以去掉印刷材料表面的灰尘，避免图文处出现白点、针眼等印刷弊病。

标签印刷吸纳各种印刷、印后技术之长，逐步形成了相对独立的体系，以适应标签应用领域的多元化发展。从压印形式上分，不干胶标签印刷机有平压平、圆压平、圆压圆三种形式。平压平、圆压平型商标印刷设备占地面积小、操作方便、产品一次完成，适合于小批量生产。圆压圆型商标印刷机自动化程度高，控制机构复杂，是典型的一体化生产设备，适合于长版活生产，是未来的发展方向。对于单张纸基材绝大部分采用胶印加工方式，而卷筒类不干胶材料则主要采用凸版印刷加工。由于标签产品在美观、防伪、个性化方面的多样化需求，综合各种印刷方式的优点是体现印刷效果的最好选择。因此，具有平、凸、柔、网多功能的组合式印刷机的设计和应用将越来越多，这也是标签设备制造企业的开发方向。

标签机除印刷主体，还可任意与以下四种部件组合。其一为烫金部分，可加装在印刷部分的前边或后边；其二为紫外线干燥部分，加在印刷部分之后，可使不覆膜产品上的油墨快速干燥，但需使用 UV 光敏油墨；其三为纵切部分，加在裁切部位，可把纸张切成窄条；其四为复卷部分，把印刷后的成品按要求收卷，或者是半成品收卷后再进行套印或烫金。

2）其他印制方式

a）轮转印刷

随着标签加工机的问世，不干胶标签也可以采用其他的轮转印刷设备印刷。用窄幅轮转机印刷不干胶标签可直接上加工机进行后加工；而用宽幅轮转机印刷的产品，可大卷印刷后再分切成小卷，然后上加工机进行后加工。对于一些尺寸较大的不干胶印刷品，一般采用在单张纸胶印机上印刷，再进行线外模切、手动排废的方法。

b）无水胶印 UV 商标印刷

典型代表为 Codimag Viva340 无水胶印商标印刷机。该设备的最大印刷宽度为 335mm（相当于 14in），最大印刷速度可以达到 12 500 印张/h。该设备专为高效生产饮料、食品、医药和化妆行业需要的不干胶标签而设计，它的半旋转设计允许在不更换滚筒的情况下改变尺寸。此外，该设备还有 UV 柔印单元、层压覆膜、轮转模切和热模压等特殊功能。

c）数字印刷

如果出现药品、消费品与食品等行业的产品推陈出新速度加快，要求在较短时间内将为数不多的新标签与新设计印刷好；企业促销推广产品、纪念性试用品或个性化产品，虽为数不多，但其标签力求精美等情况，若采取传统印刷方式，不但制版花费时间长，而且成本偏高，客户需求很难满足。而数字印刷不需要制版，可以一张起印，并且质量也比较好，很适合这种情况下使用。所以，不论新产品试水，还是包装标签翻新，数字印刷成本都是相对比较低的，对于新理念和新产品尽早问世很有好处。伴随数字印刷技术被广泛应用于标签印刷当中，印刷商对完整数字印刷和印后加工集于一身的方案也会更为需求。

3）不干胶标签背面印刷

不干胶标签背面印刷是指用印刷的方法在不干胶材料的胶黏剂表面印上油墨或涂料。

a）目的

其一为一个标签正反两面印刷可以分别起到不同的宣传作用，既节省了标签材料和费用，又使商品具有特殊的装潢效果，并起到一定的防伪作用。其二为遮盖背面胶黏剂，某些标签背面不需要全部涂有胶黏剂，如具有可重贴、可移贴特性的封口贴标签，为便于揭启，其开启端与人手指接触部位就不需要有胶。

b）基本方法

不干胶标签背面印刷只能用凸印版形式，因为只需凸起部分同胶黏剂在印刷瞬间接触，常用机组式柔性版印刷机印刷。给纸时，不干胶材料底纸朝上，底纸在分离辊处同面纸分离。然后，面纸的胶黏剂面向印版接触，实现印刷。底纸经过一组张紧辊后，在复合辊处同背面印刷后的面纸覆合，还原成不干胶材料，然后卷筒纸经翻转架翻转 180°，变成面纸朝上，再进行面纸的正面印刷。根据背面印刷的色数，可选择相应配置的印刷机组进行印刷。

背面印刷所用油墨要使油墨同胶黏剂接触后不起反应，并能很好地干燥，背面印刷之前必须进行适性试验，以选择适宜的油墨。具体要求包括不影响面纸的理化特性与胶黏剂的特性，且对底纸无影响。

4）模切工艺

不干胶标签主要有半切与背切两种模切形式。

a）半切

不干胶标签的模切工艺不同于纸盒和纸箱的全切方式（即切断），它要求模切刀片只切断面层材料，底纸仍保持原有状态，并将标签以外的废料剥离，这就需要采用半切形式的模切工艺，其一般采用平压平式模切。

b）背切

除了对不干胶标签的表面材料进行模切外，在某些场合，还要对不干胶标签的底纸进行模切——背切。其一为去掉多余的底纸；其二为便于揭去底纸，如某些特快邮递用的标签；其三为达到某种特种工艺目的，如袜子上的标签、食品封口标签、机场使用的行李标签等。

背切有两种常用方式，分别是单张纸背切与卷筒纸背切。单张纸背切在单张纸背切机上进行，由操作者手工续纸，通过改变圆刀位置来改变背切位置。一般采用先背切，再正面模切、排废的工艺。卷筒纸连续背切可在标签机上进行，也可在卷筒纸背切机上进行。卷筒纸的局部背切，如封闭图形的底纸模切，由安装在底纸下面的模切辊完成。

5）排废

标签的排列方向十分重要，因为排废与图标的排列方向关系密切。图标上凹进部分或开口部分应置于出纸侧，否则，易发生撕裂甚至撕断的情况。标签在横向多重排列时，应尽可能采用错开排列方式，便于排废。同时这种方式在每个时刻都只有一段横向刀刃在工作，可以大大减小横向刀具的压力，这在模切厚纸（如吊牌标签）时，尤为重要。选择合适的废边尺寸可以避免废边被拉断的情况，从而提高生产率。通常，标签之间的横向间隙要大于纵向间隙。标签设计为圆角比直角和锐角更易于排废，模切速度也可提高。

6）压龙

压龙也称打龙，是电子类标签常用的加工方法，压龙的外形如同邮票四周的锯齿状孔洞，便于折页和撕下。压龙可在不干胶底纸上进行，也可在面纸表面连同底纸一起进行。压龙在模切工位上同模切一同完成。压龙用的刀片是带齿牙的刀条，压龙方式分平压平式压龙和圆压圆式压龙两种方式。

8.3　卷烟内外包装的印制加工

8.3.1　常见烟包的印制与加工

1. 结构与材料

1）结构

卷烟的包装形式比较单一，其内包装包括小包装与中包装，其中小包装按照材质不同分为硬盒烟包与软盒烟包，通常都是 20 支装；而中包装一般称为条盒包装，内装 10 包小烟包。特殊高档品牌也会有一些异型包装，但是数量不多。图 8-16、图 8-17 分别是常见的硬盒烟包与软盒烟包的商标用纸结构展开图。图 8-18 是条盒烟包结构展开图。

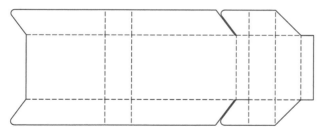

图 8-16　硬盒烟包结构展开图

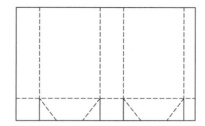

图 8-17　软盒烟包结构展开图

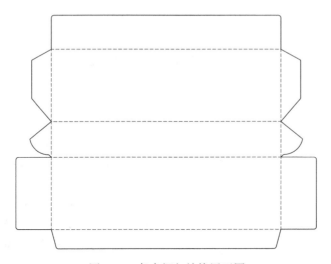

图 8-18　条盒烟包结构展开图

　　由于卷烟制品的特殊性，往往单一材料包装不足以满足其要求。以硬盒烟包材料结构为例，其包装材料通常分四层，紧挨着烟丝的包装材料一般用盘纸。盘纸又称为大螺纹纸，与普通纸张区别很大，一般是以麻为主料制造，特点是吸水性好、韧性大、过火性好、异味低。第二层包装材料一般用银色锡纸，其内层纸膜起保湿作用，外层金属膜起防潮作用。第三层是烟包的商标用纸，硬盒烟包一般用白卡纸。烟包商标用纸要求纸质细致牢固，彩印着墨率好，包装时褶角柔软不破裂，印刷不脱墨，能保持小包外形的整洁美观。第四层包装则是一层塑料薄膜，即热封型双轴拉伸聚丙烯薄膜。为防止卷烟受潮及水分和香气散失，美化产品外观，在卷烟小盒及条盒外包裹了一层薄膜，称为卷烟透明包装材料。与硬盒烟包结构相比，软包的商标用纸为铜版纸，其他区别不大。而条盒一般采用白板纸印刷，包装时外加一层薄膜封装材料即成。

2）材料

烟包包装材料中对印刷要求最高的是商标用纸，其类型主要有白卡纸、白板纸、铜版纸、铸涂纸和铝箔纸等。

a）白卡纸

烟包所用白卡纸要求有较高的挺度、耐破度、平滑度和白度，纸面要求平整，不许有条痕、斑点、凹凸、翘曲变形的产生。由于烟包用白卡纸主要采用卷筒纸高速凹印机印刷，所以对白卡纸的抗张力指标要求较高。烟包用白卡纸分两种类型，一种是黄芯白卡（folding boxboard，FBB），另一种是白芯白卡（solid bleached sulphate，SBS），烟包使用的 FBB 和 SBS 都是单面涂布白卡纸。FBB 由三层浆组成，面层和底层使用硫酸盐木浆，芯层使用化学机械磨木浆。其正面（印刷面）为涂料层，使用两次或三次刮刀涂布，反面没有涂料层。这种纸浆中长纤维多，细小纤维、纤维束少，成纸的厚度好。SBS通常也是由三层浆组成，面层、芯层、底层都使用漂白硫酸盐木浆。其正面（印刷面）为涂料层，同 FBB 一样也使用两次或三次刮刀涂布，反面没有涂料层。这种纸浆纤维细小，纸的紧度较大，SBS 的厚度要比同质量的 FBB 的薄许多。例如，红塔仁恒的 $230g/m^2$ 的 FBB，其厚度为 $320\mu m$，而 $230g/m^2$ 的 SBS 厚度为 $295\mu m$。

b）白板纸

烟包用白板纸的正面必须是洁白平整、组织紧密、挺度较好，印刷时不易起毛，伸缩变形性较小，适合套色印刷。同时，还要具有良好的耐折性，以保证模切压痕时压线平直，边缘线不会引起纸面断裂。白板纸由多层纸页叠合而成，每一层需要几种质量不同的浆料。其正面（印刷面）用上等的漂白硫酸盐木浆，中间芯层用较低档的废纸浆、草浆或木节浆等，背面则用中等的苇浆、废纸浆等。由于白板纸在挺度、白度、模切压痕成型方面较白卡纸差许多，故只能用于烟包的中包装，即条盒包装之用。

c）铜版纸

铜版纸在烟包中主要用于软包香烟，通常用 $90\sim100g/m^2$ 的单面铜版纸，简称单铜。印刷方式有凹印、胶印、柔印。除胶印之外，凹印、柔印都采用卷筒单面铜版纸。卷筒铜版纸除要求具有凹印、柔印的印刷适性之外，在印刷完毕裁成成品烟标后还必须有良好的平伏性，不凸不翘，以保证能在卷烟机上正常使用。由于烟包使用的单面铜版纸质量要求高，目前能生产合格的用于烟标的单面铜版纸的厂家很少，主要有江苏金东集团、台湾永丰余集团，日本 NPI，美国美德维什纬克等。

d）铸涂纸（俗称玻璃卡纸、玻璃铜版纸）

铸涂纸所用的原纸、涂料液等与铜版纸基本相同，只是生产工艺不一样。当原纸经过涂布之后，在涂料层还处于未干状态并有可塑性的情况下，使纸面压贴于内部加热的镀铬缸面上，在镜面施压状态下让涂料层受热干燥成膜，其涂膜的可塑性相应消失，从而使纸张从缸面上自动地脱落下来，即成铸涂纸。铸涂纸表面具有极高的光泽度，还富有细微的空隙性，对油墨有良好的吸收作用，网点还原性和色调再现性都很好，能使图像表现出较高的清晰度。铸涂纸比铜版纸有更高的光泽度和平滑度。

近几年使用铸涂纸的烟包越来越多。硬包用 $230g/m^2$ 的玻璃卡，如会泽"小熊猫"、"一品黄山"、"成都"、世纪"骄子"等，软包用 $100g/m^2$ 的玻璃铜版，如"云烟""福"等。另外，高档的铝箔纸，其底纸也要使用铸涂纸，这样才能使铝箔纸表面达到镜面般的平整，让铝箔纸表面的金属质感表现更加充分。目前铸涂纸主要从印度尼西亚进口，硬包使用的 $230g/m^2$ 的"航空"牌最好，软包使用的 $100g/m^2$ 的"阿卡地亚"牌最好。

e）铝箔纸

铝箔纸又称为镀铝纸、喷铝纸，其表面附着一层极薄的金属铝。铝箔纸印刷的烟包，其特点是华丽、精致。由于常用的颜色是金、银色，并带有金属光泽，符合中国传统的高贵审美心理。目前高档烟包绝大多数都采用铝箔纸印刷。铝箔纸按底纸的不同分为：铝箔卡纸、标签纸、烟衬纸。按表面图案的不同分为：图案全息铝箔纸、素面全息铝箔纸和普通铝箔纸。按加工工艺的不同分为：纸塑复合法铝箔纸、转移法铝箔纸和直镀法铝箔纸。

铝箔纸的印刷适性比较特殊，其表面金属铝结构较为紧密，基本上没有空隙，近似镜面，属非吸收性基材。为避免铝箔纸粘脏并改善其干燥性能，必须采用 UV 油墨。所以近几年很多烟包印刷企业都添置了六色+UV 油墨固化干燥装置+UV 上光胶印机，主要就是用来解决铝箔纸印刷的难题。

2. 烟包印制工艺流程

1）工艺流程

对于硬盒烟包与条盒包装，其本质都是折叠纸盒，与一般的包装纸盒并无太大差别，其印刷生产的工艺流程大致为：硬盒烟包/条盒包装→印前处理→制版→印刷→表面整饰→模切压痕→糊盒成型。而对于单张软盒烟包则是软盒烟包→印前处理→制版→印刷→表面整饰→模切/裁切。

目前国内以烟包印刷为主的印刷企业已有 200 多家，由于烟包印刷利润比较高，大量印刷企业纷纷涉足这一领域，造成烟包印刷行业竞争日趋激烈，促使烟包设计和印刷工艺越来越复杂，所用的材料越来越讲究，防伪技术越来越高端。目前，四大印刷方式的凹印、胶印、柔印和网印都可以用于烟包印刷，或完成其中的一部分工序，UV 印刷、UV 上光、全息烫印及联机加工等新技术使用普遍，由两三种印刷技术组合印制的烟盒随处可见，更多种印刷技术组合的烟盒层出不穷，组合印刷是烟包印刷未来的方向。凹印机曾经作为烟包印刷的主打设备，受订单量小、品种多、个性化及防伪效果的影响，目前正受到来自其他印刷方式的冲击。胶印技术以其成本低、操作简捷、工艺变化灵活的优势，在烟包印刷领域正起着越来越大的作用。对于订单量大、专色多且需要表面上光处理等的单张纸烟包印刷，印刷厂普遍都使用多色 UV 印刷+联线上光的胶印机进行生产加工。而对于凹印，烟包印刷既可使用单张纸凹印设备，一般均配备 UV 干燥和红外干燥，适合烟包产品表面的 UV 雪花、UV 磨砂、水性上光、水性金银墨生产加工；也可使用卷筒纸凹印设备，常见品牌有瑞士的博斯特、意大利的赛鲁迪，国内最著名的烟包印刷凹印机品牌是中山松德，中山松德多色组卷筒凹印机的印刷精度和设备性能已经达到世界先进水平。

2）卷盘式软包烟标工艺

国内卷烟厂使用的卷烟包装设备，按上机前卷烟商标的外形，可大致分为两类，一类是单张（平张）纸的卷烟包装机，使用的卷烟商标是一个个在印刷厂模（裁）切好的单个烟标，卷烟包装设备的速度（单通道）在 400 包/min 左右；另一类是卷盘纸的卷烟包装机，使用的卷烟商标是在印刷厂分切成盘的带状商标，在卷烟包装设备上连线横（分）切后再包装烟支，速度在 800 包/min 左右。单张供纸方式既可用于低克重的软包产品，也可用于高克重的硬包产品；卷盘供纸的方式，则主要用于纸张克重相对低的软包产品。

卷烟商标的传统生产方式（流程），基本上都是制版→印刷→烫印/压凹凸/上光→模切/裁切→检验→装箱→出货。在这个过程中，印刷工序一般采用卷盘纸上凹印机印刷，完成印刷后连线横切成大张，或单张纸上胶印机，下机产品均为单张纸；烫印/压凹凸/上光、模切/裁切等印后工序一般是单张纸大幅面操作，需要不断地重复定位，精度要求高，为保持生产的稳定性，对设备及操作技能的要求较高。

在新型卷盘式软包烟标的整个生产流程中，采用的是卷到卷的生产方式，烫印工序使用双工位烫金机连线完成全息和凹凸烫印，并通过安装在两个烫印单元后的在线检测系统进行烫印质量控制和印刷/烫印质量信息的反馈与传递，提高了产品质量和效率。以卷盘云烟（软珍品）商标为例，生产流程如图 8-19 所示。

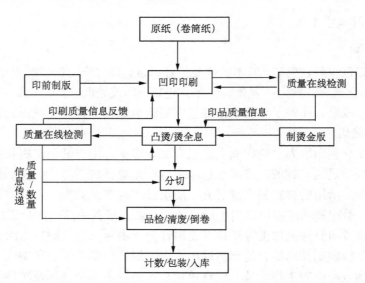

图 8-19　卷盘云烟（软珍品）商标的生产流程

与原有的平张（单张）生产方式相比，卷盘云烟商标的生产工艺/流程发生了较大变化。在整个生产过程中，卷盘生产方式的烟标是连续成卷的。首先是卷筒式凹印机进行烟标大版多拼印刷，按一卷原纸对应两卷印刷半成品（第一卷下机半成品的长度为5400m，剩余部分作第二卷）的方式进行印刷、收卷；其次在双工位烫金机上进行全息烫/凹凸烫，烫印过程中，不论是否出现停机处理问题的情况，均按一卷对一卷的方式进行烫印、收卷，同时完成好在线检测工作，并将故障信息做储存记录；再次将烫印后的大卷送至分切机，分切过程中，不论是否出现停机处理问题的情况，均按一卷对二卷的方式进行分切、收卷，　盘径为（570±5）mm；最后将单条卷盘放在自动品检机上根据储存信息进行复检，故障处理后进行倒卷包装。可见，对卷盘生产方式的工艺、操作、质量控制等方面的要求均远高于平张（单张）的生产方式。

3. 印后加工

烟盒包装和其他高档包装如酒盒、化妆品包装类似，不管是小盒烟包还是条盒烟包，印后往往需要进行多工序的整饰加工，以提高产品的性能和外观质量。对于越来越多的印后加工方式，如覆膜、上光（局部 UV 上光）、烫印、压凹凸、扫金、压纹、模切压痕等，其中只有覆膜较多用于酒盒、化妆品、纸袋及书封包装，而烟盒通常使用上光来替代覆膜效果，其他工艺基本相同。

1）覆膜

覆膜工艺是以透明塑料薄膜通过热压黏覆到印制品表面，实际上属复合工艺中的纸/塑复合工艺。经覆膜的印品，表面色泽亮度增强，且增添了图像的质感，可以满足印品所要求的高光泽透明、防脏污、耐油脂和化学药品、耐压折叠、耐穿透性、耐气候性、防水性、食品保鲜性。目前，广泛应用的覆膜材料是新型双向拉伸聚丙烯薄膜，膜厚为15~20μm，其优点是透明度高，光亮度好，且柔韧、无毒、耐磨、耐水、耐热、耐化学腐蚀、价廉。

覆膜技术曾经被广泛应用于书籍封面、高级包装盒面、精美画册等方面，是国内最常见的一种印后表面处理工艺。目前，环保原因导致覆膜技术在印后表面处理的应用越来越少。覆膜技术受到很多因素如纸张种类、油墨用量、黏合剂、工作温度、环境气候等因素的影响，可能出现黏合不良、起泡、涂覆不均、皱膜、弯曲不平、脱落分离等故障。覆膜的危害主要源于塑料薄膜，用于覆膜的塑料薄膜不可降解、难以回收利用，易造成白色污染，长期使用还会危害工人的健康。由于覆膜后的纸张难以回收再生，上光工艺的使用越来越广泛，特别是具有环保概念的水性上光油越来越表现出竞争优势。

覆膜工艺按照所采用的原料及设备的不同，可以分为即涂型覆膜工艺与预涂型覆膜工艺。即涂型覆膜工艺是指工艺操作时先在薄膜上涂布黏合剂，然后再热压，完成纸塑合一的工艺过程。预涂型覆膜工艺是将黏合剂预先涂布在塑料薄膜上，经烘干收卷后，在无黏合装置的设备上进行热压，完成覆膜的工艺过程。其结构原理参见 8.1 节复合工艺。

2）上光

上光是在印刷品表面涂布一层无色透明涂料的工艺过程。经过上光的印刷品表面光亮、美观，印刷品的防潮性能、耐晒性能、抗水性能、耐磨性能、防污性能等得到增强。

a）形式

上光有三种形式：涂布上光、压光和 UV 上光。涂布上光也称为普通上光，是以树脂等上光涂料（上光油）为主，用溶剂稀释后，利用涂布机将涂料涂布在印刷品上，并进行干燥。涂布后的印刷品表面光亮，可以不经过其他工艺加工而直接使用，也可以再经过压光后使用。压光是把上光涂料先涂布在印刷品表面，通过滚筒滚压而增加光泽的工艺过程，它比单纯涂布上光的效果要好得多。UV 上光是在印刷品表面涂布 UV 上光涂料，在紫外线照射下固化后而形成固化膜。在固化过程中，UV 预聚合物经过硬化形成耐磨损、有光泽的塑料体。UV 上光具有高亮度、不褪光、高耐磨性、干燥快速、无毒等特点。

b）上光机

上光机有普通上光机和 UV 上光机，上光机主要包括涂布装置和干燥装置、输纸装置、收纸装置、传送装置和机体。对于新型卷盘式软包烟标而言，其上光由博斯特（BOBST LEMANIC 82-H）八色凹印机完成，即将其中的一色印刷用的油墨换成上光涂料进行上光。

c）上光流程

上光工艺流程为：送纸（自动、手动）→涂布上光涂料（普通上光涂料或 UV 上光涂料）→干燥（固化）。还有的上光工艺采用组合上光方法，工艺流程为：送纸→涂布上光涂料→干燥→涂布 UV 上光涂料→紫外线固化。

印刷品经过上光涂料槽均匀涂布上光涂料，再经过热风烘道干燥或红外线、紫外线干燥，在印刷品表面形成亮光油膜层，上光后的印刷品必须经冷风喷管使结膜表面冷却后才能堆积，以避免堆积时发生粘连现象。

印刷品的压光是在上光的基础上再经过一定的温度和压力使涂布材料在印刷品表面形成较强光泽的玻璃体，产生良好的艺术效果。涂布上光过程中，印刷品表面已涂布上光油，并经过干燥，表面已形成光亮油膜，光泽度较高，完全可以直接使用。如果再进行压光，表面光亮度更高，艺术效果更好。

3）烫印

烫印也称烫金、烫箔，它是指以金属箔或颜料箔，通过热压或其他方式转印到印刷品或其他物品表面，提高产品的装饰效果，它属于产品整饰加工的一种方法。其原理是：烫印时，烫印纸的黏结层熔化，与承印物表面形成附着力，同时烫印纸的离型剂的硅树脂流动，使金属箔与载体薄膜发生分离，载体薄膜上面的图文就被转到承印物上面。目前，烫印的应用范围十分广泛，特别是包装装潢印刷品的表面装饰。

由于包装品的用途、要求不同，烫印的形式也有所不同，根据烫印温度可分为冷烫工艺和热烫工艺；根据烫印效果可分为平面烫印、立体烫印和全息烫；根据烫印材料可分为金箔烫印、银箔烫印、铜箔烫印、铝箔烫印、粉箔烫印、电化铝烫印。其中较为常见的是电化铝平面热烫印加工。

a）电化铝箔

与印金、印银相比，烫印使用的电化铝化学性质稳定，可以长时间接触空气不变色、不变暗，能长久保持金属光泽。此外电化铝箔材料的颜色除传统的金色、银色外，还有红色、蓝色、绿色等各种颜色，且成本较低，加上烫印工艺简单，易于操作，因此有较好的经济效益。电化铝箔是一种在薄膜片基上真空蒸镀一层金属材料而制成的烫印材料。而全息电化铝是近年来兴起的一种电化铝材料。其根据激光干涉原理，利用空间频率编码的方法在普通电化铝的基础上加制全息图。由于激光全息图案色彩佳、层次明显、图像生动逼真、光学变换效果好、信息技术含量高等特点被广泛应用于防伪领域。

常用的电化铝箔由 5 层不同材料构成，如图 8-20 所示。

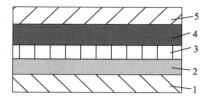

图 8-20　电化铝箔的构成
1. 片基层；2. 隔离层；3. 染色层；
4. 镀铝层；5. 胶黏层

（1）第一层为片基层也称为基膜层，为双向拉伸或涤纶薄膜聚酯薄膜，主要作用是支撑依附在其上面的各涂层，便于加工时的连续烫印。

（2）第二层为隔离层也称为剥离层、脱离层，一般为有机硅树脂等涂布而成，主要作用是在烫印（加热加压）后，使色料、铝、胶层能迅速脱离聚酯薄膜而被转移黏结在被烫印物体的表面上，有的电化铝箔产品没有隔离层，采用与基膜黏附力较小的色层黏料，使色层既能反映颜色又起到脱离作用，这就是四层结构的电化铝箔。

（3）第三层为染色层，主要成分是合成树脂和染料，生产时将树脂和染料溶于有机溶剂配成色浆，然后涂布在隔离层上，经烘干后形成彩色薄膜。染色层的主要作用有两个，一是显示颜色；二是保护烫印在物品表面的镀铝层图文不被氧化。

（4）第四层为镀铝层，将涂布了隔离层和染色层的片基薄膜放置于真空连续镀铝机的真空室内，在一定的真空度下，通过电热器加热至 150℃，将铝丝熔化并连续蒸发到薄膜的染色层表面，便形成了电化铝箔的镀铝层。镀铝层利用铝的高反射性能，可较好地反射光线，呈现光彩夺目的金属光泽，使染色层的颜色更加耀眼。

（5）第五层为胶黏层，胶黏层一般是易熔的热塑性树脂，如甲基丙烯酸甲酯与丙烯酸共聚物，根据被烫印的材料不同，也可选用其他树脂。将热塑性树脂溶于有机溶剂或配成水乳液，通过涂布机涂布在铝层上，经烘干即成胶黏层。胶黏层的主要作用是在烫印时，经过加热加压，电化铝箔与被烫物体接触，将镀铝层和染色层粘贴在被烫物体的表面。同时在储存与运输途中，胶黏层还起到保护电化铝箔的作用。

b）烫印版

烫印版根据制版材料，可分为硅胶版、锌版和铜版三大类。硅胶版的硅胶及配料常为日本进口，弹性好。其耐高温（300～400℃），使用寿命长（正常使用可达 10 万次），可根据客户要求制作不同硬度和不同厚度的铝版。锌版则是一种金属腐蚀版，根据客户提供图案定做。铜版是采用雕刻机雕刻图案，尺寸可以做到 800mm×800mm。铜版材质细腻，表面的光洁度、传热效果都优于硅胶版和锌版，且耐用，适合烟包类长版活件。视生产要求，可以采用单版烫印，也可以采用多拼大版烫印。而卷盘云烟烟标采用了多拼大版烫印方式。卷盘云烟（软珍品）商标使用的烫全息电雕铜版见图 8-21。

c）烫印设备

烫印机与凸版印刷机的结构与原理基本相似，因此有许多厂家把闲置的凸版印刷机改造成烫印机。根据烫印方式不同，烫印机可分为平压平型烫印机、圆压平型烫印机、圆压圆型烫印机；根据烫印色数不同，烫印机可以分为单色烫印机、多色烫印机；根据自动化程度不同，烫印机可分为手动烫印机、半自动烫印机和自动烫印机；根据整机形式的不同，烫印机可分为立式烫印机和卧式烫印机。而最新的双工位烫金机可以在烫全息图案之后，接着进行凹凸烫印，即全息/凹凸烫在一台设备上同时完成。

　　d）工艺流程

　　（1）热烫工艺。

图 8-21　烫全息电雕铜版

　　通常热烫工艺流程为：烫印前的准备工作→装版→垫版→确定烫印工艺参数→试烫→正式烫印（生产）。

　　烫印前的准备工作主要包括对电化铝的检查和选用，烫金版的准备及烫金机的检查。装版则采用粘贴或螺钉（版锁）将烫印版安装到蜂窝板上的过程。垫版即根据试烫印的效果，对局部压力不平并造成烫印效果不理想的地方进行垫压操作，使各处压力均匀、图案平整。确定烫印工艺参数包括温度、压力与时间。前期工作准备好，即可以进行试烫。试烫的目的是检查烫印质量和烫印效果是否达到要求，若达不到，需再次调整烫金版位置、烫印温度/压力等参数。试烫结果符合要求，即可投入生产，在正式生产过程中，操作人员需按生产要求进行自检，同时质检人员进行抽查检验。

　　（2）冷烫工艺。

　　冷烫工艺是近年来出现的一类新工艺。这种工艺不需要加热，而是在印刷品表面需要烫印的部位上印上胶黏剂，烫印时电化铝箔与胶黏剂接触，在压力的作用下，使电化铝箔附着在印刷品表面。此时所用的烫印箔是无胶黏层的专用电化铝箔，所用黏合剂通常是 UV 黏合剂。

　　与热烫工艺相比，冷烫工艺具有以下特点。无须专用的烫印设备；无须制作专用的烫印版，可以使用普通的感光树脂版；可采用一块感光树脂版同时完成网目调图像和实地色块的烫印；烫印基材的适用范围广，在热敏材料、塑料薄膜、模内标签上也能进行烫印。冷烫印技术的缺点是烫印箔的表面强度比普通烫印箔的表面强度差，一般要以上光或覆膜方法保护。

（3）全息烫印。

全息烫印技术是一种新型的激光防伪技术，是将激光全息图像烫印在承印物上的技术。尽管问世时间不长，但全息烫印在国内外已得到了广泛的使用，主要用于各种票证，如信用卡、护照、钞票、商标、包装的防伪，根据全息图烫印标识的特点，全息烫印又分为连续图案烫印和独立商标烫印。卷盘云烟（软珍品）商标全息电化铝烫印如图 8-22 所示。

图 8-22　全息电化铝烫印

连续图案全息标识烫印中全息图案在电化铝箔上呈有规律的连续排列，每次烫印时都是几个文字或图案作为一个整体烫印到最终产品上，对烫印精度无太高要求，一般热烫设备均可完成。而独立图案全息标识烫印则把电化铝上的全息标识制成一个个独立的商标图案，且在每个图案旁均有对位标记，到目前为止，它是一种最好的包装防伪手段。

4）凹凸压印

凹凸压印也称压凹凸、压凸、凸凹印刷等，多用于印刷品和纸容器的印后加工，如高档的商品包装纸、商标标签、书刊装帧、日历、贺年片、瓶签等包装的装潢。经过凹凸压印的印刷品生动美观，有立体感，艺术效果非常强，大大提高了印刷品的附加值。

a）原理

凹凸压印是印刷品表面装饰加工中一种特殊的加工技术，它使用凹凸模具，在一定的压力作用下，使印刷品基材发生塑性变形，从而对印刷品表面进行艺术加工（图 8-23）。

b）形式

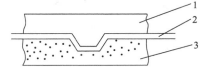

图 8-23　凹凸压印示意图
1. 凸模板；2. 纸；3. 凹模板

　　压印根据最终加工效果的不同，一般常用的工艺类型有以下几种。①单层凸纹，印刷品经压印变形之后，其表面凸起部分的高度是一致的，没有高、低层次之分，并且凹凸部分的表面近似为平面；②多层凸纹，印刷品经压印变形之后，其表面凸起部分的高度不一致，有高、低层次之分，而且凸起部分的表面近似于图文实物的形状；③凸纹清压，印刷品经压印变形之后，凸起部分同印刷品图文边缘相吻合，中间部位的形态、线条则可稍微自由一些，不必完全重合；④凸纹套压，印刷品经压印变形之后，凸起部分同印刷品图文不仅边缘相吻合，中间部位的每一细部也要相吻合。

　　c）设备

　　由于凹凸压印压力大才可以压出层次好的产品，所以宜采用四开或者对开模切压印专用设备，这种机器只有简单的传动和压印装置，使用比较方便。凹凸压印工艺的设备目前主要有三种：平压平型、圆压平型及圆压圆型。

　　5）模切压痕

　　纸产品通过在折压处、结合部位等位置模切或压痕，可以制成各种各样的平面和直线型产品，除此之外，还可以制作各种各样的立体和曲线型产品，使产品的形状、造型更加美观、精致。包装产品通过模切压痕工艺可制成精美箱盒产品；书封面经过压痕处理，使书脊平整美观；塑料皮革产品经过模切压痕可以做成各种容器或用具。

　　a）刀具

　　模切是用模切刀根据产品设计要求的图样组合成模切版，在压力作用下，将纸盒或其他板状坯料轧切成所需形状和切痕的成型工艺。压痕则是使用压线刀或压线模，通过压力在板料上压出线痕，或利用滚线轮在板料上滚出线痕，以便板料能按照预定的位置进行弯折成型。模切压痕共使用两种刀具，一种是模切刀具，一种是压痕刀具。模压前，需根据产品设计要求，用模切刀和压线刀排成固定在压印底板（压痕模底板）上用于模切压痕的底模即模压版。

　　b）设备

　　模切压痕工艺在模切压痕机上进行，有的机器是分开的，但大部分机器把模切和压痕放在一起完成。模切压痕机按压印形式不同，有平压平型和圆压平型和圆压圆型三种类型。平压平型用得较多，若将烫印、凹凸压印、模切压痕等组成多功能设备，会很受使用者欢迎。

　　c）工艺流程

　　通常情况下，在模切压痕机上的操作工艺流程为：装模压版→调整压力→确定规矩→试压模切→正式模切→整理清废→成品检查→点数包装。

　　装模压版之前，应校对版面，确认符合要求后方可进行安装。安装模压版后，需对版面压力进行调整，调整时注意应先调整钢刀压力，再调整钢线压力。调整钢刀压力的目的是将钢刀碰平、靠紧垫版。紧接着要确定规矩，应根据产品规格要求合理选定，一般尽量使模压产品居中。然后试压几张产品，仔细检查。如果是折叠纸盒还需折叠成型，查验质量后方可正式生产。对模切压痕加工后的产品，应将多余边料清除，称为清废。清理后的产品切口应平整光洁，必要时应用砂纸对切口进行打磨或用刮刀刮光。清理后再进行成品检查，在产品质量检验合格后，进行点数包装，点数中剔除残次品，其误差一般不得超过万分之二至万分之三。

8.3.2　瓦楞纸箱的印制与加工

1. 结构与材料

1）结构

如前所述，烟包最后的箱装一般采用瓦楞纸箱包装，瓦楞纸箱也是其他商品包装最常用的包装形式之一。其所用瓦楞纸板是制造各类瓦楞纸板箱的基材，是在瓦楞机压制的瓦楞芯纸（剖面呈波浪状、类似瓦楞）上黏合面纸而制成的高强度纸板。

瓦楞纸板的受力与拱架相似，具有较大的刚性和良好的承载能力，并富有弹性和较高的防震性能，其结构如图 8-24 所示。瓦楞的形状与瓦楞纸板的抗压强度直接有关。根据瓦楞纸芯的形状，瓦楞纸板可分为 U 形、V 形和 UV 形，如图 8-25 所示。瓦楞纸板依组成类型，可分为单面单楞瓦楞纸板、三层瓦楞纸板、五层瓦楞纸板等。瓦楞纸板的性能除与瓦楞形状有关外，还与瓦楞的规格有关，一般分为 A 型、B 型、C 型、E 型。瓦楞纸板现正朝高强度、低克重、多楞型、高质量方向发展。

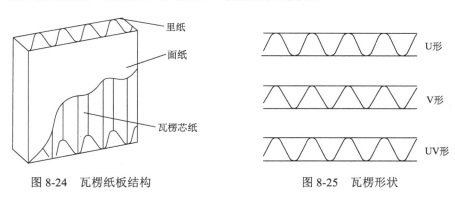

图 8-24　瓦楞纸板结构　　　　　　图 8-25　瓦楞形状

A 型瓦楞具有极好的防震缓冲性，垂直抗压强度比 B 型好，C 型瓦楞的防震性能与 A 型相近，平面抗压能力接近 B 型瓦楞，A、C 型瓦楞纸板多用于外包装。B 型瓦楞平面抗压能力超过 A 型瓦楞，利于获得良好的印刷效果，多用于中包装。E 型瓦楞是最细的一种瓦楞，楞高约为 1mm 左右，单位长度内的瓦楞数目最多，能承受较大的平面压力，可印刷较高质量的图文，其强度与硬纸板相似，但比硬纸板质轻、价廉，多用于内包装。

2）材料

制作瓦楞纸板所用的面纸和瓦楞原纸与其他纸张最根本的区别在于：不论面纸还是瓦楞原纸都不是以它们固有的形态使用的，而是在加工成瓦楞纸板后才形成它特有的性能和使用价值，因此，不仅在物理性能与外观方面要符合一定标准，还要具有良好的加工性能，如高速黏合适应性等。

a）瓦楞原纸

瓦楞原纸在生产过程中被压制成瓦楞形状，制成瓦楞纸板以后它将提供纸板弹性、平压强度，并且影响垂直压缩强度等性能，因此，瓦楞原纸必须具有较好的耐破度、耐折度和横向压缩强度等。为了增强黏结强度，原纸还要具有一定的吸收性。另外，在外观上，纤维组织要均匀，纸幅间厚薄要一致，纸面平整，不能有皱折、裂口和窟窿等纸病，否则，它们和浆块、硬质杂质一样，会大大增加生产中的断头故障，影响产品质量。要求瓦楞原纸纸质坚韧，具有一定的耐压、拉伸、抗戳穿、耐折叠的性能，所含水分应控制在 8%～12%。若水分过高，加工纸箱时就会出现纸身软、挺力差、压不起楞、吸胶性差、不黏合等现象；水分过低，纸发脆，压楞时易出现原纸破裂现象。

　　生产瓦楞原纸一般采用半化学浆、草浆、褐色磨木浆、废纸浆等。用半化学浆生产的瓦楞原纸挺度比用废纸浆高出 1 倍，表 8-3 是瓦楞原纸的主要技术指标。

表 8-3　瓦楞原纸的主要技术指标

指标名称		单位	A	B	C	D
定量		g/m²	112	127　　140　　160　　180		220
紧度		g/m³	0.50		0.45	
横向环压指数	112g/m² 不小于	N·m/g	6.5	5.0	3.5	3.0
	127～140g/m² 不小于		7.1	5.8	4.0	3.2
	160～200g/m² 不小于		8.4	7.1	5.0	3.2
纵向裂断长不小于		km	4.0	3.5	2.5	2.0
水分		%	8.0 ± 2.0		$8.0^{+3.0}_{-2.0}$	$9.0^{+3.0}_{-2.0}$

b）箱纸板

　　箱纸板用来做瓦楞纸板的面层，制箱后即为箱面层，因此，要求箱纸板具有较高的耐压、耐折、拉伸、耐磨、耐戳穿等强度性能和一定的耐水性，纸质坚挺而富有韧性，同时还必须具有良好的外观性能及适印性能。目前箱纸板分为 5 个级别，其主要技术指标如表 8-4 所示。

表 8-4　箱纸板的主要技术指标

指标名称		单位	A	B	C	D	E
定量		g/m²	200　230　250　280　310　360 300　320　340　360　420　475 420　　　　　　　　530				
紧度		g/m³	0.72	0.70	0.65	0.6	
耐破指数不小于	200～230g/m²	kPa·m²/g	2.95	2.65	1.50	1.10	0.90
	≥250g/m²		2.75				
环压指数不小于	200～300g/m²	N·m/g	8.40	8.40	6.00	5.20	4.90
	≥250g/m²		9.70				

续表

指标名称		单位	A	B	C	D	E
耐折度（横向）	≤340g/m²	次	80	50	18	6	3
	360g/m²		80	50	14	5	2
	420g/m² 不小于		80	50	10	4	2
	475g/m²		80	50		3	1
	530g/m²		80	50			1
吸水性（正/反）不大于		g/m²	35/50	40/—	60/—	—	—
水分		%	8.0±2	9.0±2	11.0±2	11.0±3	

A 级箱纸板称为牛皮箱纸板，一般要求全部用针叶木硫酸盐浆（牛皮浆）来生产；B、C 级又称挂面箱纸板，分别采用 50%、30%的长纤维浆挂面，此外用木浆废纸、半化学浆做底层；D、E 级箱纸板一般用半化学浆、草浆、废纸浆来生产。根据质量，它们的用途分别为：A 级，制造精细、贵重和冷藏物品包装用的出口瓦楞纸板；B 级，制造出口物品包装用的瓦楞纸板；C 级，制造较大型物品包装用的瓦楞纸板；D 级，制造一般物品包装用的瓦楞纸板；E 级，制造轻载瓦楞纸板。

c）牛皮箱纸板

牛皮箱纸板又名牛皮卡纸，比一般箱纸板更为坚韧、坚实，有极高的抗压强度、耐戳穿强度与耐折度。牛皮箱纸板采用 100%的化学木浆抄造，表面经过施胶与压光，因此有较强的抗水、防潮性能。牛皮箱纸板的标准如表 8-5 所示。

表 8-5　牛皮箱纸板的标准

序号	指标名称	单位	规定		试验方法
			360g/m²	420g/m²	
1	定量	g/m²	360^{+22}_{-14}	420^{+25}_{-17}	GB 451—79
2	紧度不低于	g/cm³	0.72	0.72	GB 451—79
3	耐破度不小于	kPa	900	1000	GB 454—79
4	耐折度（往复次数）横向不小于	次	150	200	GB 1538—79
5	施胶度不小于	mm	0.75	0.75	GB 460—79
6	水分不大于	%	12	12	GB 462—79
7	撕裂度纵横向平均不小于	mN	3500	4000	GB 455—79
8	平滑度正面不小于	S	5	5	GB 456—79
9	伸缩性横向不小于	%	4	4	GB 459—79

d）黏合剂

面纸与瓦楞芯纸之间是通过黏合剂连接的，黏合剂是瓦楞纸板生产过程中的主要辅助材料之一，其质量好坏直接影响瓦楞纸箱的性能。黏合剂的种类很多，如淀粉系列黏合剂、聚乙烯醇、乙酸乙烯乳液、硅酸钠等。目前广泛使用的是淀粉系列黏合剂，其主要原料包括淀粉、氢氧化钠、过氧化氢、硼砂及水等。

2. 印制加工

1) 制箱工艺

现代瓦楞纸箱的生产一般都是在瓦楞纸板生产线上连续化生产完成的, 瓦楞纸板、纸箱生产的各道工序在联动机上组合成生产流水线, 生产线中前道工序加工好的瓦楞纸板进入纸箱成型机或模型切割机后被连续加工成纸箱。联动机能将单机生产中的双色印刷、分纸压痕、开槽切角冲孔等多道工序集中完成, 并能生产各种异形纸箱, 生产效率高, 加工质量好。瓦楞纸箱连续化生产工艺流程如图 8-26 所示。

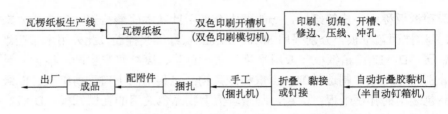

图 8-26　瓦楞纸箱连续化生产工艺流程

瓦楞纸板机生产线如图 8-27 所示, 这种纸板机可以由卷筒型的箱板纸和瓦楞原纸连续生产出各种瓦楞纸板, 然后再分切用于制箱。单面机是瓦楞纸板生产的中枢部分, 其作业包括向纸卷架装箱纸板和瓦楞原纸并将瓦楞原纸进行成形加工, 然后与箱板纸黏合制成瓦楞纸板。单面机由瓦楞辊、压力辊、胶料槽、喷淋部分和涂布辊等主要装置组成。其主要生产工艺: 瓦楞原纸经导辊、喷淋辊、进入瓦楞辊间压楞, 再经吸附机构吸附, 由涂胶辊涂胶后进入下瓦楞辊与压紧辊之间, 与经本机前置预热辊预热后的面纸贴合压紧后制成单面瓦楞纸板, 再经导辊入过桥、引纸装置或裁切, 或待贴彩印面纸, 进入下一工序备用。

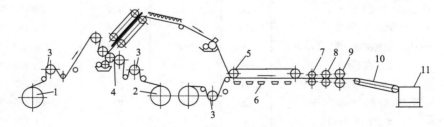

图 8-27　瓦楞纸板机生产示意

1. 瓦楞原纸；2. 面纸；3. 预热器；4. 起瓦楞部分；5. 压紧传带；6. 烘干装置；7. 纵向切料部分；
8. 纵向压槽部件；9. 横向切料部件；10. 输纸板装置；11. 纸板垛

2) 印刷工艺

瓦楞纸板受湿度影响较大, 如果纸板含水量增加, 强度就会下降, 因此瓦楞纸板在印刷前应进行含水量处理。瓦楞纸板的印刷可分为成箱前印刷与成箱后印刷。

a）成箱前的印刷方式

瓦楞纸板成箱前的印刷方式主要分后印工艺、覆面（对裱）工艺和预印工艺三种。

（1）后印工艺。

即在成型的瓦楞纸板上采用轻压的柔性版印刷，或微型瓦楞纸平版印刷，或数字无版印刷。

（a）柔性版印刷。

瓦楞纸箱以柔印水墨印刷为主，瓦楞纸箱的印刷趋势也从单色、双色向多色网线版印刷发展，由外包装（运输包装）向高档销售包装转变。

瓦楞纸板由于瓦楞原因，使其在印刷过程中受压不均。胶印、凹印都无法解决这类问题，而柔性版印刷属于轻压印刷，且印版压缩变形后能较好地接触瓦楞纸板。柔性版印刷使用金属网纹辊传墨系统，印版只需轻轻接触瓦楞纸板，水性墨就会几乎全部被吸收。柔印既能印刷实地版，又能印刷网线版。

现在瓦楞纸柔印机大多数与压痕机、开槽机组装在一起，与开槽、压痕、模切、涂胶、制箱、计数装置共同组成印刷生产线，可将瓦楞纸箱直接印刷一次成型。总之，瓦楞纸箱印刷的最佳方式是柔印这一点在国内外已达成共识。

（b）直接胶印。

直接胶印主要用于微型瓦楞纸板的印刷，其工艺流程为：微型瓦楞纸板生产→微型纸板直接胶印→模切开槽→黏合钉箱。瓦楞纸板直接胶印工艺相对于柔性版印刷具有印刷质量高、可以印刷细小文字和复杂网目调图案、成本低等优点。同时，由于印刷压力作用，纸板强度会产生一定的下降，胶印工艺还无法像柔性设备那样实现联动生产，效率相对较低，且受印刷幅面和材料种类的限制较大。

（c）数字无版印刷。

数字无版纸箱印刷机采用高速喷墨印刷技术，工作时无须印版。无版印刷机能够在瓦楞纸板、硬纸板、蜂窝纸板、泡沫板、塑胶板、薄木板、胶纸、灰纸板、复合材料、垫片、卡纸等上进行快速印刷，适合小批量生产。无版纸箱印刷由于实现了印刷制作的全面电脑化，从而能为客户提供具有弹性的印刷服务，并灵活处理客户的不同需求，真正实现按需、可变及个性化印刷。同时，无版纸箱印刷机采用的是水性墨水，对周围环境影响很小，而且对于打印过程中产生的废墨也有专门的回收装置，非常环保。其操作过程已被智能化，能在短短的几分钟之内完成以往胶版印刷几个小时才能完成的任务，满足了市场需求。

（2）覆面（对裱）工艺。

覆面（对裱）工艺即在 $150g/m^2$ 左右的铜版纸或胶版纸表面进行精细彩色网线平印、柔印或其他方式印刷，然后将印刷品与瓦楞纸板用胶黏剂进行贴合的过程。

（3）预印工艺。

先在瓦楞纸板的面纸材料上进行卷筒印刷，然后将卷筒印刷面纸放到瓦楞纸板生产线上生产瓦楞纸板。预印工艺流程为：预印刷面纸与生产线生产的瓦楞复合黏合→纵切→横切→模切开槽→黏合钉箱。瓦楞纸板的预印方法有多种形式，包括胶印预印、凹印预印和柔印预印等。

预印工艺与直接印刷工艺相比，层次丰富，印刷质量稳定可靠，适应性更广泛。另外，预印刷不用在纸板形成后对其压印，可以避免瓦楞变形和纸板强度减弱。因此，预印刷已成为瓦楞纸板印刷的一个重要发展趋势，特别是高档精美纸箱，包括大型和重型纸箱更适合采用预印刷。

b）成箱后印刷

瓦楞纸板制成纸板箱后，在箱体表面的印刷一般都采用丝网印刷，且只适用于印刷质量要求不高的产品。丝网印版一般采用手工制作，这对于缺少印刷设备条件的小型企业很适用。

总之，为了满足各种包装的要求，瓦楞纸板的印刷方式有很多，这些印刷方式都有其各自的优缺点，适用于不同的要求和用途。瓦楞纸箱生产厂家应根据生产纸箱的特点和用途选择合适的印刷方式。

3）印刷设备

目前国内纸箱加工多采用印刷开槽机进行，该种机型具备给纸、印刷、压痕和切角开槽四个部分，先进机型多采用电脑控制系统。通常整台印刷开槽机统一安装在两条平行导轨上，为使装版和调校工作方便，第一、第二印刷部分可以凭借带有齿轮减速箱的电机驱动，沿着导轨移开，使其与切角开缝装置分离，有些型号的机器采用印刷部分和开槽切角部分以一定间隔分装的设计，各部分用传送皮带联系。

a）印刷装置

瓦楞纸板印刷机为适应瓦楞纸板尺寸有多种规格。多数瓦楞纸板的柔性版印刷机压印部件的滚筒排列是压印滚筒在上，印版滚筒在下，即对纸板的底面进行印刷，这样安排可以使纸板在进入压印前，承印面上的灰尘和碎纸自然下落。

b）压线（痕）装置

纸板经牵引辊被送入压线装置，进行纵向（与楞纹同向）压线，纵向压痕限定纸箱的宽度与长度。压痕装置由一对转轴和四对压痕滚轮构成。压痕滚轮常采用 V 形断面，压痕滚轮数目是根据一片纸板成箱或是两片纸板成箱的要求而定，前者使用四对滚轮，后者只用两对压痕滚轮即可。操作前，上下滚轮要对准并调好间隙，运转中若发现纸板压扁有破裂或深度不足，应立即停机，重新调校。压痕的作用是使瓦楞纸板按预定位置准确地弯折，以实现精确的纸箱内尺寸（或外尺寸）。

c）切角、开槽（缝）装置

紧接第二印刷部分后，纸板进入切角开槽装置。转轴上装有切角刀和开槽刀，用以在坯料上切出缝和角，形成纸箱的摇盖和接舌。转轴上还装有分切刀，以切去多余的纸边，使半成品坯料成为符合规格要求的纸箱板。切角开槽刀的位置由电动螺杆机构来调定，先进型号机装有数控调定装置，实现自动化尺寸调定。切角开缝轴的转速应与印刷滚筒的转速一致。

8.4　化妆品包装的印制加工典型案例

8.4.1　玻璃瓶的印制与加工

1. 组成及分类

玻璃瓶作为最早应用于化妆品包装的包装容器，其透明度与质感是其他材质不可比拟的，目前在高档化妆品包装领域中仍然被广泛使用。玻璃瓶所用无机玻璃的种类很多，根据组成可分为元素玻璃、氧化物玻璃、卤化物玻璃、硫属玻璃等。工业生产的商品玻璃主要是氧化物玻璃，它们由各种氧化物组成。

氧化物玻璃的组成主要有：SiO_2、B_2O_3、P_2O_5、Al_2O_3、Li_2O、Na_2O、K_2O、CaO、SrO、BaO、MgO、BeO、ZnO、PbO、TiO_2、ZrO_2 等。其中，SiO_2、B_2O_3、P_2O_5 等可以单独形成玻璃，称为玻璃形成体氧化物，而碱金属和碱土金属氧化物本身不能单独形成玻璃，但可以改变玻璃的性质，称为改变体氧化物；介于二者之间的氧化物，如 Al_2O_3、ZnO 等，在一定条件下可以成为玻璃形成体的氧化物，称为中间体氧化物。

玻璃容器具有气密性好、化学稳定性高、光洁卫生、透明、外形美观、生产工艺简单、价格低廉、原料来源广、可回收利用等优点，普遍受到包装用户的青睐。在运输包装中，玻璃容器主要是存装化工产品。在销售包装中，主要用做玻璃瓶和平底杯式的玻璃罐，存装酒、饮料、食品、药品、化学试剂、化妆品和文化用品等。玻璃容器及玻璃制品主要有两种类型，一类是餐具玻璃制品及玻璃瓶类，其外形多为圆柱体或圆锥体，其自动成型，以大批量生产方式生产；另一类是医药用容器瓶，如安瓿瓶、注射管、理化用玻璃器具等。

2. 玻璃包装容器的成型加工

1）熔制过程

将符合要求的玻璃配合料，加入玻璃窑炉内，在 1500℃ 左右温度下，玻璃配合料中各氧化物发生物理、化学和物理化学反应，通过硅酸盐的形成→玻璃的形成→澄清→均化→冷却五个阶段，最后成为合乎成型要求的玻璃液，这一过程称为玻璃的熔制过程。将合乎成型要求的玻璃液做成玻璃制品的生产过程称为玻璃的成型过程。现代化的玻璃包装容器生产方式是用大型窑炉连续地进出料，熔融的液料借助供料系统从窑炉中连续取出并送往成型系统。

a）硅酸盐形成阶段

这一阶段在加热条件下，配合料中的水分和气态物质逸出，盐类分解，配合料变成由硅酸盐和二氧化硅组成的不透明熔体，硅酸盐形成阶段在 800～900℃ 基本结束。

b）玻璃形成阶段

在这一阶段中，低共熔体生成，不透明的熔融体变为透明体，全部配合料的反应结束。这个阶段在 1200～1250℃ 结束。

c）澄清阶段

玻璃液继续加热，黏度降低，气泡从熔融玻璃液中排除。这一阶段温度最高，在1400～1600℃，黏度降为 10Pa·s。

d）均化阶段

玻璃在长时间高温作用下，对流和扩散作用使化学成分逐渐趋向均一，玻璃中的条纹、结石等消除到容许程度，变为一体。均化阶段的温度稍低于澄清阶段。

e）冷却阶段

冷却的目的是使澄清、均化后的玻璃液温度降低，以达到成型所要求的黏度。此时，熔体的温度在 1100～1200℃。

熔制过程的五个阶段，既有各自典型的特点，彼此又相互关联和影响。前两个阶段是玻璃的熔化，而后三个阶段是玻璃的精炼。

2）成型方法

玻璃包装容器的成型方法主要有以下几种：

a）吹-吹法成型

由两个相同作业循环组成，即在气体动力下先在带有口模的雏形模中制成瓶口和吹成雏形，再将雏形移入成型模中吹成制品。因为雏形和制品都是吹制的，所以称为吹-吹法。吹-吹法主要用于生产细口瓶。根据供料方式不同又分为翻转雏形法、真空吸吹法。

b）压-吹法成型

由两个不同作业循环组成，即在冲头冲压作用下先用压制的方法制成瓶口和雏形，然后再移入成型模中吹成制品。因为雏形是压制的，制品是吹制的，所以称为压-吹法，主要用于生产大口瓶和罐。

c）压制法成型

利用冲头将玻璃料压入模身、冲头和口模共同构成的封闭空腔内，在冲头作用下使玻璃料充满空腔而成型为成品。主要生产敞口瓶罐。压制法不适宜制作壁厚及形状复杂的瓶罐。

d）管制成型

以上三种为模制成型。而对于小型药瓶来说，管制成型更为方便和精确。首先把玻璃拉制成型为玻璃管，然后把拉制好的玻璃管截割成一定长度，在管制成型机械上连续切断，通过对局部加热成型瓶口和封底。

3）退火处理

玻璃制品成型以后，应进行退火处理。玻璃制品退火的目的主要是消除或减少玻璃制品在成型过程中产生的热应力至允许值。退火的过程是先将玻璃制品加热到该玻璃退火温度，在此温度下保温一定时间，然后开始缓冷和快冷。退火温度常为 550℃左右。

3. 玻璃包装容器的印刷加工

各种用途的玻璃制品，其外表一般均需进行装饰。根据装饰工艺的特点，玻璃装饰可分为非印刷装饰和印刷装饰两类。非印刷装饰主要包括蒙砂、细线蚀刻、研磨与抛光、艺术雕刻、彩虹、扩散着色、上金等。印刷装饰主要包括印花、贴花、喷花等，其中以直接印花工艺应用最为广泛。

玻璃直接印花工艺是将玻璃色釉加入刮板油调制成一定黏度的液体，通过印刷方法把色釉图文印在玻璃制品表面，经干燥后，刮板油挥发分解，色釉黏附于玻璃表面，再以520~600℃的温度烧制，色釉固化于制品表面，形成各种各样的彩色图案。

1）玻璃印刷特点

玻璃表面光滑坚硬，且多为透明制品，不能直接冲击和加压；玻璃是化学性质稳定的无机材料，因而与油墨中的有机物合成树脂的结合性很小，加之印刷后需要烘制烧结，要求油墨层有一定的厚度和耐热性；玻璃制品大多呈圆筒形、圆锥形及类似形状。综上所述，玻璃制品采用丝网印刷最为合适。如果是一次性使用的玻璃容器，如安瓿瓶等也可采用凸版胶印方式。

2）印前处理

玻璃是表面能较高的物质，易吸附空气中的各种杂物形成吸附膜，这将大大影响玻璃的润湿性，所以在对玻璃进行印刷加工之前，必须对其进行清洁处理。

对玻璃表面进行洁净的目的，第一是为清除表面覆盖层和污物；第二是为改变其表面活性，使之有利于润湿和黏结。其处理方法很多，主要是根据玻璃表面原有的污染程度、使用目的要求，选择以下一种或一种以上。

a）加热处理

加热是最简单的表面洁净法，可以使玻璃表面黏附的有机污物和吸附的水除去。具体包括重复"闪蒸"法与火焰加热法。重复"闪蒸"法即在短周期内（几秒钟）加热到高温，反复"闪蒸"。火焰加热法为利用煤气或压缩空气火焰具有的高热能冲击玻璃表面的油污膜，超高的温度使油污分子分解而达到洁净的目的。

b）酸处理

酸洗可以使玻璃表面的油污去除，特别是含硅玻璃被酸清洗后，会出现表面富硅层，能与油墨中的树脂有良好的亲和力。印刷金色和白金色前，必须对制品进行酸处理。

c）表面涂布各种硅氧烷偶联剂

硅氧烷水解生成硅醇基，这些硅醇基与玻璃表面的硅醇基可以形成氢键，也可缩合成硅氧键，从而形成牢固的化学结合。有机硅氧烷的另一端是有机基团，与油墨中的树脂有很好的结合力，甚至发生化学交联。

偶联剂的使用方法有两种。第一种是表面预处理法，即将0.5%~1%硅氧烷偶联剂乙醇溶液涂于被印刷的玻璃表面，干燥之后进行印刷。第二种是把偶联剂加入墨中，印刷后自行扩散至被印表面，加入量为油墨的1%~5%。

d）脱脂

用丙酮或甲乙酮清洗脱脂或用三氧乙烯蒸气脱脂，用棉球蘸溶剂擦拭脱脂。

在实际生产中，酸洗法及加热法通常配合起来使用，以获得较好的效果。

3）玻璃网印机

a）玻璃杯丝网印花机

玻璃杯丝网印花机属卫星式曲面网印机，主要结构为一个可转动的转盘，上部不动，装有4~6套印版和刮板，是固定的印刷工位，印圆柱体形杯子时印版做直线运动，印锥体形杯子时印版做扇面运动。下部一周排列多组卫星式承印支架——与杯子内径相配的、可转动的芯轴，绕转盘做刮印间歇公转。调整后的印刷操作，仅是把待印的杯子套入芯轴，自动通过各个工位进行印刷后取下，置于传送带上，自动进入烧结炉。

　　b）安瓿网印机

　　安瓿网印机上部印版、刮板大致与一般曲面网印机相同，只是设计更紧凑，承印支架则为卫星式芯轴，芯轴直径与安瓿内径相配，右手把一只只安瓿套入下部芯轴的上活工位，芯轴绕圆心公转，向上至印刷工位，公转间歇，接受刮印后，移过一个印位，印刷下一个安瓿，待印好的安瓿向下转至下活工位，左手取下，右手向芯轴套上待印安瓿。卫星芯轴备有各种标准安瓿直径，可供更换。

　　4）玻璃色釉墨

　　玻璃色釉墨是由色料、低熔点玻璃粉末状的助熔剂混合后，再与刮板油（连接料）搅拌成糊状而制成的。助熔剂最重要的性能是熔于玻璃的温度和热膨胀系数，如果助熔剂的热膨胀系数与玻璃差距很大，在烧制后会发生剥离现象。为了提高助熔剂的热膨胀系数，故加入二氧化硅、氧化锌、氧化铝、氧化锂等物质。在助熔剂与色料进行混合烧制时，为使其色彩鲜明，应加入一些白色颜料。刮板油（连接料）的作用是使色釉调为糊状，易于印刷。它在印刷后的玻璃制品入炉烧制前，要挥发掉一部分，另一部分在达到烧制的温度前完全挥发掉。

　　玻璃色釉墨可分为冷印色釉和热印色釉，两者的不同在于所使用的刮板油不同。冷印色釉的刮板油一般选用松油醇、松节油、樟脑油、煤油等为溶剂，加天然或合成树脂油组成。热印色釉刮板油一般选用高级脂肪酸硬脂酸、石蜡等或高级脂肪醇类为溶剂，加天然或合成树脂油组成。由此不难看出，两者的主要区别在于刮板油的溶剂熔点的不同。前者熔点低，在常温下呈液态；后者熔点高，在常温下呈固态，在加热的情况下才呈流动状态。

　　5）玻璃网印装饰工艺

　　a）玻璃网印印花工艺

　　玻璃网印印花工艺分热印与冷印两种，介绍如下。

　　（1）热印法。

　　热印法又称热塑性丝网印刷，是利用热印色釉在常温下是固体状态，而在加热的情况下又呈糊浆状态这一特性，给印花版中的色釉不断加热并保持恒温，在 60～80℃进行印刷。由于热印色釉在常温下呈固态，所以印出的花纹图案在离开热丝网印版后便立即固化。因此，可以立即印下一色，不必进行中间干燥，还可以进行圆周印花。但用热印色釉印刷的丝网版膜寿命较短，且印刷设备复杂，其工艺要点如下：

　　（a）在印刷前，首先应将块状热印色釉提前预热，最好是电热方式预热，加热温度应保持与印刷时的温度一致，并使色釉始终保持糊状。

　　（b）在热印开始之前，还应将丝网预热，并将刮板也置于丝网上预热。

　　（c）待工作部分调节适当，将预热的色釉搅拌均匀倒入网版内即可进行印刷。

　　（d）色釉在 60～80℃的范围内均可印刷，但在 70～80℃的范围内印出的质量为最好。

　　（2）冷印法。

　　冷印法用普通冷印色釉作为印刷油墨印刷，这是 20 世纪 50 年代常用的方法。冷印色釉在常温下不能马上干燥，如进行多色印刷时，两色印刷之间必须在 200℃左右加热催干，生产效率低，而且不能对承印物进行圆周印花，花型设计受到一定限制。冷印法目前只用于单色或彩印的最后一色印刷。

（3）烘制（烤花）。

烤花是印花彩饰的最终工序，冷印色釉和热印色釉印刷后都需要烤花。印刷后的玻璃制品表面形成了由糊状彩釉组成的图文，但这时的图文很不稳固，稍一摩擦，便会损坏，必须对印刷制品进行烧制，使色釉固化于制品表面。

烧制是在烤花炉中进行的，烤花炉热源效果最好的是电热。烤花炉的形式有输送带隧道式、台车隧道式、方炉、圆炉等。炉体一般由上料台，预热、加热、保温、缓冷、速冷段及敞开冷却台架（兼传动装置柜架）组成。预热段温度由室温升至 500℃，制品先经预热的目的是使冷制品进炉后慢慢升温，防止骤热炸裂，在此期间色釉中的刮板油等得以挥发。制品到达加温和保温段即烧色段（通常是在 600℃±10℃）后，助熔剂熔化，色料发出颜色，玻璃容器的表面也开始软化，两者形成一个中间层，保证色釉牢固地熔接在玻璃表面上，色调变得非常鲜艳。烧色温度和烧色时间两个主要工艺因素取决于色釉的熔点和玻璃的软化温度。接着制品到达缓冷段以防制品因冷却过急而发生歪斜与破裂，最后到达速冷段及敞开台架冷却。玻璃制品的烧制温度为520～600℃，制品温度一般不超过 580℃，通过烧制隧道的时间，要根据玻璃制品的厚度、质量等情况调整，一般需 90～110min。

b）玻璃网印蚀刻工艺

蚀刻装饰玻璃的用途非常广泛，适用于一般灯饰、雕刻、美术灯片、墨镜及特殊玻璃仪器的刻度和文字等。在日用玻璃和平板玻璃的传统加工工艺中，腐蚀可用两种方法进行，即制品浸入蚀刻液中或在制品上用笔涂刷蚀刻液，而新型的加工方法则是利用丝网印刷工艺进行。网印防蚀蚀刻法是利用丝网印刷将防蚀涂料直接印到玻璃制品上，待涂料干后，再用蚀刻胶或酸液进行蚀刻，蚀刻后用热水将表面的防蚀涂层清洗干净即可。

与旧工艺相比，新工艺没有防腐蚀膏剂参与，大大减少工序，而效果更理想；不用涂布和清洗防腐蚀膏剂，节约时间，提高了效率；无须加热到很高温度即可操作，节约能源，成本低；直接网印蚀刻油墨，因此适于各种图案花纹，并可以套印，对于渐变的图文，也可采用较低线数的加网底片，从而蚀刻出深浅不一的图文；没有抗腐蚀膏剂参与，蚀刻油墨能留下清晰细致的图文，而没有因抗腐蚀膏剂去除不净的烦恼；由于新型蚀刻工艺与丝网印刷工艺紧密结合，一般厂商均能利用现有的网印设备进行蚀刻，扩大了业务范围。

目前玻璃蚀刻油墨是无色的，也就是说目前的玻璃蚀刻成品是单一的玻璃原色，而以后将会有彩色的玻璃蚀刻油墨出现，能在透明玻璃表面上蚀刻出各种颜色的图文。

c）玻璃网印冰花工艺

玻璃网印冰花工艺，是先在玻璃表层网印有色或无色的玻璃熔剂层（助熔剂），然后再将含铅成分较高的低熔点冰花玻璃颗粒撒在这层玻璃熔剂层上，通过 500～590℃的烧结，使玻璃表面的熔剂层和冰花颗粒层共熔而产生浮雕效果。

冰花玻璃颗粒有彩色和无色两种，彩色色相有红、黄、蓝、绿、白等，也可配制出中间色调。例如，在玻璃上网印的是有色熔剂，而撒的冰花是透明的，通过高温共熔，则玻璃冰花纹样部位的熔剂层褪色，而在玻璃面形成有色、隆起的透明浮雕纹样。

d）玻璃网印蒙砂工艺

玻璃网印蒙砂工艺，是在玻璃制品表面网印一层由阻熔剂形成的图案纹样。待印上的图案纹样风干后，用排笔刷或胶辊滚涂玻璃色釉粉，然后经过 580～600℃的高温烘烤，没有图案纹样处的蒙砂玻璃色釉粉便熔融在玻璃面上，而网印图案的地方由于阻熔剂的作用，蒙在图案上的砂面色釉粉不能熔融在玻璃面上。这样，透明的镂空图案便透过半透明的砂面而显现出来，形成一种特殊的装饰效果。蒙砂网印阻熔剂由三氧化二铁、滑石粉、黏土等组成，用球磨机研磨，细度为 350 目，网印前用黏合剂调和。

e）玻璃网印等离子交换着色工艺

玻璃网印等离子交换着色是通过银与玻璃中的钠离子交换，使其还原，变成金属胶质，获得着色玻璃。在透明玻璃板上用含有银离子的网印油墨，只对要着色部分进行印刷，烧成洗净后，只有印刷部分由黄色变成褐色。依烧成条件不同，色调和浓度等将发生变化。由于没有着色的部分与着色部分没有反射差，所以不会出现不自然感，如同玻璃熔融着色的效果。这种装饰工艺所用的网印油墨多由碳酸银、硫酸铜（烧粉）、三氧化二铁、滑石粉等组成，以少量锌粉作催化剂。

f）玻璃网印贴花工艺

陶瓷、搪瓷和玻璃等统称硅酸盐制品，而陶瓷制品表面的透明釉就是玻璃质；搪瓷表面的珐琅瓷则是加有填料的不透明玻璃质。因此，玻璃、搪瓷和陶瓷实质上是同一类承印物，都是装饰玻璃。实际上，玻璃贴花纸相当于陶瓷的釉上贴花纸，具体可见前文陶瓷酒包装的印制与加工。

8.4.2　塑料瓶的印制与加工

1. 材料

塑料瓶在化妆品包装中最为常见，主要用于中低档的化妆品包装。制造塑料瓶包装的材料，主要有硬质聚氯乙烯（PVC）、高密度聚乙烯（HDPE）、低密度聚乙烯（LDPE）、聚对苯二甲酸丁二醇酯等。

硬质聚氯乙烯具有气体透过性低、耐油、耐药性。它和丙烯腈-丁二烯-苯乙烯共聚物（ABS）、α-溴巴豆酸甲酯（MBS）等耐冲击剂配合，可提高其强度，可以包装食品、药品、化妆品等。PVC 塑料瓶可以通过挤吹、注吹、挤拉吹和注拉吹来生产。

高密度聚乙烯透湿性低、无毒、无味且强度刚性好，适用于食品包装，但对气体、香味、有机蒸气有透过性，不宜长期存放食品、药物等。一般常用于盛装液体调味品、牛奶、洗涤剂、硫酸、不冻液等。HDPE 塑料瓶常用中空吹塑生产。

低密度聚乙烯柔软、耐寒、防潮、防水、透明性好、容器成本低，可制造挤压式容器，保存黏液性物质，用于蜂蜜、化学药品等的包装。LDPE 塑料瓶常用中空吹塑生产。

PET 拉伸瓶由于有极好的强度和较好的阻隔性，因而在含有碳酸的饮料包装上有广泛的应用，已基本上替代了传统的玻璃瓶。PET 塑料瓶可以通过挤拉吹和注拉吹来生产。

2. 印制加工

1）容器成型

各种类型的塑料容器均是通过适宜的成型工艺和方法制得的。塑料包装容器有许多种成型方法，用不同方法获得制品的性能和适用范围有所不同。常用的塑料容器成型方法有如下几种。

a）注射成型

注射成型又称注射模塑或注塑，是塑料成型加工中采用最普遍的一种方法。其工艺过程为：将粒状或粉状热塑性塑料加进注射机料筒，塑料在料筒内受热而转变成具有良好流动性的熔体；随后借助柱塞或螺杆所施加的压力将熔体快速注入预先闭合的模具型腔，熔体取得型腔的型样后转变为成型物；最后经冷却凝固定型为包装容器制品，开模取出制品。

其特点是可以一次成型形状复杂、尺寸精度高并带有各种嵌件的容器制品，多用来加工广口容器，如塑料箱、托盘、盒、杯、盘等；还可用于制作容器附件，如瓶盖、桶盖、内塞、帽罩等。注塑使用的原料广泛，几乎所有热塑性塑料和大部分热固性塑料均可注塑；生产的制品成型周期短，生产效率高，可以全自动化进行生产；但所需模具复杂，制造成本高，故只适合于容器制品的大量生产。注塑机按塑化工具分类有柱塞式注塑机和螺杆式注塑机；按放置位置分类有立式、卧式和角式之分；此外，还有转盘式注塑机。目前注射制品约占塑料制品总产量的 30%，注射机产量占塑料成型设备总产量的 50%左右。

注塑包装制品的树脂品种，以 PET 树脂的消耗量最大，需求增长也最快，主要是制作瓶坯，有少量制作壁较厚的高级化妆品容器；其次是 PE、PP、PS，容量较大的如各种大小规格周转箱，容量较小的如各种桶、罐、杯、食品容器、化妆品容器、塑料药瓶等；瓶盖和各种大小容器的盖子也在注塑制品中占相当份额，主要是 PP、HDPE 和 LLDPE。

b）吹塑成型

吹塑成型工艺是生产中空容器的重要工艺技术，自 20 世纪 30 年代引入塑料加工业后，无论在中空吹塑技术上还是机械设备上均有很大的发展。中空吹塑技术由单一的塑料发展到共挤或共注塑出多层次的包装用容器，使制成品有更好的使用性能。按型坯制造方法的不同，吹塑工艺可分为挤出吹塑、注射吹塑和拉伸吹塑三种；按吹气的方式来分，有上吹气、下吹气、横吹气；按模具夹住型坯后移动的方向来分，有垂直升降、水平移动、斜升降、不移动、回转移动之分；按照产品器壁的组成又分为单层吹塑和多层吹塑两大类。

用于中空吹塑的塑料品种有聚乙烯、聚氯乙烯、聚丙烯、聚苯乙烯、线性聚酯、聚碳酸酯、聚酰胺、乙酸纤维素和聚缩醛树脂等，其中高密度聚乙烯的消耗量占首位。它广泛应用于食品、化工和处理液体的包装。高分子量聚乙烯适用于制造大型燃料罐和桶等。聚氯乙烯因为有较好的透明度和气密性，所以在化妆品和洗涤剂的包装方面得到普遍应用。随着无毒聚氯乙烯树脂和助剂的开发，以及拉伸吹塑技术的发展，聚氯乙烯容器在食品包装方面的用量迅速增加，并且已经开始用于啤酒和其他含有二氧化碳气体饮料的包装。线性聚酯材料是近几年进入中空吹塑领域的新型材料。由于其制品具有光泽的外观、优良的透明性、较高的力学强度且容器内物品保存性较好，废弃物焚烧处理时不污染环境等方面的优点，所以在包装瓶方面发展很快，尤其在耐压塑料食品容器方面的使用最为广泛。聚丙烯因其树脂的改性和加工技术的进步，使用量也逐年增加。

吹塑工艺与注射工艺相比，难以生产结构复杂而精细的产品，产品的精度不是很高，形状相对比较简单，外形变化比较平缓。但吹塑是一个低压成型过程，制品残余应力小，由工艺原因导致的翘曲和缩孔等质量问题几乎不存在。

（1）挤出吹塑。

挤出吹塑工艺流程为：塑料→塑化熔融→挤出型坯→吹胀→制品冷却→脱模→后处理→制品。挤出吹塑的优点为：适合多种塑料，生产效率高，管坯温度均匀，壁厚可连续控制，制品破裂减少，适合生产大容器。挤出吹塑的缺点为：螺杆及机头对制品质量影响大，制品重量受加工因素影响大，有飞边，需要修整。挤吹成型的包装容器通常使用 PE、PP、PVC。

（2）注射吹塑。

注射吹塑是由注射成型与吹塑成型组成的一种吹塑成型方法，先是由注塑机将塑料熔体注入带吹气芯管的管坯模具中成型管坯，启模，管坯带着芯管转入吹塑模具中；闭合吹塑模具，压缩空气通入芯管坯成型制品，冷却定型，启模即得容器制品。

注射吹塑制品的优点为：吹塑制品（尤其口部）尺寸精度高，不需要修整，重量偏差小，吹塑周期易控制，生产效率高。注射吹塑制品的缺点为：适合吹塑小型中空容器，容器容积一般不超过 2L，适合吹塑形状简单的容器，如圆柱或椭圆形的塑料瓶，不能吹塑成型带手把的容器，模具制造要求较高，需两副模具（型坯模具和制品模具）。注射吹塑适合生产大批量和尺寸精度高的制品，主要制造包装用塑料瓶如药瓶、化妆品瓶、饮料瓶等。

注射吹塑对原料适应性较广，并能适应流动性较好、熔体强度较低的低黏度塑料如 PS、PET 的加工，常用原料有 PE、PP、PS、AS、PVC、PET、PC 等。

（3）拉伸吹塑。

拉伸吹塑成型工艺有两种。其一是将注射成型管坯加热到塑料拉伸温度，在拉伸装置中进行轴向拉伸，然后将已拉伸的管坯移到吹塑模具中，闭模，吹胀管坯成型制品，即注拉吹。其二是将挤出管材按要求切成一定长度，作为冷管坯，然后将冷管坯放入加热装置中加热到塑料拉伸温度，再将热管坯送至成型台，闭模，使管坯一端成型容器颈部和螺纹，并进行轴向拉伸，吹胀管坯成型，冷却启模即得到容器制品，即挤拉吹。

拉伸吹塑成品率高，易于成型，生产效率高，制品质量易控制，冲击强度高，但成型工艺对材料和成型条件要求高。拉伸吹塑已经广泛用于包装饮料、食品、药品与化妆品等。拉伸吹塑所用的塑料主要有 PET、PC、PVC 和 PP 等，其中 PET 饮料瓶和食用油壶最为常见。挤拉吹设备投资少、生产成本低，一般限于 PVC 瓶的生产；注拉吹质量较好，而且无颈边和底线，但设备投资多，多数 PP 瓶和 PET 瓶都采用此法成型。

（4）共挤出吹塑。

共挤出吹塑又称多层复合吹塑成型工艺，用连续共挤出吹塑法，即通过两台或两台以上挤出机将同种或异种塑料分别在不同的挤出机料筒中熔融塑化后，在机头内复合、挤出具有多层结构的管坯（型坯），多层结构的管坯也可采用多次注射法制造，然后在吹塑模具中吹胀成型。共挤出吹塑容器充分发挥了多种材料的长处，弥补各自的短处，大大提高了容器的综合性能，如阻隔性、绝热性、遮光性、阻燃性、装饰性等。

c）旋转成型

旋转成型又称回转成型或滚塑成型，它是生产大型容器很有效的工艺，可以使用热塑性塑料，也可以使用热固性塑料的液体预聚体。成型过程为：将定量的粉状、液状、糊状树脂加入置于旋转机上可开闭合的阴模中，然后闭合模具，通过外界加热使模具壁面温度达到树脂熔融温度，在加热的同时启动旋转机，并在模具自身的转动和模具绕主轴进行公转的离心力和重力作用下，使模内塑料液体均匀附在模具壁上受热熔化、黏附、冷却固化后，旋转机停止，启模取出制品，再经过修整即可得到壁厚均匀的塑料中空制品。

目前，我国大容量的储槽、储罐、桶等包装容器，如大型清洗剂、化学品的包装桶，都是采用这种旋转成型工艺生产。旋转成型生产的优点是：适宜于生产复杂形状、壁厚均匀的大型容器；生产成本低，生产的容器无接缝线，废料少，产品几乎无内应力，因而不容易发生变形、凹陷等缺点；适宜于多品种、小批量制品的生产；生产设备简单，模具结构简单、制造费用低；可成型双层结构的制品。旋转成型的缺点为不适应大批量生产；成型周期较长，能耗较高；尺寸精度差，而且制品内表面不能加工；小型制品较其他成型方法在成本上无优势；适合旋转成型的树脂或塑料品种较少。

d）铸塑工艺

铸塑又称浇铸或浇注，铸塑工艺借助于金属浇铸技术。使用的原料是液态单体或液体初聚物，即低分子聚合物和单体的混合物，注入模具后，加热反应、固化、脱模而得制品。由于铸塑工艺很少使用压力，因而对模具及设备的要求低，投资少，对产品的尺寸限制少，可以生产小型到大型的各种规格、形状复杂的制品，由于不使用或使用很小的压力，因而制品内应力很低，不会发生应力开裂的问题。但是铸塑工艺生产周期长，浇铸后应放置一段时间进行反应固化，所以生产效率低，制品尺寸的精度差。经常用于铸塑的原料有聚己内酰胺、环氧树脂、聚甲基丙烯酸甲酯等。

e）热压成型

塑料包装容器的成型方法中，热压成型工艺是生产效率最高、而生产成本最低的方法之一。它是一种以热塑性塑料片材为成型对象的二次成型技术，其方法一般是先将片材裁切成一定形状和尺寸的坯件，再将坯件在一定温度下加热到弹塑性状态，借助片材两面的压力差使其贴覆在模具型面上，制得与模面相仿的形样后使其冷却定型，经过适当的修整，即成为容器制品。按热成型过程中对坯件施加的压力分类，其有真空吸塑、压缩空气加压和机械拉伸三种基本方法。其中真空吸塑成型最为常见，工业上常将此种成型方法称为真空（吸塑）成型。

热压成型优点为：成型的包装容器卫生、轻便，用途广泛；生产设备投资少，且模具制造周期短，产品设计变换方便，适应性强；设备简单，操作工艺易于掌握，生产效率较高；能制造壁薄（达 0.005mm）、尺寸大（达 2m）、耐冲击的容器。其缺点为：只能生产结构简单的半壳型制品，且制品壁厚均匀度较差；制品深度受到一定限制；制件的成型精度较差，相对误差一般在 1%以上；热成型所用的原料需要预成型为片材或板材，成本较高，制品后加工较多，材料利用率较低，适合于从小批量到大批量、结构简单的容器制品。

热成型制品在包装应用中占据相当的分量，常用于杯、盘、碗、盒、桶等用于食品和冷冻食品的包装制造，尤其是一次性壳状（如泡罩或贴体）包装物。

f）模压成型

模压成型又称压缩模塑、压制成型或压缩（塑）成型等，它是塑料成型加工方法中历史最久，也是比较传统而重要的成型方法之一。其成型工艺过程为：将预热的粉状、粒状或纤维状塑料定量地加入成型温度下的模内，然后闭模，在压力的作用下，塑料在型腔内受热、受压熔化，向型腔各部位充填，多余熔料从分型面溢出成为溢边，经一定时间的交联反应后，塑料固化坚硬，启模去掉溢边即得包装容器制品。

在实际生产中，模压成型主要用于热固性塑料，只是对于一些流动性很差的热塑性塑料（如聚四氟乙烯等）才考虑采用模压方法成型。模压成型的优点是：可以制造较大平面的制品，工艺控制、设备和模具简单，费用低；热固性模压制品具有耐热性好、使用温度范围宽、变形小和使用多穴模具进行大批量生产等特点。其缺点是模塑周期长，生产效率低，模压制品的尺寸精度低，不易成型形状复杂的制品等。模压成型常用的原料有：酚醛、脲醛、三聚氰胺-脲醛塑料、环氧树脂、不饱和聚酯及其他的增强模塑料等热固性材料。模压成型可制得塑料包装箱、盒、盆和槽及桶盖、瓶盖等。

综上所述，以上各种成型工艺都有自身的优势和不足，应根据需要合理选择。主要成型工艺的特点归纳见表 8-6。

表 8-6　塑料成型方法及其包装制品

类别		成型方法	制品特性	制品
1		注射成型	尺寸精度高	瓶盖，广口瓶，罐，周转箱
2		模压成型	壁厚，开口容器	盘，盆，碟，小型托盘
3		挤出成型	尺寸精度低	管状制品
4	中空吹塑成型	挤出吹塑	外形不规则	小口瓶类，带把手的壶
		注射吹塑	外形不规则	化妆品，药剂大口瓶
		拉伸吹塑	形状简单的薄壁容器	薄壁饮料瓶
5		真空成型	开口薄壁容器	泡罩，黏体包装，一次性口杯
6		旋转成型	大型，奇特外形	大型容器
7		发泡成型	壁厚发泡，保湿性	保温箱，盒，缓冲衬垫
8		热压成型	壁厚发泡，保湿性	保湿箱，盒，缓冲衬垫

2）表面处理

因为有些塑料的极性小、表面张力低，印刷效果和黏附牢度难以达到要求，要经过表面处理才能改善。表面处理的方法很多，有机械法如喷砂及磨毛等；物理法如火焰、电晕、辐射及另加涂层等；化学法如氧化、接枝、置换及交联等。应根据不同的塑料和工艺条件选择适当的处理方法。例如，聚烯烃（PE 及 PP）非极性塑料，采用火焰及电晕处理；聚酯塑料因含有苯环，其光学活性大，宜于紫外线处理；尼龙可用磷酸处理。

3）印刷

塑料瓶是在成型后印刷的，因为成型后的塑料瓶承印面已不再是平面，所以普通的印刷机就无法适用，塑料瓶的印刷需要专用的设备与工艺。在瓶体表面直接印刷的塑料瓶通常需要一定的刚度，以承受印刷压力。用于塑料瓶的印刷方式很多，常用的有丝网印刷、模上凹凸印刷、电化铝烫印、干胶印、模内贴合印刷和热转印等，其中以曲面丝网印刷最为广泛。丝网印刷和转移印刷是目前塑料瓶印刷采用的主要印刷形式。移印机和丝网印刷机都可以直接在聚乙烯等塑料瓶表面印刷。两者相比，丝网印刷的墨层厚实、色彩鲜艳、立体感强、印版柔软而富有弹性，也能保证着墨均匀，对表面粗糙的容器也可以印刷，各种旋转体塑料容器上都能印刷。

a）塑料瓶网印工艺

塑料瓶印刷时，网距一般保持 2～3mm 为宜，刮刀材质一般选用软橡胶或聚氨酯材料制成，刮墨刀的刀尖成“山”字形；印刷前最好使用脂肪系溶剂及酒精系溶剂去除塑料上的离型剂，所印图文的边缘一定要平整，以减少印迹边缘锯齿现象；字迹笔画之间距离一定要比实际效果增大 0.1mm 左右，以避免油墨自然流平引起的误差；若以直接感光法制版则应采用 280 线/in 以上的涤纶丝网，这是由于涤纶丝网稳定性较高，能提高印迹边缘的整齐性，并减少网版的变形程度，绷网时张力应达到 20N/cm。还应使用耐溶剂型丝网感光胶或感光膜片制版，并正确选择刮板硬度。塑料瓶丝网印刷一般都采用 UV 油墨，一台简单的曲面丝网塑料瓶印刷机主要由塑料瓶定位平台或转盘、上墨系统、刮墨系统、回墨系统、网版固定平台（版台）组成。

b）旋转体网印

（1）圆柱体。

圆柱体硬质塑料容器包装印刷时，要将旋转体承印物的母线与网版下平面置成平行。印刷时网版移动，承印物做定点转动，网版与承印物之间形成纯滚动。如图 8-28 所示。

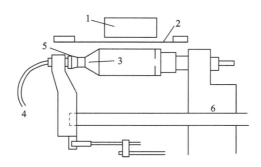

图 8-28　圆柱形容器的曲面丝网印刷
1. 刮板；2. 网版；3. 承印物；4. 充入空气；5. 套口；6. 工作隔板

（2）圆锥体。

如果承印物容器为圆锥体，则容器绕自身中心线自转，网版绕假想的容器锥顶做摆动，也形成纯滚动。见第 7 章图 7-4。

（3）椭圆体。

椭圆印刷如图 8-29 所示，是以点 O 为中心，以 R 为半径做圆周运动。因此，需要椭圆印刷的特殊承印卡具，卡具的旋转半径也就是大椭圆面（承印面）半径，承印物旋转用的钢丝圆盘的半径，也就是大椭圆面的半径。

椭圆体容器印刷方式与其他方式的印刷方法操作有所不同。在印刷椭圆形承印物之前，先根据椭圆体的外形尺寸制作卡具，目的是把它卡住固定在印刷机的承印物放置支架上，这样在印刷过程中与承印物椭圆体同步旋转 180°。除此之外还要根据所印图案面的长短调整旋转度数。

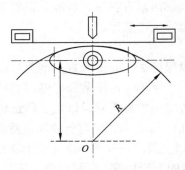

图 8-29　椭圆印刷

（4）薄壁容器。

丝网印刷薄壁容器时，为避免容器压瘪，在印刷的同时需对容器进行充气加压。印刷过程中，容器必须保持清洁和清除静电，以增加油墨附着牢度并防止油墨拉丝。

第9章　包装印制过程废弃物回收与处理

9.1　VOCs 废气回收与处理

9.1.1　VOCs 废气排放现状

VOCs 即挥发性有机化合物，它一般被当作溶剂使用，并且在使用过程中会挥发传播到大气当中。国内的 VOCs 排放量是惊人的，每年有大量的溶剂挥发飘散在大气中，给空气质量带来不利影响。

1. VOCs 废气的排放问题

包装印刷是印刷业的一个重要分支，在生产过程中会产生大量的有机废气。包装印刷使用的溶剂型油墨中含有大量挥发性组分，如乙醇、乙酸乙酯、乙酸丁酯、乙酸丙酯及甲苯、二甲苯等，这些组分占油墨总量的 50%～60%，其挥发会对周边环境和人体健康有很大危害。据估算，全国包装印刷企业 VOCs 的年排放总量达到 200 多万吨，主要集中在印刷、烘干、复合和清洗等生产工艺过程中，即油墨、黏合剂、涂布液、润版液、洗车水等材料中所含有机溶剂的自然挥发和烘干挥发。

我国从事包装印刷的企业近四万余家，占全国印刷企业总数的 40% 以上，工业总产值占印刷工业总产值的 50% 以上，但包装印刷业产生的 VOCs 的排放量却达到整个印刷行业总排放量的 80% 以上。据调研，我国大中型包装印刷企业多使用欧洲生产的印刷机，印刷速度快，但只有少数企业对有机废气进行收集净化，大多数企业采用通风排放。因此，企业产量越大，其通过无组织逸散排放的 VOCs 量也越大。有效治理包装印制过程的 VOCs 废气已经成为亟待解决的重要问题。

2. VOCs 废气排放源

包装印刷按照印刷工艺可分为平版印刷、柔版印刷、凹版印刷和网版印刷四种方式。尽管印刷工艺不同，但是 VOCs 的来源和排放方式基本相同，主要来源于所使用的油墨及稀释剂、复合用胶黏剂及设备清洗剂，可能的排放途径主要有油墨调配过程溶剂挥发、印刷过程油墨溶剂挥发、烘干阶段、复合过程及设备清洗过程等。

1）平版印刷

平版印刷企业所使用的油墨包括溶剂型油墨、植物大豆油墨、UV 固化油墨和水性油墨，其中溶剂型油墨挥发性有机化合物含量较高，是平版印刷企业主要的 VOCs 排放源。此外，平版印刷在生产过程中所使用的有机溶剂型洗车水及润版液等也是 VOCs 排放源之一。对其油墨溶剂挥发排放可用燃烧技术进行治理，在印刷机上添加燃烧装置，其他排放源也有针对性的处理方案。

2）柔版印刷

柔版印刷通常用于产品包装印刷，对于色彩要求不高的瓦楞纸包装箱一般使用水性油墨，几乎不存在 VOCs 排放；对于色彩鲜艳的薄膜制品一般使用醇溶性油墨，印刷过程产生污染，最常用的解决方法是催化氧化燃烧处理。

3）凹版印刷

凹版印刷广泛应用于包装和特殊产品印刷领域，适用于薄膜、复合材料及纸张等介质，通常使用低黏度、高 VOCs 含量的油墨，印刷过程产生大量的 VOCs，且成分复杂，对其可用溶剂回收设备回收。其中，冷凝法是最简单的回收方法，但很少单独使用，常与其他方法如吸附法、焚烧法和使用溶剂吸收等联合使用，可以降低运行成本。

目前，凹印酯溶性油墨和醇溶性油墨广为应用，例如，PVC 标签材料大多使用酯溶性油墨，酯溶性油墨中含有乙酸乙酯、乙酸丙酯、乙酸丁酯、丙二醇甲醚、异丙醇等组分，且耗量较大，而醇溶性油墨中大部分溶剂为乙醇。它们的排放特征是浓度低、风量大，浓度范围在 $300\sim800\text{mg/m}^3$，每台印刷机的排风量在 $30\,000\sim50\,000\text{m}^3/\text{h}$。由于其油墨组分多，故 VOCs 排放成分复杂。针对这种油墨的 VOCs 排放问题，许多专家都在寻求合理的解决方法，例如，用水性油墨、UV 油墨来进行替代。

4）网版印刷

网版印刷 VOCs 主要来源于油墨及清洗剂，网印溶剂型油墨含有 50%～60%的挥发性成分，印刷时调配油墨需要添加稀释剂，再增加 10%～30%的有机溶剂。所以，网印使用溶剂型油墨时 VOCs 排放浓度相对较高。吸附法是网印车间常见的净化方法。

5）复合工艺

复合工艺是指使用胶黏剂将不同的基材通过压贴黏合形成两种或多种材料组合的一种印后加工方式，包含干式复合、湿式复合、挤出复合、热熔复合等工艺。其中干式复合工艺需要使用大量的胶黏剂和稀释剂，排放特征是浓度较高、风量相对较低，浓度范围在 $1000\sim3000\text{mg/m}^3$；由于黏胶剂配方单一，排放的 VOCs 成分简单，为单一的乙酸乙酯。近年来，包装行业对于环保生产越来越重视，有意采用水溶性复合胶水代替传统乙酸乙酯胶水，随着环保型原料的技术进步，复合生产的 VOCs 排放有望在不远的将来得到彻底改善。但就目前来说，乙酸乙酯胶水复合仍然是主要的生产方式。

9.1.2　VOCs 废气回收与销毁技术

1. VOCs 废气回收技术

1）吸附法

吸附技术去除 VOCs 的原理是利用比表面积非常大的粒状活性炭、碳纤维、沸石等吸附剂的多孔结构可吸附污染物的特性，将 VOCs 截留。当废气通过吸附床时，VOCs 组分吸附在固体表面，利用吸附剂不断吸附、脱附的循环，达到净化回收目的。吸附材料可分为两类，一类是活性炭（普通活性炭、破碎状碳素纤维蜂窝等），另一类是无机类吸附材料（沸石、硅石等）。

吸附技术应用于 VOCs 污染的控制具有明显的优点，与其他回收技术相比，在处理低浓度的 VOCs 方面显示了效率和成本优势,是有效和经济的回收技术之一。它具有净化效率高、可回收各种浓度的必须回收的溶剂类 VOCs、设备简单、操作方便等优点,常与吸收、冷凝、催化燃烧等方法混合使用,应用于印刷行业对异丙醇、乙酸乙酯和甲苯的吸附回收。但吸附法处理 VOCs 废气也存在一定的缺陷:一方面,吸附剂需要定期再生处理和更换,工艺过程复杂,体积大,费用相对较高;另一方面,在处理过程中,VOCs 有散逸的风险,废气中存在大量的杂质,可能会存在工作人员中毒的危险。因此,在采用这种处理方式时,需要选择性能好的吸附剂。根据吸附装置形式不同可将吸附技术分为固定床吸附法、流动床吸附法和浓缩轮吸附法等。

目前应用最多、最成熟的蜂窝轮浓缩法,即通过蜂窝轮旋转,轮子一侧吸附废气,另一侧脱附废气。该方法能连续不断将低浓度、大气量废气中的 VOCs 吸附,再用小风量的热风脱附得到高浓度的废气,这样在一个系统内就可以完成吸附和脱附操作,大大降低了设备投资,但存在投资后运行费用较高且产生二次污染的缺陷。

2)吸收法

吸收法也是净化气态污染物所采用的常用方法,它是根据有机物相似相溶的原理,采用低挥发或不挥发溶剂(水或化学吸收液)对 VOCs 进行吸收,利用有机分子与吸收剂物理性质的差异进行分离的 VOCs 控制技术。吸收法按其机理可分为物理吸收和化学吸收,通常 VOCs 的吸收为物理吸收,使用的吸收剂常为高沸点、低蒸气压的油类物质如柴油、煤油和其他溶剂。当吸收液为水时,采用精馏处理就可以回收有机溶剂;当为非水溶剂时,一般需进行吸收剂的再生。

吸收技术是一种成熟的化工单元操作过程,吸收效果主要取决于吸收剂的吸收性能和吸收设备的结构特征。吸收装置种类很多,如喷淋塔、填充塔、各类洗涤器、气泡塔、筛板塔等。吸收法对吸收剂和吸收设备的要求较高,而且吸收剂需要定期更换,过程较复杂,费用较高。吸收法的优点在于可以回收有用成分,缺点在于吸收剂很难选取,吸收范围有限,费用高,且容易造成二次污染。吸收法通常适用于中等浓度、排气量大的 VOCs 的处理。

3)冷凝法

冷凝法是最简单的回收方法,它是通过将操作温度控制在 VOCs 的沸点以下将 VOCs 冷凝下来,从而达到回收 VOCs 目的。冷凝过程可在恒定温度条件下通过提高压力强化实现,也可以利用降低温度来实现,一般多采用后者。冷凝法的优点是冷凝后有机废气可得到比较彻底的净化,缺点是操作难度很大,常温常压下也不容易用冷却水来完成,需要给冷凝水降温或增压,所需费用昂贵。冷凝法是用来回收 VOCs 中的有价值成分、资源化再利用的处理方法,对高沸点 VOCs 的回收效果较好,通常适用于浓度比较高(大于 5% 的情况)、气体量较小的有机废气的一级处理,不适宜处理低浓度的有机气体。在实际应用中,冷凝法常与吸附、吸收等过程联合使用,以吸收或吸附手段浓缩 VOCs,以冷凝法回收该有机物,达到经济且回收率较高的目的。工业上应用的冷凝器有很多种,不同之处主要在于从气流中移除热量的方法,目前两种最常用的冷凝方法是表面冷凝和接触冷凝。作为辅助处理技术,大多数情况下都采用接触冷凝法。

a）表面冷凝

表面冷凝也称间接冷却，表面冷凝的常用设备是壳管式热交换器。典型情况下，冷却剂通过管子流动，而蒸气在管子外壳冷凝，被冷凝的蒸气在冷却管上形成液层后被排到收集槽进行储存或处理。冷却剂既不与蒸气接触也不与冷凝液接触，因而冷凝液组分较为单一，可以直接回收利用。

b）接触冷凝

接触冷凝也称直接冷却，是指在接触冷凝器中被冷凝气体与冷却介质（通常采用冷水）直接接触而使气体中的 VOCs 组分得以冷凝，冷凝液与冷却介质以废液的形式排出冷却器。接触冷凝有利于强化传热，但冷凝液须进一步处理。

4）膜技术

膜技术是一种新型高效的分离技术，采用对 VOCs 具有选择性渗透的高分子膜，在一定压力下使 VOCs 渗透而被分离，分离后的 VOCs 气体需要通过其他回收系统进行回收处理。膜分离技术的核心部分为膜元件，常用的膜元件为板式膜、中空纤维膜和卷式膜，又可分为气体分离膜和液体分离膜等。

膜分离流程分三步完成，首先将 VOCs 和空气混合物压缩，再将压缩的混合气流输入冷凝器中冷却，然后进行膜蒸气分离。当 VOCs 气体进入膜分离系统后，膜选择性地让 VOCs 气体通过而被分离，其中冷凝下来分离的 VOCs 气体可去冷凝回收系统进行有机溶剂的回收，余下未冷凝的部分通过膜分离单元分成两股，一部分回流至压缩机，另一部分脱除了 VOCs 的气体留在未渗透侧，可以达标排放。采用上述压缩冷凝和膜系统相结合的工艺，可使 VOCs 的回收率达到 95%～99%，而非深冷的压缩冷凝工艺只能回收 60%左右的 VOCs。

膜分离法除了在 VOCs 浓度方面适应范围较宽，也弥补了炭吸附法和冷凝法的不足，扩大了 VOCs 回收的种类。膜分离技术已成功地应用于许多领域，用其他方法难以回收的有机物，用该法可有效地回收。该方法正迅速发展成为包装印刷等行业回收 VOCs 的有效方法，同时也是保证排气达到环保要求的好方法。膜分离法最适合于处理 VOCs 浓度较高（含量高于 $1 \times 10^{-3} mg/m^3$）、小流量和有较高回收价值的有机溶剂的回收，回收效率可以达到 97%以上，但其设备投资较高。该方法的优点还在于操作简单、能耗低、不会产生二次污染，缺点是膜的成本较高。目前采用膜分离法可以回收大部分 VOCs，且随着高效分离膜的开发和价格的降低，膜技术的应用会越来越广泛。

2. VOCs 废气销毁技术

1）焚烧处理

焚烧处理 VOCs 是一种利用 VOCs 易燃烧的性质进行处理的方法，VOCs 气体进入燃烧室后，在足够高温度、过量空气、湍流的条件下进行完全燃烧，最终分解成 CO_2 和 H_2O。焚烧的效果主要取决于焚烧的温度、停留时间、废气在炉膛内的湍流程度，催化剂可降低焚烧的温度，下降幅度和催化剂的类别有关。焚烧法适用于成分复杂、高浓度的 VOCs 气体处理，具有效率高、处理彻底等优点，在处理石化工艺废气、印刷和油漆生产的废气及制药废气等方面具有广阔的应用前景。但若废气含有 Cl、S、N 等元素，采用焚烧法会产生 HCl、SO_2、NO_2 等有害气体，造成二次污染。在美国，多数印刷企业都采用氧化作用（在高温或催化剂的条件下）来消除 VOCs，催化氧化作用已成为美国最常用的解决柔性版印刷业废气发散控制的方法。

焚烧处理的方式有直接燃烧、催化燃烧、蓄热式燃烧（regenerative thermal oxidizer，RTO）和蓄热式催化燃烧（regenerative catalytic oxidizer，RCO）四种，其中催化燃烧是目前比较经济而有效的处理技术。

a）直接燃烧

焚烧技术最初采用的是直接燃烧法，也称为直接火焰燃烧，利用助燃剂，在 650～800℃的高温下使 VOCs 燃烧被分解为 CO_2、H_2O 等物质，助燃剂使用煤油、重油、轻油等液体燃料，或者天然气、液化气等气体燃料，其去除效率可超过 99％。

直接燃烧法所需温度较高（一般在 500℃以上），仅适用于治理含高浓度 VOCs 的废气，只有含高浓度 VOCs 的废气在氧化过程中所放出的热量才能维持体系温度，为此取而代之的是氧化温度较低（通常在 100～450℃）的催化燃烧法。直接燃烧法的优点是装置便宜、容易保养，不分 VOCs 种类，缺点是低浓度的话需要添加助燃剂，且会产生 CO_2。直接燃烧法通常用于涂装、印刷、化学成套设备等行业。

b）催化燃烧

催化燃烧是以适当的催化剂（Pt、Pd、CuO、NiO），使有机废气在较低的温度下（150～600℃）氧化分解成 CO_2 和 H_2O。催化燃烧也称为无火焰燃烧，与直接燃烧法相比，可使反应温度下降 200～400℃，催化氧化作用对 VOCs 的破坏比例比较高，但是操作的温度却比较低，时间也比较短。催化燃烧完全，不会产生 CO 等剩余可燃气体，不易生成高温下的二次污染物，而且脱除污染物效率高，还可以回收热量节约能源，但是在燃烧完后还要对其进行清理，清理不彻底还会影响下次的使用，因此这种方法显得比较麻烦。催化燃烧法的优点是可以低温燃烧，氮氧化物的产生量较少，容易保养，缺点是催化剂很贵，部分催化剂易受硅、磷、硫黄等影响失去活力。催化燃烧法通常用于印刷、化学成套设备等行业。

VOCs 催化燃烧处理流程如图 9-1 所示，在燃烧室里装入了催化剂，从燃烧室来的气体再与入口有机废气进行热交换。有机废气被加热至起燃温度后进入催化剂床层，然后进行催化氧化反应，最终生成 CO_2 和 H_2O。催化燃烧时所放出的热量足以维

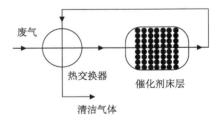

图 9-1　催化燃烧工艺流程

持其催化反应时所需要的温度，无须外加热源，燃烧后的热空气又可以用于对吸附剂的热脱附再生。

在 VOCs 污染控制技术里，吸附是有效且经济的回收技术之一，而催化燃烧是目前最常用的销毁技术，所以经常将两者结合起来治理控制 VOCs 污染，而其中的吸附剂和催化剂成了关键，需要进一步开发和研究。另外，催化燃烧时当废气中 VOCs 的浓度较低（低于 $1000mg/m^3$），氧化反应放出的热量不能维持催化剂床层的温度达到起燃温度以上时，需要从外部施加一定的热量。

c）蓄热式燃烧

基于蓄热式燃烧法的蓄热式热氧化器在场地空间、技术成熟性、废气达标排放与成本控制等方面具有明显的优势，成为 VOCs 处理的首选设备。蓄热式燃烧的原理是在其蓄热室里填充蓄热陶瓷，VOCs 在进入燃烧室之前通过蓄热室吸收蓄热陶瓷的热量预热至 600℃左右，再进入燃烧室进行充分的氧化，分解成 CO_2 和 H_2O。VOCs 及燃料氧化产生的高温气体通过另外一个蓄热室排出时，与蓄热陶瓷换热使蓄热陶瓷升温而"蓄热"，排出的净化气体的温度可大幅度降低。蓄热室"放热"后应立即引入洁净气体对该蓄热室进行反吹"清扫"（以保证 VOCs 去除率在 95%以上），将残留的 VOCs 反吹至燃烧室进行氧化，只有待"清扫"完成后才能进入"蓄热"程序。此"蓄热"用于预热后续进入的有机废气，从而大幅节省废气升温的燃料消耗。陶瓷蓄热体分成两个（含两个）以上的区或室，每个蓄热室依次经历蓄热—放热—清扫等程序，周而复始，连续工作。这种氧化反应很像化学上的燃烧过程，只不过由于 VOCs 浓度很低，所以反应中不会产生可见的火焰。现阶段，蓄热式热氧化器的热回收率已经达到了 92%，且占用空间比较小，辅助燃料的消耗也比较少。由于当前的蓄热材料可使用陶瓷或其他的高密度惰性材料，其可处理腐蚀性或含有颗粒物的 VOCs 气体。

蓄热燃烧法的优点是热效率高（90%～95%）、废气处理量大、自燃浓度低、运行费用省；缺点是装置很贵，不能间断运转，需要采取对策处理蓄热材料的网眼堵塞问题。蓄热燃烧法通常用于涂装、印刷、化学成套设备等行业。蓄热燃烧法是目前相对而言最为简单的能处理多种溶剂油墨 VOCs 排放的方法，国外很多同行也是使用这个办法来处理 VOCs。当使用蓄热燃烧时，一个关键的问题是 VOCs 的浓度，VOCs 的量在燃烧过程中能否产生足以维持陶瓷储热体 800℃以上温度的热量，让新进入装置的 VOCs 能自热式循环，而无须添加燃料去加热升温。

现阶段，蓄热式燃烧装置分为旋转式和阀门切换式两种，其中，阀门切换式是最常见的一种，由两个或多个陶瓷填充床组成，通过切换阀门来达到改变气流方向的目的，详见图 9-2。两床式蓄热式燃烧主体结构由燃烧室、两个陶瓷填料蓄热床和两个切换阀组成。当 VOCs 废气由引风机送入蓄热床 1 后，该床放热，VOCs 废气被加热，在燃烧室氧化燃烧，气体通过蓄热床 2，该床吸热，燃烧后的洁净气被冷却，通过切换阀后排

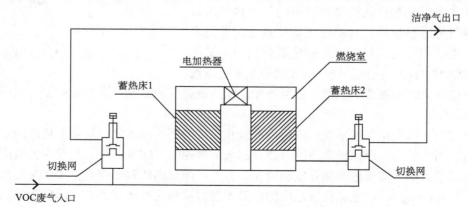

图 9-2　阀门切换式蓄热式燃烧装置

放。在达到规定的切换时间后，阀切换，VOCs 废气从蓄热床 2 进入，蓄热床 2 放热，VOCs 废气被氧化燃烧，气体通过蓄热床 1，该床吸热，燃烧后的洁净气被冷却，通过切换阀后排放。如此周期性切换，就可连续处理 VOCs 废气。

d）蓄热式催化燃烧

蓄热式催化燃烧即是将蓄热式燃烧与催化燃烧两种工艺相结合，即将催化剂置于蓄热材料的顶部，用来使净化到达最优，其热回收率可达 95%。其系统性能优良，更关键是使用专用的、浸渍在鞍状或是蜂窝状陶瓷上的贵金属或过渡金属催化剂，氧化发生在 250～500℃的低温，既降低了燃料燃烧温度，又降低了设备造价。现在有的国家已经开始使用蓄热式催化燃烧替代催化燃烧进行对 VOCs 的处理，很多蓄热式燃烧设备也已开始转变成蓄热式催化燃烧设备，这样可以降低操作费用的 33%～50%。

无论是蓄热式催化燃烧还是蓄热式燃烧，都需要注意两个问题，一是选择好的蓄热材料，这关系到能源消耗；二是切换阀的材料选择，因为其切换频繁，切换速度一般在 0.5s/次左右，也就是说，每年要切换上万次，所以需要其材料有优异的耐磨性和密封性。

2）光催化降解（氧化法）

光催化降解 VOCs 的基本原理是在特定波长光照射下，光催化剂被活化，使 H_2O 生成—OH，然后—OH 将 VOCs 氧化成 CO_2、H_2O 和其他无机物质。由于气相中具有较高的分子扩散和质量传递速率及较易进行的链反应，光催化剂对一些气相反应的光效率接近甚至超过水相反应。光催化降解技术主要适用于低浓度（小于 1000ppm[*]）、气量小的 VOCs 的处理。其优点是反应过程快速高效、能耗低、无二次污染，可彻底地净化，对绝大部分 VOCs 都能起到作用，在常温下可以实现，不存在饱和问题；但仍存在一些缺陷，如光催化反应量子产率比较低，催化剂对激发源特征波长要求苛刻，且当污染物浓度高时，需要很大的催化面积而使得其与其他方法相比变得不经济。

VOCs 光催化降解的速率主要受吸附效率和光催化反应速率的影响，具有较高吸附性能的 VOCs 不一定有较快的降解速率，因此选择光催化剂至关重要。常用的金属氧化物光催化剂有：Fe_2O_3、WO_3、Cr_2O_3、ZnO、ZrO、TiO_2 等。由于 TiO_2 的化学性质稳定、催化活性高且无毒价廉、货源充足，是目前最常用的光催化剂之一。TiO_2 催化的原理是纳米级的半导体 TiO_2 通过紫外线催化产生游离电子及空穴，光致空穴具有很强的氧化性，可夺取半导体颗粒表面吸附的有机物或溶剂中的电子，使原本不吸收光而无法被光子直接氧化的物质，通过光催化剂被活化氧化。它可氧化分解各种有机化合物和部分无机物，使之分解成为无害的 CO_2、H_2O 和矿物酸。

近年来，光催化降解技术去除低浓度 VOCs 已接近商业化使用阶段。研究结果表明，许多 VOCs 均可在常温常压下光催化分解，包括脂肪烃、醇、醛、卤代烃、芳烃及杂原子有机物等，因此，该技术有着较高的开发价值和广阔的应用，已成为 VOCs 处理技术中一个活跃的研究方向。

另外，还有使用紫外线催化降解的氧化法，也称间接等离子体法，是利用短波长紫外线及氧基氧化剂，如臭氧和过氧化氢等，在紫外线照射下，将 VOCs 转化成 CO_2、H_2O，

---

[*]　$1ppm=1×10^{-6}$。

具体是利用高能高臭氧紫外线（UV）光束分解空气中的氧分子产生游离氧，因游离氧所携正负电子不平衡所以需与氧分子结合，进而产生臭氧。

$$UV+O_2 \longrightarrow O—O^* + O^* （活性氧）　　O^* + O_2 \rightarrow O_3 （臭氧）$$

3）生物降解（生物法）

生物法处理废气最早应用于脱臭，近年来逐渐发展成为 VOCs 的新型污染控制技术，其实质就是在适宜的环境条件下，将含有 VOCs 的气体通过微生物填充层，利用微生物以 VOCs 组分作为其生命的能源与养分，经代谢降解，将 VOCs 转化为无毒的 CO_2 和 H_2O 或细胞组成物质，这是一种无公害的有机废气处理方式。生物法废气净化技术是为了解决回收利用价值低的低浓度工业有机废气（小于 $5g/m^3$）的净化处理而开发的，是目前人们广泛关注的研究方向和前沿课题之一。该技术已在德国、荷兰得到规模化应用，有机物去除率大多在 90% 以上。

生物降解法具有流程和设备简单、一般不消耗有用原料、运行能耗和费用较低、安全可靠、较少形成二次污染等优点，特别是在处理低浓度、生物可降解性好的气态污染物时更显其经济性。但生化反应速率较低，使设备体积较大，且有压力损失，对温度和湿度变化敏感是生物法的主要问题，同时该法对成分复杂的废气或难以降解的 VOCs 去除效果较差。随着膜技术的发展，微生物降解法又有了新的发展方向——膜生物法，它联合了膜技术与生物技术的优点，不同于传统的微生物法，成为极具前景的新方向。目前生物处理技术在欧洲及美国已得到广泛的应用，设备及工艺多，技术较为成熟，而目前我国这方面的研究不多，技术的应用也比较少。

生物法工艺流程如图 9-3 所示，含有 VOCs 的废气首先进入增湿器进行加湿处理，经加湿后的废气通过生物过滤器，在停留时间内，气相物质通过平流效应、扩散效应、吸附等综合作用，进入包围在滤料表面的活性生物层，与生物层内的微生物（主要为细菌）发生好氧反应，进行生物降解，最终生成 CO_2 和 H_2O。微生物净化法处理 VOCs 一般要经历 3 个步骤：一为 VOCs 与水接触并溶解在水中（即由气膜扩散进入液膜）；二为溶解于液膜中的 VOCs 在浓度差的推动下进一步扩散到生物膜，进而被其中的微生物捕获并吸收；三为进入微生物体内的 VOCs 在其自身的代谢过程中作为能源和营养物质被分解，经生物化学反应最终转化成为无害的化合物。

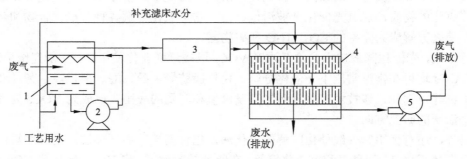

图 9-3　低浓度有机废气生物处理工艺流程

1. 增湿器；2. 回流泵；3. 调温装置；4. 生物过滤器；5. 风机

生物法中用于降解的微生物种类很多，根据能源结构可分为自养菌和异养菌，自养菌利用无机碳作为能源，因此一般存在于生物除臭塔中；异养菌则是通过氧化有机物来获得能量，在适宜的温度、pH 和有氧的条件下，能较快地完成降解过程。需要注意的是，任何对微生物有毒性的化学物质都会影响到其效率，卤素和有毒金属也会使其性能降低。根据微生物在 VOCs 处理过程中存在的形式，可将处理方法分为生物洗涤法（悬浮态）、生物过滤法（固着态）和生物滴滤法（同时具备悬浮态与固着态）。

4）等离子技术（电晕技术）

等离子体不同于物质的三态（固态、液态和气态），被称为物质的第四种形态，是由电子、离子、自由基和中性粒子等组成的集合体，电离度大于 0.1%，是导电性流体，总体上保持电中性。等离子体中的粒子能量一般为几个至几十个电子伏特（eV），足以提供化学反应所需的活化能。

等离子体技术处理环境污染是一种高新技术，是目前国内外研究的热点问题。根据等离子体的粒子温度，把等离子体分为高温等离子体和低温等离子体，VOCs 处理用的是低温等离子体。低温等离子体技术处理 VOCs 有其独特的优点：可在常温常压下操作；有机化合物最终产物为 CO_2、CO 和 H_2O，无须考虑催化剂失活问题，对 VOCs 的去除率高、适应性强；工艺流程简单、运行费用是直接燃烧法的一半。但目前低温等离子体技术处理 VOCs 由于其开发难度大，难以成熟并取得商业化应用。它是利用高能电子射线激活、电离、裂解 VOCs 中各组分，从而发生氧化等一系列复杂化学反应，将有害物转化为无害物或有用的副产物的一种处理技术。

产生等离子体的方法和途径很多，除自然界本身产生的等离子体外，人为发生等离子体的方法主要有气体放电法、射线辐射法、光电离法、热电离法和冲击波法等，其中在化工应用中最为常见的是电子束辐照和气体放电两类。

9.1.3　VOCs 废气治理方案

在治理技术方面，印刷业应用较为广泛的是吸附技术。按照过程的实现形式其分为直接吸收法和间接吸收法：直接吸收法一般采用生产装置中的溶剂直接与目标 VOCs 接触；间接吸收法一般采用吸收剂将 VOCs 进行预吸收。两种吸收工艺相比，直接吸收法操作过程简单，能耗较低，但吸收剂存在一定的损失；间接吸收法采用沸点较高、分子量较大、组成相对简单的吸收剂，但吸收过程增加了减压再生，能耗相对较高。目前企业普遍采用直接吸收法。

由于 VOCs 废气成分及性质的复杂性和单一治理技术的局限性，需利用不同治理技术的优势，采用组合治理工艺以满足排放要求并降低净化设备的运行费用。

1. 活性炭纤维吸附+水蒸气解吸+冷凝回收技术

适用于高浓度（$\geqslant 2000\text{mg/m}^3$）有机废气的治理，VOCs 尾气先经阻火器进入过滤器，再进入活性炭纤维吸附器进行吸附。用饱和水蒸气进行解吸，解吸出来的有机溶剂和水蒸气的混合物冷凝为气液混合物，再经过气液分离器、螺旋板冷凝器再次冷凝后流入分层槽中沉降分层，上层的有机溶剂直接流入储槽中，下层的分层废水进入废水处理管道。

2. 吸附浓缩-催化燃烧技术

将大风量、低浓度的有机废气经过吸附/脱附过程转换成小风量、高浓度的有机废气,经过燃烧净化,可以有效地利用有机物的燃烧热。适用于大风量、低浓度($<2000mg/m^3$)的有机废气治理。对于凹版印刷和复合膜复合过程产生的废气,当回收量小不宜进行回收时,一般采用吸附浓缩-催化燃烧技术进行治理;对于其他类型(平版胶印等)的印刷废气、车间集中排风废气等,由于 VOCs 浓度较低,一般也要采用吸附浓缩-催化燃烧技术进行治理,其处理效率在 90% 以上。该技术投资费用在 30 万~60 万元,对于小型企业运行成本在 2 万~10 万元/年之间。对于印刷废气可以实现达标排放的要求,在印刷业废气治理中比较成熟。

9.1.4　废气治理案例

包装印刷 VOCs 无序排放对环境造成了严重污染,引起了环保部门和社会各界的关注,政府对此非常重视,政府、企业和环保机构正在共同努力寻找切实有效的方法,来解决这一难题,目前已经取得了初步成效。例如,北京金色梧桐环保设备有限公司采用 UV 高效光解技术有效地解决了胶印废气的收集与治理的问题,废气处理率高达 98% 以上,为印刷厂员工提供了良好的工作环境,帮助印刷厂实现清洁生产。下面以其GS-CLEAN 设备处理 VOCs 为例进行介绍。

1. VOCs 废气收集与治理工艺流程

VOCs 废气收集与治理工艺工程示意图见图 9-4,整个工艺过程主要分为四个板块:高效空气过滤器过滤、UV 紫外线光束分解、GS 微波促进拆分分子结构和 GS 等离子高压放电电离。

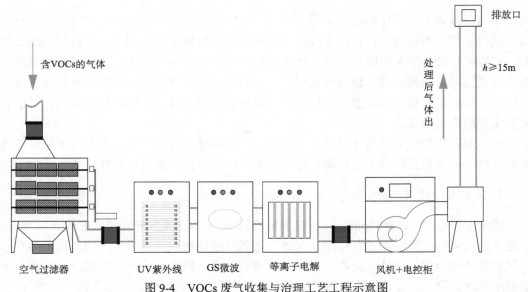

图 9-4　VOCs 废气收集与治理工艺工程示意图

1）高效空气过滤器过滤

废气经过空气过滤器可有效除去废气中的颗粒性粉尘、水汽、油滴等，使过滤后的空气粉尘达到 5g/m³ 以下。

2）UV 紫外线光束分解

利用德国进口超强 172 微波综合高能 UV 紫外线光束分解废气气体，改变废气 VOCs 的分子链结构，使其降解转变成低分子化合物，如 CO_2、H_2O 等。

3）GS 微波促进拆分分子结构

GS 微波被物体表面吸收后，有机物分子结构的 DNA 产生大量的热量，分子链吸收光波胀大断裂，而大气中的氧气在吸收了波长为 172nm 的紫外线后氧分子的原子氧极其活泼，这些原子氧会与被切断的有机物原子结合，并将之游离成氧能基（如—OH、—CHO、—COOH），促进分子的再次组合。

4）GS 等离子高压放电电离

设备中的低温等离子体反应区富含能量极高的物质，如高能电子、离子、自由基和激发态分子等，废气中的污染物质可与这些具有较高能量的物质发生反应，使污染物质在极短的时间内发生分解，并发生后续的各种反应以达到降解污染物的目的。低温等离子体去除污染物的基本过程：过程一为高能电子的直接轰击；过程二为氧原子或臭氧的氧化；过程三为氢氧自由基的氧化，如图 9-5 所示。

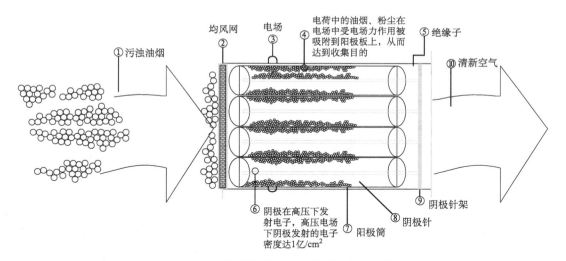

图 9-5　低温等离子体去除污染物的过程图

2. UV 高效光解废气净化设备的性能优势

1）高效除废气

能高效去除 VOCs、无机物、硫化氢、氨气、硫醇类等主要污染物，以及各种异味，效率最高可达 99% 以上。

2）无须添加任何物质

只需要设置相应的排风管道和排风动力，使工业废气通过设备进行分解净化，无须添加任何物质参与化学反应。

3）适应性强

工业废气 UV 高效光解废气净化设备可适应高浓度、大气量及不同工业废气物质的净化处理，可每天 24h 连续工作，运行稳定可靠。

4）运行成本低

工业废气 UV 高效光解废气净化设备无任何机械动作，无噪声，无须专人管理和日常维护，只需定期检查。同时，设备能耗低，并且设备风阻极低（＜50Pa），可节约大量排风动力能耗。

5）占地面积小

设备占地面积小，自重轻，适合于布置紧凑、场地狭小等特殊条件。

3. 设备适用的废气种类

设备适用于：丙酮、丁酮、乙酸乙酯、甲醛、乙醛、苯系物、苯、甲苯、二甲苯、苯乙烯、烷烃、烯烃、炔烃、芳香烃、酚、硫化氢、硫醇、硫醚、氨、胺、吲哚、硝基等臭气和废气（即 VOCs）。

9.2　废液、废水的回收与处理

9.2.1　废液、废水排放现状

1. 制版过程产生的废液、废水

制版过程由于使用感光材料而产生大量废液。传统的胶片及 PS 版仍然有少部分存在，胶片和印版的显影冲洗过程要产生废显影液、定影液及冲版水等废液，胶片的显影、定影液中含有银、酸、碱等，PS 版显影液中以碱为主，含氮系物等；即便是胶印 CTP 制版省略了胶片环节，仍然需要显影和冲洗，产生废液、废水污染。柔性印版作为一种高分子化合物，所用的显影液为一种多组分有机溶剂的混合液，其中有一些溶剂是对人体有害的物质，如甲醇、甲苯、二甲苯等。凹印制版要经过腐蚀、镀铬等制版工序而产生废腐蚀液及废电镀液，其中含有镉、铜、镍、锌、酸等（有的甚至仍采用氯化物电镀）。丝印制版中要产生包括 Cr^{6+}、汞、铅和酸碱等的废液。因此，无论哪种制版方式都会产生污染问题，必须加以治理。

针对包装印刷制版过程中的废液、废水进行无害化处理，对保护环境、促进经济发展具有重要意义。在国外对于制版废液有着比较完善的管理制度，有专门的机构负责回收处理，建设投资大、维护管理复杂。处理方法主要有混凝沉降、离子交换等物化法，化学沉淀、化学氧化等化学法，以及活性污泥法、厌氧生物接触氧化等生化法。但这些方法对高浓度的感光废水的处理效果目前也不太理想，还有待进一步研究。随着人们环保意识的加强，这项工作正在国内大力推进。例如，CTP 免处理版材的推广和应用，可从源头上有效解决胶印制版过程的废液、废水问题。

2. 印制过程产生的废液、废水

印刷过程的废液、废水主要是印刷油墨废水,特点是色度高,组分复杂多变,化学需氧量高,pH 变化异常,属于污染负荷高且难以处理的一类废水。废水中主要含有各种染料、颜料、有机溶剂、表面活性剂等。

包装印刷中的废水情况尤其复杂,例如,包装纸箱的印刷废水是油墨废水和黏合剂废水的混合废水。一方面,由于瓦楞机的进出料存在冲洗过程,大量淀粉黏合剂进入水中,形成浆料废水;另一方面,瓦楞纸板印刷中较多地使用水性油墨,其中着色用的有机颜料通常选用不溶性偶氮类(包括含杂环取代基)、稠环酮类和酞菁类颜料等,这些颜料一般具有良好的分散性、亲介质性及色彩鲜艳、黏度低等特性,这些颜料随着冲洗过程进入废水中。因此,瓦楞纸板印刷废水是一种化学需氧量(COD_{Cr})、5 日生化需氧量(BOD_5)、悬浮固体(suspended solid,SS)和色度都较高的生产废水,直接排放会对水体造成严重的污染。在软包装印刷生产中许多环节都要使用溶剂,例如,生产设备、印版滚筒和作业工具等大多采用易燃的有机溶剂清洗,清洗后这些溶剂废液在储存过程中挥发,会严重污染环境,直接或间接地影响人体健康。其他印刷方式也都同样产生之类的问题,印刷废液、废水危害严重,必须严格加以治理。

9.2.2 废液、废水回收与处理技术

目前对印刷废水处理研究和应用的方法很多,主要有电解法、离子交换法、混凝法、气浮法、序批式活性污泥法(sequencing batch reactors,SBR)、混凝气浮-微电解、生物接触氧化法、纳米材料处理法等处理方法。

1. 物理法

物理法包括过滤法、沉淀法与磁分离法。印染废水中一般含有大量的颗粒悬浮物,在预处理过程中常采用过滤法和沉淀法来除去水中的这部分污物。磁分离法是近年来发展的一种水处理新技术,该法是将水体中微量粒磁化再分离,国外高梯度磁分离技术(high gradient magnetic separation,HGMS)已从实验室走向应用,HGMS 一般采用过滤-反冲洗工作方式,是分离直径<50μm 铁磁性物质的先进技术,其过滤快(100~500m/h),占地少(为沉淀法的 1/20~1/10)。

2. 电解法

电解法是一种对各种污水处理适应性强、高效、时间短、无二次污染的处理方法。电解法处理废水是氧化作用、还原作用、凝聚作用、气浮作用的共同结果,该方法不仅可用于去除重金属离子,还常用于有机污水的处理,具有设备简单、管理方便及去除效果显著等特点,是一种常用的污水处理方法。电解法对含有机污染物的废水可以将有机污染物完全降解为 CO_2 和 H_2O,此过程被称为"电化学燃烧";有机污染物也可以不完全降解,即发生间接电化学反应,利用电极反应产生具有强氧化作用的中间物质,将有

机污染物（不可降解物质）氧化转变为可降解物，然后再进行生物处理，最终将其彻底降解。电解法对废水的色度去除效果较好，但往往进水水质的变化致使其处理效果的稳定性较差，同时存在不能去除废水中可溶解污染物的缺陷。但电解法作为一种预处理手段显示出了较好的性能，可以提高废水的生物降解性，经预处理后的废水生化性大幅提高，因此它既可以作为单独处理，又可以与其他生化处理相结合。最近兴起的高压脉冲电解法对油墨染料废水的脱色效果尤为明显，脱色率在90%以上。

3. 离子交换法

离子交换法是利用固体离子交换剂的离子交换作用来置换废水中的离子态污染物，是一种特殊的吸附过程。在工业废水处理中，主要用于回收贵重金属离子，也用于放射性废水和有机废水的处理。离子交换剂是一种不溶于溶液，同时又能与此溶液中电解质进行离子交换反应的物质。离子交换剂由分子骨架和交换基团所组成，交换基团在溶液中能电离出能自由移动的可交换离子，可与溶液中相应的其他同类型离子进行离子交换，称为交换反应。离子交换反应为平衡可逆反应，反向进行时称为再生反应，可通过人为控制适宜的条件使可交换离子与其他同类型离子进行交换，达到分离、提纯、浓缩和净化等目的。离子交换剂分为无机和有机两类，无机离子交换剂如方钠石、片沸石、方沸石等，有机离子交换剂多为人造树脂经化学处理引入活性基团而形成的产物。离子交换处理废水的典型例子是从电镀废水中回收铬和铜，当含铬废水过滤后，经阳离子交换树脂（RSO_3H）除去铬金属离子，然后进入阴离子柱（ROH）除去铬酸根离子和重铬酸根离子。阳离子树脂可用 1mol/L 的 HCl 再生，阴离子交换树脂可用 2% 的 NaOH 再生，阴离子树脂再生液经 H 型阳离子交换后转变为铬酸，经蒸发浓缩后即可以重新利用。

4. 混凝法

混凝法是对不溶态污染物进行分离的技术，在混凝剂的作用下，破坏胶体的稳定性，使废水中胶体污染物和细微悬浮物脱稳凝聚，形成易于泥水分离的絮凝体，再借助于物理方法进行泥水分离而除去污染物质。混凝法是去除废水中胶体及尺寸小于 $10\mu m$ 的悬浮颗粒的主要方法之一。混凝除了能够促进浑水澄清外，还能降低水的色度并去除各种难降解有机物、某些重金属毒物和放射性物质。它是一种经济常用的水处理方法，已在工业废水处理中得到了广泛应用，既可以作为独立的处理工艺，也可以作为预处理或中间处理工艺。混凝法处理废水的过程较为复杂，其关键是混凝剂。混凝剂有无机金属盐类和有机高分子聚合物两大类，前者主要有铁系和铝系等高价金属盐，可分为普通铁、铝盐和碱化聚合盐；后者则分为人工合成的和天然的两类。油墨废水由于含多种类型颜料，可以选用多种混凝剂复合使用。混凝法的主要优点是工程投资低，处理量大，对疏水性油墨染料脱色效果很高；缺点是随着水质变化需改变投放混凝剂条件，对亲水性油墨染料脱色效果低。此外，生成大量的泥渣且脱水困难，是影响其广泛使用的主要原因。

5. 气浮法

气浮法是依靠高度分散的微小气泡，使废水中细小颗粒形成的絮体与微气泡黏附，从而使絮体视密度下降，并依靠浮力使其上浮，从而实现絮粒的强制性上浮，形成浮渣由刮渣机刮除，从而实现固液或液液分离，净化废水，其悬浮物去除率可高达 90% 以上。气浮法具有如下特点：占地少，节省基建投资，投建快；处理效率高，出水水质好；污泥含水率低，一般在 96% 以下；可增加废水溶解氧浓度，有预氧化作用且有利于后续生化处理；对表面活性剂、臭味等有去除作用；电耗大，设备维修次数增加，溶气水减压释放器容易堵塞。而对于油墨废水，常用电解气浮法，其是在外加直流电作用下，惰性阳极和阴极极板表面不断产生氧气和氢气，并以微小气泡逸出，从而产生气浮作用，同时电解过程产生的 OH^- 与有机物反应产生 CO_2。电解法产生的气泡尺寸小（气泡直径 30～60μm），而且不产生紊流。该法去除的污染物范围广，对有机物废水除降低 COD、BOD 外，通过极板产生的新生态氧气和氢气还有氧化、脱色和杀菌作用，近年来发展很快。但电解气浮法存在电解能耗及极板损耗较大、运行费用较高等问题，这些问题限制了该法的推广使用。

6. SBR 生化法

SBR 是一种间歇操作的活性污泥法，在我国通常被称为序批式活性污泥法，是在国内外受到广泛重视和研究日趋增多的一种污水生物处理新技术。SBR 生化工艺将厌氧法与好氧法相结合，利用厌氧、好氧不同环境下的生物菌群对废水污染物的生化作用而去除其中的污染物，它主要是针对有机废水中可生化性很差的高分子物质，期望它们在厌氧段发生水解、酸化，变成较小的分子，从而改善废水的可生化性，为好氧处理创造条件。SBR 工艺将进水、曝气、沉淀、排水和闲置五个基本工序集于一个反应器中，周期性地完成对污水的处理，具有过程简化、操作灵活、抗负荷冲击能力较强等优点，目前主要应用于城市污水处理和工业废水，包括味精、啤酒、制药、焦化、餐饮、造纸、印染、洗涤等工业污水处理。SBR 生化法一般适用于中低浓度的废水，对属于高浓度的油墨废水来讲，其 BOD/COD 的比值小于 0.3，可生化性较差，直接使用生化工艺效果不太理想，特别是对色度的去除率较低，其基本工艺流程见图 9-6。

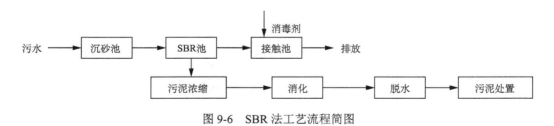

图 9-6　SBR 法工艺流程简图

7. 生物接触氧化法

生物接触氧化法的处理构筑物是浸没曝气式生物滤池，也称生物接触氧化池，其基本工艺流程见图 9-7。生物接触氧化池内设置填料，填料淹没在废水中，填料上长满生物膜，废水与生物膜接触过程中，水中的有机物被微生物吸附、氧化分解和转化为新的生物膜。从填料上脱落的生物膜，随水流到二次沉淀池后被去除，废水得到净化。在接触氧化池中，空气通过设在池底的穿孔布气管进入水流，当气泡上升时向废水中供应氧气。生物接触氧化法的装置由接触氧化池、二次沉淀池组成。接触氧化池的主要组成部分有池体、填料和布水布气装置。

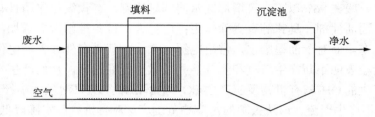

图 9-7 生物接触氧化法工艺流程图

生物接触氧化池具有下列特点：无须污泥回流，也不存在污泥膨胀问题，运行管理简便；生物固体含量多，加之水流属于完全混合型，因而其对水质和水量的骤变有较强的适应能力；有机容积负荷较高，其 F/M 值（food/microorganism，食微比值）保持在较低水平，污泥产量较低。

8. 纳米材料处理法

纳米材料处理印刷废水主要发挥以下两个作用，一是吸附，二是光催化。纳米材料的表面界面效应是纳米粒子具备吸附有机污染物的基础，巨大的比表面积使纳米材料表面活性高，容易与其他原子结合，具有很强的吸附性能，图 9-8 为应用纳米材料吸附性能处理印刷废水的流程。纳米半导体光催化剂在价带和导带之间存在一个禁带，当光子能量高于半导体吸收阈值时，半导体的价带电子跃迁到导带，从而产生光生电子（e^-）和光生空穴（h^+），而利用光生电子和光生空穴的氧化反应和还原反应，就可以达到有效降解包装印刷废水中有害物质的目的。

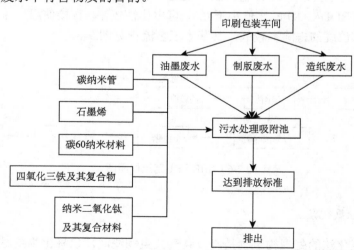

图 9-8 应用纳米材料吸附性能处理印刷废水的流程图

利用纳米材料来处理印刷废水具有操作简单、价格便宜、可重复利用、不产生二次污染物等优点。经过纳米材料处理以后的废水达到国家废水排放标准，响应了国家绿色印刷的发展要求。此外，与传统的废水处理方式相比，其处理包装印刷废水能耗少，可以减少包装印刷企业处理废水的投入成本，促进包装印刷行业的可持续发展。

可以看出，在上述处理方法中，由于印刷废水污染物成分复杂、浓度较高，废水中有机的和无机的、易生物降解的和难生物降解的污染物并存，而且水质随印刷制版的更换、油墨种类的不断变化而波动，任何单一方法都不能满足处理要求，往往需要采用多种方法的结合。例如，单级的气浮或沉淀等物化方法难以处理可溶性 COD、BOD，必须通过生化方法才能有效去除。因此对于排放量较低、含 COD 较高的油墨废水，可采取物化+生化的组合工艺。有工程实践表明，利用电解法预处理并结合 SBR 生化处理具有操作简便、占地面积少的特点，适合小型企业使用，只要严格按设计工艺进行操作，并加强管理，处理的废水可完全达标排放。另外，具体的印刷废水处理工艺还与油墨的种类和特性有着非常密切的关系，因此对各类印刷废水的处理工艺在这里不便于详述。

9.2.3　废液、废水循环利用案例

1. 制版过程废液、废水的循环利用

1）制版废液、废水回收循环新工艺

为更好地说明制版废液、废水回收循环新工艺，这里以胶印为例。目前，胶印制版方式普遍采用 CTP 版作为印版。CTP 版的感光层主要由感光剂及成膜物质、染料等组成。在显影过程中，显影液与 CTP 版见光部分感光层发生了化学反应，使显影液本身溶液由无色透明逐渐变成绿色、墨绿色以至更深的颜色。在同一个显影槽里连续进行多次的印版显影，随着处理版基的数量增加，显影液的显影能力会逐渐降低。其原因是显影液的浓度因逐步消耗而降低，另外，显影过程还会吸收空气中的二氧化碳而使碱性显影液被中和，使得显影能力逐渐衰退，直至无法显影。

为了达到良好的显影效果，必须了解显影液的变化规律。当显影液的显影能力降低到标准值以下时，就必须对显影液进行处理，添加部分新液或更换显影槽中的显影液。通常来讲，如果不经处理直接排放显影废液，不仅会严重污染环境，而且会造成资源浪费。因为该废液中还有 85%以上的显影液的主要成分未能得到充分使用。同样，冲版水用量更大，如果不加处理循环使用，则严重浪费水资源。

为此，工程技术人员经过多年的研究和试验，开发了用于 CTP 显影液和冲版水渗透膜过滤后的循环使用设备。下面对此设备进行简单介绍，供行业参考。

设备采用自主创新研发高分子材料制作渗透膜过滤的原理，经膜过滤后保留显影液原有的成分，去除杂质，替代了传统的低压蒸馏和多级沉淀过滤的方法。值得一提的是，该设备采用自行纺成丝制渗透膜，不加任何化学药剂。这项膜过滤零排放装置属于绿色环保印刷新工艺，节约了大量的化工原料和水资源，消除了制版水污染，用户使用效果良好。其工艺流程见图 9-9，该系统能够监控显影液使用过程中的衰退程度，确保药液自动补充量的精确计量，达到印刷网点还原的目的，大大提高了印刷产品的质量。

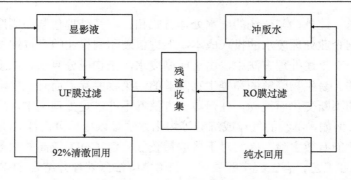

图 9-9　显影、冲版循环使用工艺图

2）显影液膜过滤循环与使用

自行纺丝显影液渗透膜过滤的新材料是针对 CTP 显影液废液的成分而研制的，它能够适应渗透膜过滤的孔径大小，可以把显影废液中的杂质、染料等物质由膜孔径阻挡分离出来成为浓缩液，而显影废液中有用的碱性物质等则直接通过膜渗透供回收再使用。分离出来的浓缩液再经过固液系统处理，形成的固体物质可回收，残液则回流再处理。如此周而复始的膜过滤循环，不仅能够回收显影液的有用成分供循环使用，而且能达到显影废液零排放的目的。系统示意图见图 9-10。

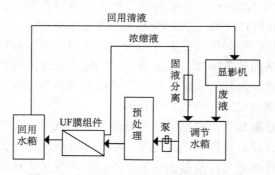

图 9-10　显影液处理循环使用系统示意图

绩效分析：某票据印刷企业，年印刷产量为 90961.62 令。企业制版过程产生废显影液 2000L/月，如果交给专门的废显影液处理厂处理，环保费用较高。经过专家现场考察及实测，建议对废显影液进行浓缩处理，减少危废量，从而达到减排效果。该方案实施后显影液浓缩为原来重量的 25%，年显影废液量减少 18t，节省环保成本 11.22 万元/年。

3）冲版水膜过滤循环与使用

CTP 版经过显影系统后进入冲版流程，主要由喷淋管向版面上面及下面喷淋清水，冲去附着在版面上剥落的感光胶、杂质及多余的显影液，并通过挤压辊挤去版面上的水分，使之流入室外排放掉。冲版废水中含有有毒有害的物质，若不经处理任意排放，不仅造成环境污染给人类带来危害，而且冲版水没有充分利用，浪费水资源。

针对冲版废水所含有的物质成分开发的特殊高分子膜材料自行纺丝膜，经过两组不同的膜组件将冲版废水的有害物质去除掉，产出纯净的水质，供冲版机循环使用，系统示意图如图 9-11 所示。该系统采用闭路循环的"零排放"工艺技术，显影后冲洗印版的污水经过系统内循环处理，大部分加工成为纯水，而其他无机离子、细菌、病毒、有机物及胶体等杂质则无法通过膜而被过滤掉。

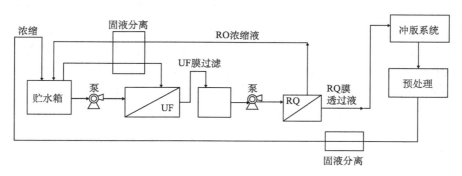

图 9-11　冲版水膜过滤循环使用系统示意图

绩效分析：某票据印刷企业，年印刷产量为 694 205 箱票据。制版过程每冲一张印版需要消耗 15～20L 水，用水量较大，排放的废水较多。经过专家现场考察及实测工作，建议安装冲版水循环过滤系统，以节约用水，减少废水排放。该方案实施后，平均每冲洗一张印版仅用 2L 水，每张印版节水量 15L，年节约用水 780t，减少废水排放 620t，节省水费 4680 元。

2. 印刷过程润版液、油墨的循环利用

1）润版液的循环利用

润版液是胶印独有的，它的作用是在印版表面的空白部分形成水膜阻止油墨的黏附和扩散，防止空白部分上墨起脏。胶印中印版空白部分的水膜要始终保持一定的厚度，即不可过薄也不能太厚，而且要十分均匀。润版液使用是否得当对网点的扩大、墨色深浅及产品质量都有直接的影响。除此之外，润版液可以降低墨辊之间、墨辊和印版辊之间由于高速运转所产生的高温；可以清洁印刷过程中产生的纸粉、纸毛；可以在印版空白部分发生磨损后与铝版反应生成新的亲水盐层，保持空白部分良好的润湿性。目前，常见的润版液主要有普通润版液和酒精润版液两种，前者是在水中加入润湿粉剂及少量封版胶配制而成的；后者则是在水中加酒精、润版原液配制而成的。另外，无醇润版液正在大力推广应用，但是，无论哪种润版液在使用过程中均存在被污染的隐患，这将影响印刷质量。

润版液的污染往往在不知不觉中增加了印刷成本和风险。造成不良润版液的因素，除了因为供货商所提供的润版液成分配比与印刷油墨冲突，以及现场操作人员未依照供货商要求的比例调配外，润版液受到外来物质的污染也是造成不良润版液的重要因素之一，这些污染物的来源包括纸粉、纸毛、油墨、墨皮、喷粉、清洁剂、油渍等。

由于胶印机润湿系统的水箱一般只配置有仅能过滤诸如大颗粒墨皮、纸毛污染物，因此有必要借助专业且高效能的润版液净化装置，来持续过滤水箱中的细微污染粒子，避免这些污染物污染水箱中的润版液，并防止污染物回流到胶印机中，而造成设备及材料的损伤。

下面以北京金色梧桐印刷机润版液循环净化装置为例，说明其可在胶印生产过程中实现长期无须清理水箱和更换润版液，并且能够保持润湿用水的 pH 和电导率的稳定性。

每部多色胶印机每周会产生约 100L 的废润版液。传统的处理方式是直接排放和更换，这种方式会使得水源、环境受到污染，而且浪费生产材料与工时。利用专业且高效能的润版液净化装置来阻绝污染物，以维持润版液的理化指标与良好润湿效能，从而无须排放更换，并且能够有效控制酒精（或异丙醇）的使用量，最终达到不排放污水，保护环境，实现清洁生产、绿色印刷的目标。该润版液循环净化装置的使用为企业增添了以下经济效益和社会效益。

a）润版液水质的改善

根据对已安装高效能润版液净化装置用户的调研，在润版液水质的改善方面可以得出以下结论：胶印机的润版液平常均不需更换，只有在年度设备大保养的时候，才会因为润版液可能会受到清洗剂的严重污染而更换；胶印机润湿系统的水箱底部无印刷过程中所产生的脏污沉淀；在长时间（6 个月以上）不更换润版液的情况下，润版液仍能维持极佳的透光性及印刷适性；润版液的润湿效能可以获得有效的维持，酒精（或异丙醇）的添加量可以获得有效控制并降低了其用量；版面润湿速度加快，水墨平衡控制稳定，使得印刷校色时间缩短，校色次数减少，长版印刷时，也不至于因水质的变化而产生偏色等故障。

b）成本分析

以传统单台对开 4 色胶印机，每周清理一次水箱为例。因每周更换水箱内污水及清洁水箱，每次需花费 3.5h，累计共 182h 的停机损失与人力浪费；因每周更换水箱污水浪费酒精 12L、润版液 3L、纯净水 85L，一年共需更换 52 次，浪费酒精计 624L、浪费润版液计 156L 的耗材损失；生产过程中原需经常添加的酒精的添加量可减少 15%以上。润版液净化装置的使用不仅能够让这些经济损失降到最低，同时也降低了环境治理费用。

c）质量、效益及成本改善

根据调研结果，安装后可望能产生的效益，大致归纳如下：印刷质量有所提升，表现为印刷网点、线条清晰，实地密度提高，图像色彩稳定且色差缩小，无墨皮、脏点；企业效益提高，表现为生产效率大约可以提升 5%～10%，正常印刷速度大约可以提高 1000～2000 转，印品不良率明显下降；生产成本降低，表现为每年可节省 48～50 次润版液的更换费用，水辊和橡皮布的寿命可延长 15%～25%，平均每单可节约 10～20 张跑版校色用纸，可减少 10%～20%的油墨浪费，酒精大约可以减少 15%的使用量。

2）油墨的循环利用

油墨质量及其稳定性直接影响印品质量，大部分印刷常见故障都与油墨及其使用有关。油墨在长时间的印刷过程中，由于少量颜料下沉，色浓度下降产生色差，下沉的颜料会聚集结块引起刀丝；油墨中的树脂长期接触空气而氧化形成较粗颗粒，也会引起刀丝故障；没有参与流动的死角部位油墨黏度很大，会造成堵版、反黏现象；墨路长期暴露在外，灰尘、纸粉纸毛上行，造成油墨污染等。所以，每印刷一段时间就需要进行清洗，油墨的损耗较大，同时废弃的油墨直接排放所造成的污染也比较严重，不仅不符合国家规定的节能减排政策，而且增加了生产成本。因此，目前部分企业对油墨实行循环使用。油墨循环装置有很多种，其原理基本相同。一般先收集可循环使用的油墨，通过检测添加助剂或辅料，使回收的油墨不断满足印刷要求，实现油墨的循环使用。

如图 9-12 所示，该油墨循环系统包括设置在油墨槽的出口处并用于盛装废弃油墨的容器；与容器相连通的处理器，处理器能够向容器所排出的油墨中添加助剂或辅料，以使得处理后的油墨与加入印刷机中的油墨品质相同；以及防止容器内油墨凝固或沉积的搅拌器；其中处理器包括存储单元，检测单元，用于将容器内的油墨输送至存储单元的输送单元，能够根据检测单元所检测的信息向存储单元内的油墨中加入助剂或辅料的添料单元，以及与加入印刷机的油墨管道相连通的排料单元。

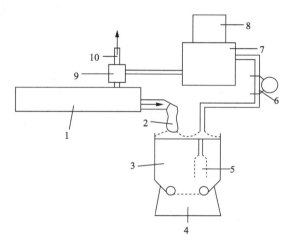

图 9-12　油墨循环系统

1. 油墨槽；2. 滤网；3. 容器；4. 磁力搅拌器；5. 过滤器；6. 抽送泵；7. 存储单元；8. 检测单元；
9. 混合器；10. 油墨管道

其使用原理如下：回收油墨先经过滤网 2 进行初步过滤，到达容器 3 中，由磁力搅拌器 4 带动搅拌至均匀，再经过滤器 5 进一步过滤，由抽送泵 6 抽至存储单元 7，经检测单元 8 检测并根据检测信息向回收油墨中加入助剂或辅料，而后新加油墨与处理过的回收油墨于混合器 9 混合，经油墨管道 10 输送至印刷机。该系统在保证油墨品质的前提下，不仅能够减少油墨的损耗，而且能够反复使用，降低成本。

9.2.4　废液、废水回收处理案例

1. 瓦楞纸箱印刷废水处理

瓦楞纸箱印刷过程的废水包括油墨废水和浆料废水。其中浆料废水的 COD 浓度及 BOD 浓度比较高，可生化性好，可采用生化方法进行处理，但该类废水的悬浮物浓度较高，在生化处理前应先进行预处理。有研究指出，对瓦楞纸箱包装印刷油墨废水的处理，可将油墨废水与浆料废水分别进行物化预处理后再合并进行生化处理，油墨废水因进水

水质波动大，宜采用间歇式的方法进行，这样可使反应进行得比较完全；而浆料废水较稳定，宜采用连续式的方法进行，以减轻后续生化处理的负荷。

图 9-13 所示是采用"混凝气浮-微电解-SBR"处理油墨与黏合剂混合废水的工艺流程。废水首先经栅格除去较大漂浮物后汇于综合池，由于废水中不溶性污染物较多，且具有一定自絮凝特性，通过自然沉淀及隔绝，可以削减 10%～30%的污染负荷，并可避免后续处理设备设施的堵塞现象发生。混凝气浮后的出水采用微电净水器——气浮设备组成的微电解处理工艺进行后续处理，主要是针对油墨废水中染料品种多变、溶解性染料较多、成分复杂、色度深，且不易生物降解等特点，通过微电净水器自发产生的电化学氧化还原、吸附、絮凝沉淀等综合作用，以及气浮的固液分离作用，达到进一步削减污染负荷、提高废水可生化性和脱色的目的。经过多步物化处理，废水仍不能达标排放，必须采用生化处理才能达标。根据废水水量少、间歇排放的情况，采用 SBR 工艺较为简捷有效，操作运行和维护管理均十分方便。

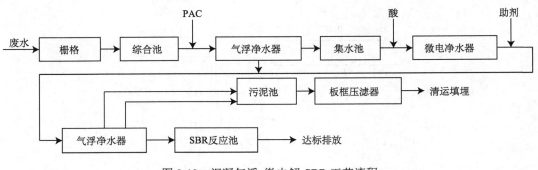

图 9-13　混凝气浮-微电解-SBR 工艺流程

2. 水溶性废液处理

以 FRIENDLY 水溶性废液处理机为例，系统通过废水处理装置，从环保、安全和经济三个方面协助企业解决了相关问题。系统的使用避免了异臭味的发生，减少了环境污染，节约了用水，提高了使用效率；通过实现高浓缩倍率，将废液浓缩到 5%，大幅降低了废液处理成本。该系统适用各种水溶性废液废水处理，如 CTP 版用显影液、水性光油洗净废液、润版水废液、FLEXO 废液、切削油（水溶性）、水性涂料废液、食品废液等。

1）废水处理流程

图 9-14 为废水处理流程图，具体步骤为：废液桶吸引废液；浓缩锅内减压；浓缩锅加热，低温沸腾；添加消泡剂，防止沸腾时发生泡沫；产生的蒸气流到冷冻机使其变成再生水；浓缩锅将剩余的浓缩废液反复进行数次浓缩后，储存到浓缩桶；再生水暂时储存在机器内的冷水槽，然后再储存到外部的再生水桶；机器外部的再生水自动洗净时再次吸引到浓缩锅。处理后生成的再生水如果符合下水道排放标准，可以直接排放到下水道，也可以在工厂内再利用，可以减轻水费负担。

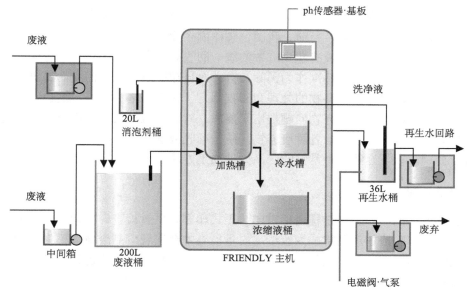

图 9-14 废水处理流程图

2）实际费用对比

实际使用 FRIENDLY 水溶性废液处理机的费用对照见表 9-1。

表 9-1 费用对照表

支出项	消耗成本（保持现状）		导入污水处理设备	
	1 个月	1 年	1 个月	1 年
废液量/kg	500	6000	500	6000
废液费/元	31250	375000	700	8400
消耗电费/元			2230	26800
消泡剂/元			1385	16600
总经费/元	31250	375000	8970	107620
年使用设备的盈利/元	375000−107620=267380			

9.3 废边角料的回收与处理

包装印制过程中除了前述 VOCs 废气污染与废水污染外，还有大量的废纸及边角料、废版、废塑料薄膜、废金属玻璃等造成的污染。废料的产生是不可避免的，但是可以通过优化选材及有效的回收处理来减少废料造成的危害，绝大部分的印刷包装废弃物都可以回收再利用，是非常宝贵的二次原料。因此，欧洲、美国等国家和地区从 20 世纪 80 年代就开始实行严格的工业废弃物回收标准，其不仅涉及工业废弃物的排放，而且对废弃物的处理环境和回收途径都有极为严格的规定。在国外印刷发达地区，对于印刷生产过程中的废弃物已建立了废弃物联合处理体系。该体系可由产生同类废弃物的印刷厂共同投资设立处理点，也可由产生同类废弃物的印刷企业联合社会上具有废弃物处理能力的企业共同投资建设处理点。目前，我国包装印刷企业在环保部门的管控监督下正在逐步解决废弃物问题，但是还没有建立有效的统一回收处理办法和措施，或者说解决得不够彻底。目前，ISO 14001 标准作为国际社会针对日益严重的工业污染而提出的一项新的环境保护措施，对工业废弃物的处理和回收制定了非常严格的标准，这也给我国长期处于无序状态的印刷包装废弃物问题提出了要求。对此，应尽快建立废弃物联合处理体系，对包装印刷过程中产生的各种废弃物，统一回收处理办法，进行专门收集，分门别类地进行处理。以下介绍几种常见的废品处理加工方法。

9.3.1　废纸处理

纸包装产品的印刷生产过程包括试印、正式印刷、质量检查、模切（切边）加工等工序，其中试印阶段的产品将成为废纸，质量检查中会出现废品废料，模切（切边）中会产生废纸边角料等。对于这些有价值的废纸、废边角料，企业应进行有效的回收后交由专门公司处理。

废纸的处理方法主要分为两大类：一类是将其制成纸浆供再造纸使用；另一类是将回收的废纸进行粉碎、制浆，制成农用育苗钵（制造时纸浆中加入营养剂），或经模压制得花钵或花盆等各种制品。

制成纸浆的工艺过程是将废纸经过软化、碎解分散后，再通过过滤、离心分离除去铁钉、胶、塑料膜和其他异物，最后得到纸浆。由于包装印刷生产过程中的废纸是经过印刷的，有各种痕迹或颜色，如在碎解时颜色脱除不彻底，造出的纸浆是无法使用的，因此，废纸脱墨是废纸制浆重新再生的关键环节。废纸脱墨过程是一个化学反应和物理反应相结合的过程，是使用脱墨药剂降低废纸上的印刷油墨的表面张力，从而产生润湿、渗透、乳化、分散等多种作用，其综合效果使油墨从纸面上脱离下来。脱墨的方法有浮洗法、蒸煮法、洗涤法、超声波法等多种，目前使用最多的是浮洗法和洗涤法。

1. 浮洗法

浮洗法是清洗油墨粒子的一种较有效的方法，其原理是采用表面活性剂絮凝油墨粒子，通过体系内的放气管产生的气泡吸附油墨粒子后上浮而将油墨粒子分离。浮选可去除浆料悬浮液中的印刷油墨、杂质和某些填料。在特定的杂质颗粒尺寸范围内，分离杂质是基于纤维与油墨等杂质颗粒的湿性和疏水性的差异，因此空气泡尺寸的大小决定了脱墨效率的高低。浮选效果取决于许多因素，首先，废纸原料和印刷方法、油墨性质在很大程度上影响浮选效果；其次，为有效地去除浆料悬浮液中的油墨颗粒，在浮选中要强化上升气流的分布，以提高油墨与纤维的分离；最后，在高浓度碎浆中选用适宜的化学品是非常重要的，因为必须用特殊的化学品和一些基本的条件（如水的硬度）才能有效地把油墨与纤维分离开。

2. 洗涤法

洗涤法是一种最简单的脱墨方法，其工作原理是一边分散脱过墨却又附着许多油墨的纤维，一边加入表面活性剂，利用表面活性剂的亲油端与油墨强烈作用吸引在一起，利用表面活性剂的亲水端与水介质强烈作用而溶于水介质中，这样使油墨粒子与纤维分开而分散于水介质中，以利于通过冲洗过滤将油墨除去。此法所用设备是各种浓缩洗涤机，它是利用浓缩与反复冲洗，过滤浆料使其中的油墨粒子除去。过滤的废水可经澄清循环再用。这里面有一个问题值得注意，往往油墨粒子在 $1\sim10\mu m$ 的直径下易洗涤掉，尺寸大了易渗入纤维的网体中，不易洗掉，若粒子尺寸小到 $1\mu m$ 以下，它便更易附在纤维表面，造成洗涤困难。

　　由于经济利益、水的管理和浮选后废弃物的堆积等方面的原因，洗涤是应用最多的脱墨方法，在全球范围内占主导地位。对于脱墨废水处理要解决的主要问题是去除 SS、色度和非溶解性 COD。

9.3.2　废塑处理

　　关于塑料包装材料废弃物的回收处理方法目前研究和应用的已经有很多，依照有宜于生态环境持续发展的含义来对它们进行排序，首先是回收再利用，其次是焚烧获取能量或重获原料，最后是实行填埋。

　　1. 回收再利用

　　回收再利用是一种最积极的促进材料再循环使用的方法，是保护资源、保护生态环境的有效回收处理方法。即不需要加工处理的过程，而是通过清洁后直接重复利用，能有效节约原料资源和能源、减少废弃物产生量。回收再利用又可分为回收循环复用、机械处理再生利用、化学处理回收再生三种方法。

　　1）回收循环复用

　　回收循环复用指再作包装的直接回收利用，是将回收来的塑料包装不加任何物理与化学的变性与变形处理，而是利用其原有的结构、形状和功能，直接用于原来的包装产品或其他相关产品的包装，即通过清洁后直接重复再用。这种方法主要是针对一些硬质、光滑、干净、易清洗的较大容器，如托盘、周转箱、大包装盒，及大容量的饮料瓶、盛装液体的桶等。这些容器经过技术处理，卫生检测合格后才能使用。技术处理工艺如下：首先将它们分类和挑选，合乎基本要求的才进行水洗→酸洗→碱洗→消毒→水洗→亚硫酸氢钠浸泡→水洗→蒸馏水洗→50℃烘干→待用（成为成品包装物）。

　　2）机械处理再生利用

　　机械处理再生利用包括直接再生和改性再生两大类。作为直接再生来讲，工艺比较简单，操作方便、易行，所以应用较为广泛。但是由于制品在使用过程中的老化和再生加工中的老化，其再生制品的力学性能比新树脂制品的低，所以一般用于档次不高的塑料制品上，如农用、工业用、渔业用、建筑业用等。

　　a）直接再生

　　直接再生主要是指废旧塑料，经前处理破碎后直接塑化，再进行成型加工或造粒，有些情况需添加一定量的新树脂，制成再生塑料制品的过程。它可采用现有技术、设备，既经济又高效率。这一过程还要加入适当的配合剂（如防老剂、润滑剂、稳定剂、增塑剂、着色剂等），以改善外观及抗老化并提高加工性能，但对材料的力学强度和性能无所助。塑料包装原料型直接再生利用工艺路线为：粗洗→破碎→清洗→干燥→塑化→斗均化→造粒。

b）改性再生

废塑料大量的再利用是采取复合改性利用，它能改善再生料的力学性能，以满足再生专用制品质量的需要。改性的方法有多种，可分为三类，一类为物理改性，即通过混炼工艺制备复合材料和多元共聚物；另一类为化学改性，即通过化学交联、接枝、嵌段等手段来改变材料性能；最后一类为双改性。

3）化学处理回收再生

化学处理再生是直接将包装废弃塑料经过热解或化学试剂的作用进行分解，其产物可为单体、不同聚体的小分子、化合物、燃料等高价值的化工产品。此种处理再生有显著的优点。其一，分解生成的化工原料在质量上与新的原料不分上下，可以与新料同等使用，达到了再资源化。其二，具有相当大的处理潜力，能达到真正治理塑料所形成的白色污染。此种回收再生需要用比较复杂、昂贵的设备，操作也有难度，开发周期又长，所以一般仅有工业发达的国家才多数采用，但其为世界经济普遍上升后的必然趋势。

迄今，化学处理再生的方法很多，如气化、加氢、裂解等，但是其根本原理是一个，即采用气密系统设备，将废弃塑料置于其中，经过能量的作用而使其分解，分解出来的产物进行化工分离等工艺形成新的化工原料。归纳起来化学处理再生主要有热分解和化学分解两大类。废弃塑料包装的热分解，即利用塑料的热不稳定性，在无氧或缺氧的条件下，利用热能使化合物的化合键断裂，由大分子量的有机物转化成小分子量的可燃气体、液体燃料和焦炭等过程。废弃塑料包装的化学分解，即通过化学的方法将废弃塑料分解成小分子单体。它的特点是分解设备简单，分解产物标准、均匀、易控制，产物一般不需要分离和纯化。但是这种分解法只能用于单一品种的塑料，而且必须是经过预处理较洁净的废旧塑料。因为作为分解用的化学试剂对被分解物有严格的选择性，分解物不干净会影响分解效率和分解质量。化学分解可用于多品种的废旧塑料，但目前只用于热塑性聚酯类、聚氨酯类等具有极性的废旧塑料。

2. 焚烧获取能量或重获原料

焚烧法是一种最简单方便的处理方法。它是将不能用于回收的混杂废塑料与其他垃圾的混合物作为燃料，将其置于焚烧炉中焚化，然后充分利用热量。燃烧后的残渣体积小，密度大，填埋时占地极小也很方便，同时又稳定，还易于解体于土壤之中。焚烧工艺十分简单，无须前期处理，废物运到可直接入炉，既节省了人力资源又获得了高价值的能源，有效地保护了生态环境。但是焚烧法投资大，设备损耗及维修运转费用高，需要对燃料产生的排放气体进行控制，防止产生二次污染物对大气环境造成影响。因为焚烧及配套设备较庞大，加之它要连续焚烧，必须有源源不断的垃圾储备，以达到大规模的处理量，所以它的场地要占很大面积，而且要方便运输。

3. 填埋

填埋法是一种最消极又简单的处理方法，是将废弃塑料填埋于远郊的荒地或凹地里，使其分解。但即便是普通塑料也要经 200～400 年才可分解消失，因此是最不理想的处理方法。填埋法虽然是不得已而为之的处理方法，但毕竟还是有一定的作用。主要有以下几个原因。一是不需设备，不要投资，方法简单。对于一些经济不发达的发展中国家来说是十分适用的。二是垃圾深埋后，短期不会对地表的植物构成危害。三是暂缓环境的污染状态。但是此种方法随着各国科技的发展和经济的发达一定要被淘汰。目前许多国家还是部分采取了这种方式，连美国、日本、德国这些在废旧塑料处理方面做得很好的国家也是如此。不过他们采用了更积极一点的办法，例如，在填埋前将这些废弃塑料粉碎促进分解风化，然后再埋。

9.3.3　废金属处理

废弃金属包装制品的回收处理方法主要有循环复用及回炉再造。

1. 循环复用

将各种不同规格、不同用途的储罐钢桶先翻修整理，然后洗涤、烘干、喷漆再用。

2. 回炉再造

将回收的废旧空罐、铁盒等分别进行前期处理，即除漆、铝罐去铁等工序，然后打包送到冶炼炉里重熔铸锭，轧制成铝材或钢材。因为铁、铝、钢的回炉重铸与钢、铁、铝的原始制造是一样的，此处不赘述。

9.3.4　废玻璃处理

废弃旧玻璃的回收处理与再利用主要有三种方式：循环复用、回炉熔融再造及直接再加工。

1. 循环复用

主要是将回收的玻璃瓶进行初步清理分类→水洗→洗涤剂洗→水洗→121℃烘干→消毒→再用。

2. 回炉熔融再造

此过程经历三个阶段：初步的清理、清洗等预处理；回炉熔融，其与原始制造过程相同；用回炉再生的料通过吹制、压制等不同工艺方式制造各种玻璃制品。

3. 直接再加工

直接再加工意味着旧材料不必回炉即可直接通过加工转换为可应用的材料。这种处理方法多用于建筑业，制成建筑材料或一些小型的工艺装饰品。处理方法如下：先将回收的破旧玻璃经过清洗、分类、干燥等预处理，然后采用机械的方法将它们粉碎成小颗粒，或研磨加工成小玻璃球，它们有的是直接与建筑材料成分共同搅拌混合，制成整体建筑预制板；有的是用于建筑材料的表面，使其具有美丽的光学效果；还有的可以直接研磨成各种造型，然后黏合成工艺美术品或小的装饰品。

　　将包装废弃物回收处理方法的种类总结并列于图 9-15 中，并将包装废弃物的回收处理系统的框形流程图列于图 9-16 中。

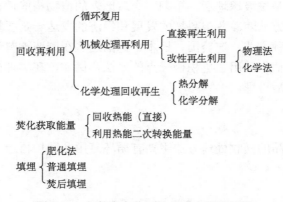

图 9-15　包装废弃物回收处理方法的种类

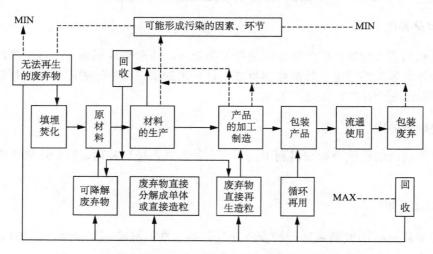

图 9-16　包装废弃物回收处理循环系统图

　　综上所述，本章对包装印刷过程中的废气、废物回收处理作了简要介绍，可以看出，包装印刷行业中的"三废"处理是一项复杂而艰巨的系统工程，其涉及企业本身和社会回收处理体系的建立，更涉及我国相关制度、法规的完善。当今世界环保呼声日益高涨，我国包装印刷行业的环境污染问题还缺乏相应的治理，目前只有少数的国有大中型企业采取了一些环保措施，例如，加装通风通道和活性炭吸附装置，配备污水处理及循环系统等。这与国家的环保要求存在差距，更无法与世界发达国家和地区相比。为此，人们应进一步提高认识，把包装印刷业的废物治理作为生产过程中的重要环节加以重视，按照清洁生产、ISO 14000 环境管理体系新的生产方式和管理标准要求，尽快建立和完善企业的、联合的废弃物回收处理系统，为实施包装印刷的绿色化发展而不懈努力。

参 考 文 献

蔡惠平. 2008. 包装概论[M]. 北京: 中国轻工业出版社.

陈志莹. 2009. 新印刷设计[M]. 沈阳: 辽宁科学技术出版社.

池克宇. 2017. 一种包装纸印刷用的油墨循环系统: 中国, CN206085966U [P]. [2017-04-12].

郝建英. 2012. 陶瓷包装容器与制作[M]. 长沙: 湖南大学出版社.

郝晓秀. 2010. 柔性版印刷技术[M]. 北京: 印刷工业出版社.

何新快, 胡更生, 吴璐烨. 2007. 软包装材料复合工艺及设备[M]. 北京: 印刷工业出版社.

江谷. 2008. 软包装材料及复合技术[M]. 北京: 印刷工业出版社.

金国斌, 张华良. 2009. 包装工艺技术与设备[M]. 2版. 北京: 中国轻工业出版社.

柯贤文. 2004. 功能性包装材料[M]. 北京: 化学工业出版社.

刘林, 崔永活. 2001. 混凝气浮-微电解-SBR 工艺处理油墨与黏合剂混合废水[J]. 环境工程, 19(5): 16-18.

刘全香. 2008. 印刷图文复制原理与工艺[M]. 北京: 印刷工业出版社.

刘真, 张建青, 王晓红. 2010. 数字印前原理与技术[M]. 北京: 中国轻工业出版社.

柳荣展, 石宝龙. 2008. 轻化工水污染控制[M]. 北京: 中国纺织出版社.

齐福斌. 2007. 印刷机新技术与选购指南[M]. 北京: 印刷工业出版社.

仇久安. 2009. 胶印基础知识[M]. 北京: 印刷工业出版社.

全国新闻出版系统职业技术学校统编教材审定委员会. 2008. 拼晒版与打样实训教程[M]. 北京: 印刷工业出版社.

任南琪, 丁杰, 陈兆波. 2010. 高浓度有机工业废水处理技术[M]. 北京: 化学工业出版社.

宋宝丰, 谢勇. 2016. 包装容器结构设计与制造[M]. 2版. 北京: 文化发展出版社.

宋协祝, 白研华. 2008. 图文处理及制版[M]. 北京: 印刷工业出版社.

孙诚. 2014. 包装结构设计[M]. 4版. 北京: 中国轻工业出版社.

王德忠. 2003. 金属包装容器: 结构设计、成型与印刷[M]. 北京: 化学工业出版社.

王光裕. 2016. 有机废水处理的基本设计与计算[M]. 北京: 化学工业出版社.

王文凤, 许瑞馨, 汪姗姗. 2008. 制版工艺与设备[M]. 北京: 印刷工业出版社.

威廉·L. 休曼. 2007. 工业气体污染控制系统[M]. 北京: 化学工业出版社.

吴艺华. 2013. 包装基础概论[M]. 上海: 上海交通大学出版社.

伍秋涛. 2008. 软包装结构设计与工艺设计[M]. 北京: 印刷工业出版社.

伍秋涛. 2008. 实用软包装复合加工技术[M]. 北京: 化学工业出版社.

许文才, 智川. 2008. 特种印刷技术问答[M]. 北京: 化学工业出版社.

许文才. 2006. 包装印刷与印后加工[M]. 北京: 中国轻工业出版社.

许文才. 2011. 包装印刷技术[M]. 北京: 中国轻工业出版社.

杨文亮, 辛巧娟. 2009. 金属包装容器: 金属罐制造技术[M]. 北京: 印刷工业出版社.

杨祖彬, 戴宏民. 2009. 绿色包装印刷工艺及材料[M]. 北京: 印刷工业出版社.

叶卉荣. 2008. 制版工艺[M]. 北京: 中国纺织出版社.

郁文娟. 2009. 硬质塑料包装容器的生产与设计[M]. 北京: 中国纺织出版社.

张立民. 2008. 印刷生产跟单手册[M]. 北京: 印刷工业出版社.

张小平. 2010. 固体废物污染控制工程[M]. 2版. 北京: 化学工业出版社.

张小卫. 2009. 计算机直接制版基础教程[M]. 北京: 印刷工业出版社.

张新昌. 2011. 包装概论[M]. 北京: 印刷工业出版社.

赵秀萍. 2004. 现代包装设计与印刷[M]. 北京: 化学工业出版社.

钟永诚. 2013. 简明自然科学向导丛书——印刷之术[M]. 济南: 山东科学技术出版社.

周祥兴, 任显诚. 2004. 塑料包装材料成型及应用技术[M]. 北京: 化学工业出版社.

附录一　环境标志产品技术要求　塑料包装制品
（HJ 209—2017）（节选）[*]

为贯彻《中华人民共和国环境保护法》，有效利用和节约资源，减少塑料包装制品对环境和人体健康的影响，制定本标准。

本标准对塑料包装制品的原材料和生产过程、产品降解性能、生物碳含量、印刷、标识等提出了环境保护要求。

本标准对《环境标志产品技术要求　包装制品》（HJ/T 209—2005）进行了修订，主要变化如下：

——调整了标准名称和适用范围；

——增加了原材料和生产过程的要求；

——调整了降解类产品降解指标的要求；

——删除了易于回收类包装要求；

——增加了不可降解类产品生物基材含量要求；

——增加了产品中重金属、多溴联苯、多溴二苯醚、溶剂残留的要求；

——增加了产品中氯乙烯和苯乙烯单体的要求；

——调整了产品标识要求。

本标准由环境保护部科技标准司组织制订；本标准主要起草单位：环境保护部环境发展中心、中国包装联合会塑料包装制品委员会、北京绿色事业文化发展中心、广东省潮汕市质量计量监督检验所；本标准由环境保护部 2017 年 12 月 11 日批准；本标准自 2018 年 3 月 1 日起实施；本标准由环境保护部解释；本标准所代替标准的历次版本发布情况为：HJ/T 209—2005、HJBZ 12—2000。

1. 适用范围

本标准规定了塑料包装制品类环境标志产品的术语和定义、基本要求、技术内容和检验方法；本标准适用于以塑料为主要材料的包装用制品。

2. 规范性引用文件

本标准内容引用了下列文件中的条款。凡是不注日期的引用文件，其有效版本均适用于本标准。

GB 9681　　　食品包装用聚氯乙烯成型品卫生标准

GB 9692　　　食品包装用聚苯乙烯树脂卫生标准

---

[*] 部分内容有删减，体例有修改。

GB/T 4122.1　　　　包装术语　第 1 部分：基础
GB/T 10004　　　　包装用塑料复合膜、袋　干法复合、挤出复合
GB/T 16288　　　　塑料制品的标志
GB/T 20197　　　　降解塑料的定义、分类、标识和降解性能要求
GB/T 21928　　　　食品塑料包装材料中邻苯二甲酸酯的测定
GB/T 29649　　　　生物基材料中生物基含量测定　液闪计数器法
HJ 2539　　　　　　环境标志产品技术要求　印刷　第三部分：凹版印刷

3. 术语和定义

GB/T 4122.1—2008 规定的及下列术语和定义适用于本标准。

3.1　塑料包装制品 plastic packaging products
主要采用塑料材料生产的包装制品。（GB/T 4122.1—2008，定义 5.6）

4. 基本要求

产品应符合相应质量、安全、卫生标准的要求；产品生产企业污染物排放应符合国家或地方规定的污染物排放标准；产品生产企业在生产过程中应加强清洁生产。

5. 技术内容

1）原材料与生产过程要求

不可降解类塑料包装不使用热固型塑料和发泡塑料作为原材料；产品生产过程不使用可分解成致癌芳香胺的偶氮染料；食品包装不添加 GB/T 21928 中列出的邻苯二甲酸酯类增塑剂；非食品包装不添加邻苯二甲酸酯类增塑剂；产品凹版印刷过程应符合 HJ 2539 的要求。

2）产品要求

产品中铅、镉、汞、六价铬及其化合物，多溴联苯，多溴二苯醚，溶剂残留等应符合 GB/T 10004 的要求；聚氯乙烯（PVC）产品中氯乙烯单体含量应符合 GB 9681 的要求，聚苯乙烯产品中苯乙烯单体含量应符合 GB 9692 的要求；可降解类塑料包装应符合 GB/T 20197 中降解性能的要求；不可降解类塑料包装中生物碳含量应大于 20%；产品标识应符合 GB/T 16288 的要求。

6. 检验方法

技术内容 5.的 2）的检测分别按照 GB/T 10004、GB 9681、GB 9692、GB/T 20197 及 GB/T 29649—2013 规定的方法进行，而技术内容中的其他要求通过文件审查结合现场检查的方式进行验证。

附录二 环境标志产品技术要求 印刷 第一部分：平版印刷（HJ 2503—2011）（节选）[*]

为贯彻《中华人民共和国环境保护法》，减少平版印刷对环境和人体健康的影响，改善环境质量，有效利用和节约资源，制定本标准。

本标准对平版印刷原辅材料和印刷过程的环境控制、印刷产品的有害物限值做出了规定；本标准为首次发布；本标准适用于中国环境标志产品认证；本标准由环境保护部科技标准司组织制订；本标准主要起草单位：中日友好环境保护中心、中国印刷技术协会、北京绿色事业文化发展中心、鹤山雅图仕印刷有限公司、中华商务联合印刷（广东）有限公司、东莞隽思印刷有限公司、上海烟草包装印刷有限公司、艾派集团（中国）有限公司、天津东洋油墨有限公司、北京康德新复合材料股份有限公司、金东纸业（江苏）股份有限公司、富士胶片（中国）投资有限公司、珠海市洁星洗涤科技有限公司。

本标准由环境保护部 2011 年 3 月 2 日批准；本标准自 2011 年 3 月 2 日起实施；本标准由环境保护部解释。

1. 适用范围

本标准规定了环境标志产品平版印刷的术语和定义、基本要求、技术内容和检验方法。

本标准适用于采用平版印刷方式的印刷过程及产品。

2. 规范性引用文件

本标准内容引用了下列文件中的条款。凡是不注日期的引用文件，其有效版本适用于本标准。

GB 6675	国家玩具安全技术规范
GB/T 7705	平版装潢印刷品
GB/T 9851.1	印刷技术术语 第 1 部分：基本术语
GB/T 9851.4	印刷技术术语 第 4 部分：平版印刷术语
GB/T 18359	中小学教科书用纸、印制质量要求和检验方法
GB/T 24999	纸和纸板 亮度（白度）最高限量
CY/T 5	平版印刷品质量要求及检验方法
HJ/T 220	环境标志产品技术要求 胶黏剂
HJ/T 370	环境标志产品技术要求 胶印油墨
YC/T 207	卷烟条与盒包装纸中挥发性有机化合物的测定 顶空–气相色谱法

---

[*] 部分内容有删减，体例有修改。

3. 术语和定义

GB/T 9851.1、GB/T 9851.4 确立的，以及下列术语和定义适用于本标准。

平版印刷 planographic printing：印刷的图文部分和非图文部分几乎处于同一平面的印刷方式。

上光油 coating solution：涂布在印刷品表面，增加光泽度、耐磨性和防水性的材料。

喷粉 spray powder：在印刷过程中，防止印刷品背面粘脏和加速油墨干燥的粉剂。

润湿液 fountain solution：在印刷过程中使印版非图文部分保持疏墨性水溶液。

计算机直接制版 computer to plate（CTP）：通过计算机和相应设备直接将图文记录到印版上的过程。所用印版称 CTP 版，其版材种类主要分为银盐型、光聚合型、热敏型及免化学处理和免处理型。

4. 基本要求

印刷产品质量应符合 GB/T 7705 和 CY/T 5 等国家和行业标准要求；生产企业污染物排放应达到国家或地方规定的污染物排放标准要求；生产企业应加强清洁生产。

5. 技术内容

1）印刷用原辅料的要求

（1）油墨、上光油、橡皮布、胶黏剂等原辅料不得添加部分邻苯二甲酸酯类物质。

（2）纸张亮（白）度应符合 GB/T 24999 的要求，中小学教材所用纸张亮（白）度应符合 GB/T 18359 的要求。

（3）油墨应符合 HJ/T 370 的要求。

（4）上光油应为水基或光固化上光油。

（5）喷粉应为植物类喷粉。

（6）润湿液不得含有甲醇。

（7）即涂膜覆膜胶黏剂应为水基覆膜胶。

2）印刷产品有害物限量的要求

印刷产品有害物限量应符合表 2 要求。

表 2　印刷产品有害物限量

序号	项目	单位	限值
1	锑（Sb）	mg/kg	≤60
2	砷（As）	mg/kg	≤25
3	钡（Ba）	mg/kg	≤1000
4	铅（Pb）	mg/kg	≤90
5	镉（Cd）	mg/kg	≤75
6	铬（Cr）	mg/kg	≤60
7	汞（Hg）	mg/kg	≤60

续表

序号	项目	单位	限值
8	硒（Se）	mg/kg	≤500
9	苯	mg/m²	≤0.01
10	乙醇	mg/m²	≤50
11	异丙醇	mg/m²	≤5
12	丙酮	mg/m²	≤1
13	丁酮	mg/m²	≤0.5
14	乙酸乙酯	mg/m²	≤10
15	乙酸异丙酯	mg/m²	≤5
16	正丁醇	mg/m²	≤2.5
17	丙二醇甲醚	mg/m²	≤60
18	乙酸正丙酯	mg/m²	≤50
19	4-甲基-2-戊酮	mg/m²	≤1
20	甲苯	mg/m²	≤0.5
21	乙酸正丁酯	mg/m²	≤5
22	乙苯	mg/m²	≤0.25
23	二甲苯	mg/m²	≤0.25
24	环己酮	mg/m²	≤1

3）印刷产品所用原辅材料的要求

印刷宜采用表 3 所要求的原辅材料，其综合评价得分应超过 60 分。

表 3　印刷产品所用原辅材料要求

原辅料	要求	分值分配	总分值
承印物	使用通过可持续森林认证的纸张	25	25
	使用再生纸浆占 30%以上的纸张	25	
	使用本色的纸张	25	
印版	使用免处理的 CTP 印版	5	5
橡皮布	大幅面印刷机换下的橡皮布可在单色机上使用	10	10
	大幅面印刷机换下的橡皮布可在小幅面机上使用	10	
润湿液	使用无醇润湿液	20	20
	使用醇类添加剂量小于 5%的润湿液	10	
印版、橡皮布清洗材料	使用专用抹布清洗橡皮布	7	7
热熔胶	使用聚氨酯（PUR）型热熔胶	8	8
	EVA 热熔胶符合 HJ/T 220 的要求	5	
印后表面处理	使用预涂膜	25	25
	水基覆膜胶有害物符合 HJ/T 220 中包装用水基胶黏剂的要求	10	
	水基上光油有害物符合 HJ/T 370 中技术内容 5.4）的要求	15	

4）印刷过程中环保措施的要求

印刷过程宜采用表 4 所要求的环保措施，其综合评价得分应超过 60 分。

表 4　印刷过程中环保措施

指标	工序	要求	分值分配	总分值
资源节约	印前	建立实施版面优化设计控制制度	1.0	12
		建立实施长版印件烤版制度	0.6	
		采用计算机直接制版（CTP）系统和数字化工作流程软件	4.8	
		采用节省油墨软件，利用底色去除（UCR）工艺减少彩色油墨用量	0.8	
		通过数字方式进行文件传输	1.2	
		采用软打样和数码打样	1.8	
		制版与冲片清洗水过滤净化循环使用	1.8	
	印刷（单张纸平印）	建立实施装、卸印版、校正套准规矩时间控制制度	1.6	16
		建立实施纸张加放量的控制程序	1.6	
		建立实施印版、橡皮布消耗定额控制程序	1.6	
		建立实施橡皮布的保养程序	1.6	
		建立实施印刷油墨控制程序，集中配墨，定量发放	1.6	
		采用墨色预调和水/墨快速调节装置	0.8	
		采用静电喷粉器	1.6	
		采用喷粉收集装置	1.6	
		采用中央供墨系统	1.6	
		采用自动洗胶布装置	0.6	
		采用无水印刷方式	0.5	
		根据印刷幅面调节幅面和喷粉量	0.5	
		上光油使用后废气集中收集后排放	0.8	
	印刷（卷筒纸平印）	建立实施装、卸印版、校正套准规矩时间程序	3.8	16
		建立实施橡皮布的保养程序	3.0	
		建立实施印刷机台全面生产设备管理程序	3.0	
		采用墨色预调和水/墨快速调节装置	3.0	
		采用中央供墨系统	3.2	
	印后加工	建立实施烫箔工艺控制程序	3.0	12
		建立实施印后表面处理材料的控制程序	3.0	
		建立实施模切控制程序（教材书刊类不实施考核）	2.4	
		建立实施上光油或覆膜工艺控制程序	3.6	
节能	印前	采用发光二极管（LED）灯	6.4	12
		采用小直径灯代替大直径灯	4.8 (6.4)	
		采用纳米反光片的灯	2.0	
		在工作空闲时，电脑置于休眠状态	3.6	

续表

指标	工序		要求	分值分配	总分值
节能	印刷	单张纸平印	建立实施印刷机能耗考核制度	2.0	16
			建立实施减少印刷机空转制度	2.5	
			采用发光二极管（LED）灯	4.6	4.6
			采用小直径灯代替大直径灯	2.4	
			采用纳米反光片的灯	1.0	
			安装自动门，对印刷车间的温度进行有效控制	1.5	
			彩色印件采用多色印刷机印刷	2.4	
			采用中央真空泵系统	2.0	
		卷筒纸平印	建立实施折页机组及装纸卷和穿纸等准备时间控制制度	2.4	16
			建立实施印刷机能耗考核制度	2.0	
			建立实施烘干温度控制程序	2.0	
			采用发光二极管（LED）灯	4.6	4.6
			采用小直径灯代替大直径灯	2.4	
			采用纳米反光片的灯	1.0	
			安装自动门，对印刷车间的温度进行有效控制	1.5	
			采用烘干系统加装二次燃烧装置	2.5	
	印后加工		建立实施印后加工设备能耗考核制度	2.4	12
			建立实施印后装订工艺制度	3.0	
			建立实施胶锅温度控制程序	3.0	
			采用 LED 灯	3.6	3.6
			采用小直径灯代替大直径灯	2.4	
回收、利用			建立实施剩余油墨综合利用控制制度	1.0	20
			建立实施电化铝废料回收制度	2.0	
			建立实施废物管理制度	2.0	
			建立实施装订用漆布、人造革、纱布等下脚料回收制度	1.0	
			建立实施装订用胶黏剂残余胶料回收制度	1.0	
			建立实施废物台账程序	1.5	
			建立实施印刷车间空调系统余热回收利用程序	1.5	
			建立实施废弃物分类收集程序	3.0	
			建立实施印版隔离纸、卷筒纸外包装纸皮、表层残破纸、剩余纸尾、废纸边分类回收程序	5.0	
			采用印前印刷的预涂感光印版	2.0	

6. 检验方法

技术内容 5.的 1）（3）的检测按照 HJ/T 370 规定的方法进行；表 2 中的 1～8 项的检测按照 GB 6675 规定的方法进行；表 2 中的 9～24 项的检测按照 YC/T 207 规定的方法进行；技术内容中的其他要求通过文件审查和现场检查的方式进行验证。

附录三 环境标志产品技术要求 印刷 第二部分：商业票据印刷（HJ 2530—2012）（节选）*

为贯彻《中华人民共和国环境保护法》，减少商业票据印刷对环境和人体健康的影响，改善环境质量，有效利用和节约资源，制定本标准。

本标准对商业票据印刷原辅材料、印刷过程的环境控制和印刷产品的有害物质限量做出了规定；本标准为首次发布；本标准适用于中国环境标志产品认证；本标准由环境保护部科技标准司组织制订；本标准主要起草单位：环境保护部环境发展中心、东港股份有限公司、芬欧汇川（中国）有限公司、西安西正印制有限公司、上海伊诺尔印务有限公司、上海太阳机械有限公司、广东冠豪高新技术股份有限公司、北京中印周晋科技有限公司、中国印刷技术协会、北京绿色事业文化发展中心。

本标准由环境保护部 2012 年 11 月 16 日批准；本标准自 2013 年 2 月 1 日起实施；本标准由环境保护部解释。

1. 适用范围

本标准规定了环境标志产品商业票据印刷的术语和定义、基本要求、技术内容及检验方法；本标准适用于各类商业票据印制。

2. 规范性引用文件

本标准内容引用了下列文件中的条款。凡是不注日期的引用文件，其有效版本适用于本标准。

GB 6675   国家玩具安全技术规范
GB/T 9851.4   印刷技术术语 第 4 部分：平版印刷术语
CY/T 49.1   商业票据印制 第 1 部分：通用技术要求
CY/T 49.2   商业票据印制 第 2 部分：折叠式票据
CY/T 49.3   商业票据印制 第 3 部分：卷式票据
CY/T 49.4   商业票据印制 第 4 部分：本式票据
HJ 567   环境标志产品技术要求 喷墨墨水
HJ/T 220   环境标志产品技术要求 胶粘剂
HJ/T 370   环境标志产品技术要求 胶印油墨
HJ/T 371   环境标志产品技术要求 凹印油墨和柔印油墨
YC/T 207   卷烟条与盒包装纸中挥发性有机化合物的测定 顶空-气相色谱法

---

* 部分内容有删减，体例有修改。

3. 术语和定义

CY/T 49.1、GB/T 9851.4 确立的，以及下列术语和定义适用于本标准。

商业票据印刷 commercial form printing：以平版印刷工艺为主，结合凸版、网版和数字工艺的印刷方式。

4. 基本要求

印刷产品质量应符合 CY/T 49.1～CY/T 49.4 等国家和行业标准要求；生产企业污染物排放应达到国家或地方规定的污染物排放标准要求；生产企业应加强清洁生产。

5. 技术内容

1）印刷用原辅料的条件

（1）油墨应符合以下要求：所用胶印油墨和紫外光固化油墨应符合 HJ/T 370 的要求；所用柔印油墨应符合 HJ/T 371 的要求；所用喷墨墨水应符合 HJ 567 的要求。

（2）润湿液不得含有甲醇，且醇类添加量应小于 5%。

（3）应使用水基胶黏剂。

（4）应使用水基清洗剂。

2）印刷所用原辅材料的要求

印刷宜采用表 2 所要求的原辅材料，其综合评价得分应超过 60 分。

表 2 印刷所用原辅材料要求

原辅料	要求	分值分配	总分值
承印物	使用通过可持续森林认证的纸张	25	25
	使用再生纸浆占 30%以上的纸张	25	
	使用无氯漂白的纸张	25	
印版	根据印品宽度选择印版尺寸规格	15	20
	使用纳米版材或免处理版材	20	
紫外光固化灯	根据紫外光固化油墨要求，合理配备紫外光固化灯	25	25
润湿液	使用无醇润湿液	20	20
	使用醇类添加量小于 2%的润湿液	15	
胶黏剂	裱糊工序使用胶水应符合 HJ/T 220 中包装用水基胶黏剂的要求	10	10

3）印刷过程中资源节约、节能及回收利用措施

印刷过程宜采用表 3 所要求的资源节约、节能及回收利用措施，其综合评价得分不得低于 60 分。

表3　印刷过程中资源节约、节能及回收利用措施

指标	工序	要求	分值分配	总分值
资源节约	印前	优化版面设计，合理编程，数字印刷实现一组多喷	1	12
		采用计算机直接制版（CTP）系统（平版）	2	
		采用树脂版直接制版（CDI）系统	0.5	
		采用水性制版代替溶剂型制版（柔版）	1	
		CTP 显影液定期监测，减少废版产生	1	
		通过数字方式进行文件传输	1	
		提高树脂版印版耐印率，达到或超过 10 万印	1	
		合理设计网印版，有效利用网印版面（如：将多种版面制作在同一张版上）	1	
		网印版重复使用（网印）	1	
		柔版多次使用（柔版）	1	
		采用软打样和数字打样	0.5	
		制版（显影液）和冲洗水过滤净化循环使用	1	
	印刷	实施装、卸印版、校正套准规矩时间和调整数字印刷位置时间控制制度	1	18
		实施印版、橡皮布消耗定额控制制度	1	
		实施纸张加放量的控制制度	1	
		实施印刷设备管理制度	1	
		采用视频弯版设备，提高套印精度	2	2
		采用弯版设备，提高套印精度	1	
		软化水设备产生的废水回收再利用	2	
		实施印刷油墨控制制度，集中供墨	1	
		折叠式票据采用净尺寸原纸，不裁边	1	
		橡皮布专人更换和保养	1	
		润湿液统一调配，定量发放	1	
		印刷质量（色差、套准）、可变数据、打码采用在线检测装置	2	
		印刷车间采用温度、湿度控制系统	1	
		印刷产生的墨雾应收集过滤后排放	1	
		紫外光固化工序产生的废气收集处理排放	1	
		采用基于网络的信息采集系统，不使用纸质机台报表	1	
	印后加工	使用纸质管芯或无芯	3	10
		裱膜工序胶黏剂封闭循环使用，避免结膜浪费	2	
		采用基于网络的信息采集系统，不使用纸质机台报表	3	
		采用号码在线检测装置（其他印后设备），减少废品	2	
节能	全过程	采用发光二极管（LED）灯	3	9
		采用符合 HJ 2518 标准要求的照明光源	3	9
	印前	实施车间照明局部控制制度	2	9
		实施长版印件集中烤版制度	2	
		实施烤版制度，提高印版耐印率	1	
		电脑显示器达到环境标志标准要求	2	
		电脑非工作状态（再确认说法是否合适）置于休眠状态	2	

续表

指标	工序	要求	分值分配	总分值
节能	印刷	实施车间照明局部控制制度	2	13
		实施印刷车间空调系统余热回收利用制度	2	
		公共区域采用人体感应开关	1	
		安装自动门	2	
		合理优化工艺采用联机操作，减少离线工艺	3	
		采用中央供气系统	1	
		根据紫外光固化灯的使用数量和功率，调节排气系统功率	2	
	印后加工	实施配页、装订、打码、分条复卷等准备时间控制制度	2	9
		实施车间照明局部控制制度	2	
		使用一体化联机设备	3	
		优化印后加工工艺流程	2	
回收、利用		实施废物分类收集管理程序	4	20
		实施剩余油墨综合利用制度	2	
		实施塑料、纸芯、纸板、木排、包装材料及容器、缠绕膜峰废物回收制度	2	
		实施印版隔离纸、外包装纸、残纸（剩余纸尾、表层残破纸），废纸边分类回收制度	2	
		实施打孔钉、折线刀、装订刀等废金属材料回收制度	2	
		实施装订用胶黏剂残余胶料回收制度	1	
		建立集中废纸收集系统	2	
		根据印刷机、装订机等设备数量调节排废（废纸边）系统的功率（放到节能）	2	
		使用粉尘收集装置	3	

附录四　环境标志产品技术要求　印刷　第三部分：凹版印刷（HJ 2539—2014）（节选）[*]

为贯彻《中华人民共和国环境保护法》，减少凹版印刷对环境和人体健康的影响，制定本标准。

本标准对凹版印刷原辅材料和印刷过程的环境保护要求做出了规定。

平版印刷方式的印刷过程及其产品按照《环境标志产品技术要求　印刷　第一部分：平版印刷》（HJ 2503—2012）实施；商业票据印刷按照《环境标志产品技术要求　印刷　第二部分：商业票据印刷》（HJ 2530—2013）实施。

本标准为首次发布；本标准适用于中国环境标志产品认证；本标准由环境保护部科技标准司组织制订；本标准主要起草单位：环境保护部环境发展中心、中国印刷技术协会、北京绿色事业文化发展中心；本标准由国家环境保护部 2014 年 9 月 28 号批准；本标准自 2014 年 12 月 1 日起实施；本标准由国家环境保护部解释。

1. 适用范围

本标准规定了环境标志产品凹版印刷的术语和定义、基本要求、技术内容和检验方法。本标准适用于以纸质、塑料及其复合材料为承印物的凹版印刷过程及产品。

2. 规范性引用文件

本标准内容引用了下列文件中的条款。凡是不注日期的引用文件，其有效版本均适用于本标准。

GB 9683	复合食品包装袋卫生标准
GB/T 7707	凹版装潢印刷品
GB/T 9851.1	印刷技术术语　第 1 部分：基本术语
GB/T 9851.5	印刷技术术语　第 5 部分：凹版印刷术语
GB/T 18348	商品条码　条码符号印制质量的检验
YBB 00132002	药品包装用复合膜、袋通则
CY/T 6	凹版印刷品质量要求及检验方法
HJ/T 220	环境标志产品技术要求　胶黏剂
HJ/T 371	环境标志产品技术要求　凹印油墨和柔印油墨

3. 术语和定义

下列术语和定义适用于本标准。

---

[*] 部分内容有删减，体例有修改。

凹版印刷 recess printing：凹版的图文部分低于非图文的印刷方式。（GB/T 9851.5）

承印物 substrate：接收呈色剂/色料（如油墨）影像的最终载体。（GB/T 9851.1）

4. 基本要求

印刷产品质量应符合 GB/T 7707、GB/T 18348、CY/T 6 等标准要求；用于药品包装的产品应符合 YBB 00132002 的要求，用于食品包装的产品应符合 GB 9683 的要求；生产企业污染物排放应符合国家或地方规定的污染物排放标准的要求；生产企业应加强清洁生产。

5. 技术内容

1）印刷用原辅材料的要求

（1）油墨应符合 HJ/T 371 的要求。

（2）不得使用聚氯乙烯（PVC）为承印物。

（3）油墨、胶黏剂、稀释剂和清洗剂不得使用表 1 中所列的溶剂。

表 1 油墨、胶黏剂、稀释剂和清洗剂不得使用的溶剂

种类	溶剂
苯类	苯、甲苯、二甲苯、乙苯
乙二醇醚及其酯类	乙二醇甲醚、乙二醇甲醚醋酸酯、乙二醇乙醚、乙二醇乙醚醋酸酯、二乙二醇丁醚醋酸酯
卤代烃类	二氯甲烷、二氯乙烷、三氯甲烷、三氯乙烷、四氯化碳、二溴甲烷、二溴乙烷、三溴甲烷、三溴乙烷、四溴化碳
醇类	甲醇
烷烃	正己烷
酮类	3,5,5-三甲基-2-环己烯基-1-酮（异佛尔酮）

2）印刷过程中所用原辅材料的要求

印刷过程中采用表 2 所要求的原辅材料，其综合评价得分应超过 60 分。

表 2 印刷过程中所用原辅材料要求

原材料种类		要求	分值分配	总分值
承印物[注1]	纸质	使用通过可持续森林认证的纸张	25	25
		使用无氯漂白的纸张	20	
		使用再生纸浆占 70% 的纸张（国家另有要求除外）	20	
	塑料及其复合材料	使用单一类型的聚合物、共聚物	25	
		使用共挤膜	25	
		使用可降解塑料	20	
印版		使用电子或激光雕刻印版	15	15
		使用无氰电镀版	10	10
油墨		使用水性油墨	25	25
		使用不含有丙酮、丁酮、环己酮、四甲基二戊酮的油墨	15	
胶黏剂		使用无溶剂胶黏剂	25	25
		使用的胶黏剂符合 HJ/T 220 中对水性包装用胶黏剂的要求	20	

注 1：承印物按照材质分别评价，纸质、塑料及其复合材料均涉及的，按照比例综合评价，总分不过 25 分

3）印刷过程中的节能环保措施

印刷过程中采用表 3 所要求的节能环保措施，其综合评价得分应超过 60 分。

表 3　印刷过程中节能环保措施

指标	工序	要求	分值分配	总分值
资源节约	印前	优化版面设计，合理拼版，提高版面材料利用率	3	10
		建立并实施印刷工艺流程管理制度	3	
		建立并实施印版管理制度	4	
	印刷	根据印版着墨面积、网点线数和网点深度规定油墨的消耗量	3	22
		集中配墨	3	
		采用印刷和印后加工联机工艺	2	
		采用不停机自动接料的连续生产	2	
		建立并运行油墨黏度自动控制装置	2	
		控制张力，调整合理的印刷速度	2	
		建有并运行印品在线检验设备	2	
		建有并运行独立驱动设备	2	
		建立并实施校版节材制度	2	
		建立并实施易耗品管理制度	2	
	印后	复合工序不停机自动接料	2	6
		建立并实施校版、成品签样和半成品消耗控制制度	1	
		建立并实施各工序废品控制制度	3	
节能	印前	同规格同系列产品印版共用	2	3
		减少电晕处理	1	
	印刷	干燥余热回收利用	3	11
		建立并实施套印、签样时间制度	3	
		建立并实施干燥温度、风量控制制度	3	
		建立并实施换版时间制度	2	
	印后^{注1} 塑料及其复合材料	干燥余热回收利用	3	13
		建立并实施复合、分切、制袋更换产品时间制度	3	
		建立并实施印后调机、成品签样时间制度	2	
		根据复合版面与复合速度，调节干燥温度、风量控制	3	
		根据材料性能、热封面积及制袋速度、调节加工温度	2	
	纸质	干燥余热回收利用	4	
		建立并实施印后加工设备能耗考核制度	5	
		建立并实施印后加工加工工艺制度	4	
污染控制及废物回收、利用		建有并运行大气污染物控制设施	8	35
		建立并实施剩余油墨、胶黏剂的回收利用制度	6	
		建立并实施清洗印版、墨箱、墨盘、复合网线版、胶箱和胶盘的稀释剂回收利用制度	4	
		建有并运行废气回收再循环使用设施	6	
		建立并实施废物分类收集管理制度	5	
		建立并实施危险废物管理制度	6	

注 1：印后按照材质分别评价。纸质、塑料及其复合材料均涉及的，按照比例综合评价，总分不超过 13 分

6. 检验方法

技术内容 5 的 1）（1）的检测按照 HJ/T 371 规定的方法进行； 技术内容中的其他要求通过文件审查和现场检查的方式进行验证。

附录五　环境标志产品技术要求　胶印油墨
（HJ 2542—2016）（节选）

　　为贯彻《中华人民共和国环境保护法》，减少胶印油墨在生产和使用过程中对环境和人体健康的影响，保护环境，制定本标准。

　　本标准对胶印油墨生产过程、产品中有毒有害物质限量及包装与说明等提出了要求。

　　本标准对《环境标志产品技术要求　胶印油墨》（HJ/T 370—2007）进行了修订，主要变化如下：

　　——调整了适用范围、术语和定义；

　　——增加了生产过程中有害物质的限制要求；

　　——调整了产品中有害物质的限量要求；

　　——增加了包装与说明的要求。

　　本标准由环境保护部科技标准司组织制订；本标准主要起草单位：环境保护部环境发展中心、中国日用化工协会油墨分会、北京绿色事业文化发展中心、杭华油墨化学有限公司、天津东洋油墨有限公司、新乡市雯德翔川油墨有限公司、苏州科斯伍德油墨股份有限公司。

　　本标准由环境保护部 2016 年 10 月 17 日批准；本标准自 2017 年 1 月 1 日起实施，自实施之日起代替 HJ/T 370—2007；本标准由环境保护部解释；本标准所替代标准的历次版本发布情况为：HJ/T 370—2007。

1. 适用范围

　　本标准规定了胶印油墨环境标志产品的术语和定义、基本要求、技术内容和校验方法。本标准适用于胶印油墨。

2. 规范性引用文件

　　本标准内容引用下列文件中的条款。凡是不注日期的引用文件，其有效版本均适用于本标准。

　　GB 18581—2009　室内装饰装修材料　溶剂型木器涂料中有害物质限量

　　GB/T 15962　　　油墨术语

　　GB/T 16483　　　化学品安全技术说明书　内容和项目顺序

　　GB/T 23986—2009　色漆和清漆　挥发性有机化合物（VOC）含量的测定　气相色谱法

　　QB 2930.1　　　　油墨中某些有害元素的限量及其测定方法　第 1 部分：可溶性元素

---

* 部分内容有删减，体例有修改。

QB 2930.2　油墨中有些有害元素的限量及其测定方法 第2部分：铅、汞、镉、六价铬

3. 术语和定义

GB/T 15962确定的及下列术语和定义适用于本标准。

胶印油墨 offset printing ink：适用于各种平版印刷方式的油墨总称。

挥发性有机化合物 volatile organic compound（VOC）：在101.3kPa标准压力下，任何初沸点低于或等于250℃的有机化合物。

4. 基本要求

产品质量、安全性能应符合相应标准的要求；产品生产企业的污染物排放应符合国家或地方规定的污染物排放标准；产品生产企业在生产过程中应加强清洁生产。

5. 技术内容

1）生产过程的要求

（1）不添加卤代烃、异佛尔酮、对苯二酚、对甲氧基苯酚及附录A中列出的邻苯二甲酸酯类物质。

（2）不使用沥青作为原材料。

（3）能量固化油墨不添加二苯甲酮（BP）、异丙基硫杂蒽酮（ITX）、2-甲基-1-（4-甲硫基苯基）-2-吗啉基-1-丙酮（907）作为光引发剂。

2）产品的要求

（1）产品中植物油的限量应符合表1要求。

表1　产品中植物油限量要求

类别	植物油限量要求/%
冷固轮转胶印油墨	≥30
单张纸胶印油墨	≥20
热固轮转胶印油墨	≥7

（2）产品使用的矿物油中芳香烃的质量分数应小于1%。

（3）产品中挥发性有机化合物（VOC）、苯、甲苯、二甲苯和乙苯限量应符合表2要求，重金属及其他有害物质限量应符合QB 2930.1及QB 2930.2的要求。

表2　产品中有害物质限量要求

项目	限量要求			
	热固轮转胶印油墨	单张纸胶印油墨	冷固轮转胶印油墨	能量固化胶印油墨
挥发性有机化合物（VOC）/%	≤10	≤3	≤3	≤2
苯、甲苯、二甲苯和乙苯/（mg/kg）	≤100			

3）包装与说明的要求

产品的塑料包装容器不添加多溴联苯（PBBs）、多溴联苯醚（PBDEs）及氯化石蜡

（链型碳数 10～13，含氯的浓度在 50% 以上）；产品的塑料包装容器不添加含铅、镉、汞的塑料添加剂；企业应向使用方提供减少有害物释放的使用条件的建议；企业应向使用方提供符合 GB/T 16483 要求的产品安全技术说明书。

6. 检验方法

技术内容表 2 中挥发有机化合物（VOC）的检测按照 GB/T 23986—2009 规定的方法进行，其中试剂的选择和样品制备按照附录 B 的说明进行；技术内容表 2 中苯、甲苯、二甲苯和乙苯的检测按照 GB 18581—2009 规定的方法进行，其中试剂选择和样品制备按照附录 C 的说明进行；技术内容中的其他要求通过文件审查结合现场检查的方式来验证。

附录六 环境标志产品技术要求 凹印油墨和柔印油墨 （HJ 371—2018）（节选）*

为贯彻《中华人民共和国环境保护法》，减少凹印油墨和柔印油墨在生产、使用和处置过程中对环境和人体健康的影响，制定本标准。

本标准对凹印油墨和柔印油墨原材料、生产过程及产品中有毒有害物质提出了环境保护要求。

本标准对《环境标志产品技术要求 凹印油墨和柔印油墨》（HJ/T 371—2007）进行了修订，主要变化如下：

——调整了适用范围、术语和定义；

——增加了重金属及有害元素的限制种类并调整了限量要求；

——调整了邻苯二甲酸酯和酮类物质的限制种类；

——增加了对苯二酚、对甲氧基苯酚、烷基酚聚氧乙烯醚(APEOs)的限制要求；

——增加了染料的限制要求；

——增加了能量固化油墨中光引发剂的限制要求；

——调整了卤代烃的限制要求；

——调整了产品中挥发性有机化合物（VOCs）、苯、甲苯、二甲苯、乙苯、甲醇和氨的限量要求；

——增加了产品中苯乙烯和游离甲醛的限量要求；

——调整了产品包装和说明的要求。

本标准由生态环境部科技标准司组织修订；本标准主要起草单位：中日友好环境保护中心、中国包装联合会塑料制品包装委员会、国家食品软包装及设备质量监督检验中心（广东）。

本标准由生态环境部 2018 年 7 月 12 日批准；本标准自 2018 年 10 月 1 日起实施；本标准由生态环境部解释；本标准所代替标准的历次版本发布情况为：HJ/T 371—2007。

1. 适用范围

本标准规定了凹印油墨和柔印油墨环境标志产品的术语和定义、基本要求、技术内容和检验方法。

本标准适用于凹印油墨和柔印油墨产品的环境特性评价。

2. 规范性引用文件

本标准引用了下列文件中的条款。凡是未注明日期的引用文件，其最新版本适用于

---

* 部分内容有删减，体例有修改。

本标准。

GB 18581	室内装饰装修材料　溶剂型木器涂料中有害物质限量
GB 24613	玩具用涂料中有害物限量
GB/T 15962	油墨术语
GB/T 16483	化学品安全技术说明书　内容和项目顺序
GB/T 23986	色漆和清漆　挥发性有机化合物（VOC）含量的测定　气相色谱法
GB/T 23993	水性涂料中甲醛含量的测定　乙酰丙酮分光光度法
GB/T 26395	水性烟包凹印油墨
HJ 2546	环境标志产品技术要求　纺织产品

3. 术语和定义

GB/T 15962 确定的及下列术语和定义适用于本标准。

凹印油墨：适用于各种凹版印刷方式的油墨总称。

柔印油墨：适用于柔性版印刷的油墨。

4. 基本要求

产品应符合相应质量、安全标准的要求；产品生产企业应取得排污许可证，并按照排污许可证的要求排放污染物；产品生产企业在生产过程中应加强清洁生产。

5. 技术内容

（1）产品中不应添加甲醇、甲醛、卤代烃、丙酮、丁酮、环己酮、甲基异丁基甲酮、异佛尔酮、对苯二酚、对甲氧基苯酚及苯类溶剂。

（2）产品中不应添加烷基酚聚氧乙烯醚（APEOs）及附录 A 中列出的乙二醇醚类物质。

（3）产品中不应添加附录 B 中列出的邻苯二甲酸酯类增塑剂。

（4）产品中不应添加 HJ 2546—2016 中附录 A、附录 B 和附录 C 规定的偶氮染料、致癌染料、致敏性分散染料。

（5）产品中不应添加二苯甲酮（BP）、异丙基硫杂蒽酮（ITX）、2-甲基-1-（4-甲硫基苯基）-2-吗啉基-1-丙酮（907）等光引发剂。

（6）产品中有害物质限值应符合表 1 及表 2 的要求。

表 1　产品中有害物质限值要求

项目		限值
挥发性有机化合物（VOCs）/%	≤	5
苯、甲苯、二甲苯、乙苯、三甲苯、苯乙烯总量/（mg/kg）	≤	100
甲醇/%	≤	0.3
游离甲醛/（mg/kg）	≤	50
氨及其化合物/%	≤	2

表 2　产品中可溶性元素要求

项目		限值	
锑（Sb）/（mg/kg）	≤	60	
砷（As）/（mg/kg）	≤	25	
钡（Ba）/（mg/kg）	≤	1000	
镉（Cd）/（mg/kg）	≤	75	
铬（Cr）/（mg/kg）	≤	60	100
铅（Pb）/（mg/kg）	≤	90	
汞（Hg）/（mg/kg）	≤	60	
硒（Se）/（mg/kg）	≤	500	

（7）包装与说明的要求。

产品的塑料包装容器不得添加多溴联苯（PBBs）、多溴二苯醚（PBDEs）以及氯化石蜡（链形碳数 10～13，含有氯的浓度在 50%以上）；产品的塑料包装容器不得添加含铅、镉、汞及六价铬等元素的塑料添加剂；应标示产品中挥发性有机化合物（VOCs）的理论含量，并有使用过程不添加含 VOCs 稀释剂的建议；企业应向使用方提供符合 GB/T 16483 要求的产品安全技术说明书。

6. 检验方法

技术内容表 1 中挥发性有机化合物（VOCs）含量的检测按照 GB/T 23986—2009 规定的方法进行；技术内容表 1 中苯、甲苯、二甲苯、三甲苯、乙苯、苯乙烯的检测按照 GB/T 26395—2011 规定的方法进行；技术内容表 1 中甲醇含量的检测按照 GB 18581—2009 规定的方法进行；技术内容表 1 中游离甲醛的检测按照 GB/T 23993—2009 规定的方法进行；技术内容表 1 中氨及其化合物含量的检测按照附录 C 规定的方法进行；技术内容表 2 中可溶性元素的检测按照 GB 24613—2009 规定的方法进行；技术内容中的其他要求通过文件审查结合现场检查的方式来验证。